# ANÁLISE NO $\mathbb{R}^n$

O selo DIALÓGICA da Editora InterSaberes faz referência às publicações que privilegiam uma linguagem na qual o autor dialoga com o leitor por meio de recursos textuais e visuais, o que torna o conteúdo muito mais dinâmico. São livros que criam um ambiente de interação com o leitor – seu universo cultural, social e de elaboração de conhecimentos –, possibilitando um real processo de interlocução para que a comunicação se efetive.

# ANÁLISE NO $\mathbb{R}^n$

*Lilian Cordeiro Brambila*

EDITORA
intersaberes

Rua Clara Vendramin, 58 – Mossunguê
CEP 81200-170 – Curitiba – PR – Brasil
Fone: (41) 2106-4170
www.intersaberes.com
editora@editoraintersaberes.com.br

**Conselho editorial**
Dr. Ivo José Both (presidente)
Dr.ª Elena Godoy
Dr. Neri dos Santos
Dr. Ulf Gregor Baranow

**Editora-chefe**
Lindsay Azambuja

**Gerente editorial**
Ariadne Nunes Wenger

**Preparação de originais**
Gustavo Ayres Scheffer

**Edição de texto**
Arte e Texto Edição e Revisão
de Textos
Caroline Rabelo Gomes

**Capa**
Débora Gipiela (*design*)
painterr/Shutterstock (imagem)

**Projeto gráfico**
Sílvio Gabriel Spannenberg

**Adaptação do projeto gráfico**
Kátia Priscila Irokawa

**Diagramação**
Sincronia Design

**Equipe de design**
Débora Gipiela
Mayra Yoshizawa

**Iconografia**
T&G Serviços Editoriais
Regina Claudia Cruz Prestes

---

**Dados Internacionais de Catalogação na Publicação (CIP)**
**(Câmara Brasileira do Livro, SP, Brasil)**

---

Brambila, Lilian Cordeiro
  Análise no Rn/Lilian Cordeiro Brambila. Curitiba:
InterSaberes, 2020.

  Bibliografia.
  ISBN 978-65-5517-634-6

  1. Análise matemática 2. Cálculo diferencial 3. Cálculo integral
4. Variáveis (Matemática) I. Título.

20-36035                                            CDD-515

---

**Índices para catálogo sistemático:**
1. Análise matemática    515

    Cibele Maria Dias – Bibliotecária – CRB-8/9427

---

1ª edição, 2020.
Foi feito o depósito legal.

Informamos que é de inteira responsabilidade da autora a emissão de conceitos.

Nenhuma parte desta publicação poderá ser reproduzida por qualquer meio ou forma sem a prévia autorização da Editora InterSaberes.

A violação dos direitos autorais é crime estabelecido na Lei n. 9.610/1998 e punido pelo art. 184 do Código Penal.

# Sumário

7   *Apresentação*
9   *Como aproveitar ao máximo este livro*
12  *Introdução*

15  **Capítulo 1 – Topologia do espaço euclidiano**
15  1.1 O espaço euclidiano n-dimensional
26  1.2 Bolas e conjuntos limitados
28  1.3 Conjuntos abertos
32  1.4 Sequências em $\mathbb{R}^n$
44  1.5 Conjuntos fechados
51  1.6 Conjuntos compactos
56  1.7 Limites
59  1.8 Funções contínuas
72  1.9 Conjuntos conexos

83  **Capítulo 2 – Funções diferenciáveis**
83  2.1 Curvas diferenciáveis e suas derivadas
89  2.2 Integral de uma curva e seu comprimento
97  2.3 Derivadas parciais
116 2.4 Funções de classe $C^1$
122 2.5 Teorema de Schwarz
124 2.6 A Fórmula de Taylor
126 2.7 A desigualdade do valor médio

133 **Capítulo 3 – Otimização**
133 3.1 Pontos críticos
137 3.2 Derivada segunda e hessiana
142 3.3 Hiperfícies
148 3.4 Multiplicador de Lagrange

155 **Capítulo 4 – A derivada como aplicação linear**
155 4.1 A diferencial de uma função diferenciável
158 4.2 Teorema da Função Inversa
167 4.3 Teorema da Função Implícita
169 4.4 Aplicações e exemplos diversos

177 **Capítulo 5 – Superfícies diferenciáveis**
177 5.1 Parametrizações
180 5.2 Superfícies diferenciáveis
182 5.3 O espaço tangente
184 5.4 Superfícies orientáveis
187 5.5 Aplicações diferenciáveis entre superfícies

195 **Capítulo 6 – Integração múltipla**
195 6.1 Integrais em retângulos
199 6.2 Conjuntos de medida nula
205 6.3 Propriedades de Integral
207 6.4 Somas de Riemann
213 6.5 Mudança de variável

218 *Considerações finais*
220 *Referências*
221 *Bibliografia comentada*
236 *Sobre a autora*

# Apresentação

Este livro tem como público-alvo os alunos nos anos finais do bacharelado em Matemática. Os pré-requisitos necessários para a leitura deste texto são os conhecimentos de Análise Real, Álgebra Linear e Cálculo Diferencial e Integral em uma ou mais variáveis.

Dividimos o texto em seis capítulos. Os dois capítulos iniciais, denominados *Topologia do espaço euclidiano* e *Funções diferenciáveis*, são os capítulos que apresentam ao leitor os objetos necessários para o desenvolvimento dos resultados que envolvem a diferenciabilidade. No Capítulo 1, revisaremos os espaços vetoriais reais, focando especificamente no espaço $\mathbb{R}^n$. Nesse início, lembraremos os conceitos básicos de álgebra linear, como base, produto interno, combinação linear e transformação linear. Em seguida, apresentaremos conceitos como conjuntos abertos, conjuntos fechados, conjuntos compactos, conjuntos conexos, sequências em $\mathbb{R}^n$, limite e continuidade de funções reais a várias variáveis reais. Como você perceberá, esses são conceitos corriqueiros ao longo da leitura. Depois de estudarmos esses objetos, iniciaremos, no Capítulo 2, a Análise no $\mathbb{R}^n$. Nesse capítulo, discutiremos os conceitos de diferenciabilidade e todos os demais conceitos relacionados a isso, como vetor gradiente e derivada direcional.

No Capítulo 3, estudaremos extremantes locais de uma função diferenciável e apresentaremos resultados que nos garantem como calcular e classificar um ponto crítico de uma função. Como veremos no texto, a matriz hessiana aparece quando nosso problema acontece em conjuntos abertos. Já a técnica de multiplicadores de Lagrange vem para resolver problemas de máximos e mínimos para funções restritas a um conjunto compacto. Para realizar toda essa discussão, também trataremos do conceito de hiperfícies.

No Capítulo 4, abordaremos os dois principais resultados da Análise no $\mathbb{R}^n$: o Teorema da Função Inversa e o Teorema da Função Implícita. Iniciaremos com a apresentação da diferencial de uma função diferenciável e prosseguiremos com o Teorema da Função Inversa. Um fato importante a ressaltar é a escolha que fizemos: alguns textos começam com o Teorema da Função Implícita e, com isso, mostram o Teorema da Função Inversa, porém, aqui, como em tantos outros textos, fizemos o contrário. Essa escolha se deu porque, na versão que demos da demonstração do Teorema da Função Inversa, usamos dois resultados essenciais, não apenas em Análise no $\mathbb{R}^n$, que são conhecidos como *Teorema do Ponto Fixo de Banach* e *Perturbação da Identidade*. Para finalizar esse capítulo, apresentaremos alguns exemplos e aplicações de derivadas e os resultados relacionados.

No Capítulo 5, explicaremos as superfícies diferenciáveis, que são objetos que nos introduzem à Geometria Diferencial. Veremos que os cálculos feitos em $\mathbb{R}^n$ também podem ser feitos para objetos "não planos". Para isso, começaremos tratando do conceito de parametrização, o qual, basicamente, afirma que, localmente, conseguimos colocar uma vizinhança de $\mathbb{R}^n$ em cada ponto de uma superfície. Em seguida, mostraremos o que é uma superfície diferenciável em $\mathbb{R}^n$ e o que é a orientação de uma superfície. Finalizaremos o capítulo discutindo como o conceito de diferenciabilidade se encaixa nesse contexto.

Por fim, abordaremos a integração em $\mathbb{R}^n$, iniciando o Capítulo 6 com a exposição de como integrar funções em objetos denominados *blocos-dimensionais de $\mathbb{R}^n$*. Para isso, discutiremos o que é uma partição e a soma de Riemann. Seguiremos, então, usando os fatos conhecidos sobre blocos-dimensionais para iniciar a discussão sobre a integração de funções em objetos mais gerais. Finalmente, apresentaremos o Teorema de Mudança de Variáveis sem demonstração. Nele, demonstraremos o caso da reta, a fim de que você consiga ganhar alguma familiaridade a respeito desse resultado.

Ao final do texto, indicaremos livros que ajudarão a relembrar alguns dos conceitos necessários para a leitura dos assuntos aqui tratados, bem como livros clássicos de assuntos aqui citados, como a topologia geral, a geometria diferencial, as equações diferenciais e tantas outras áreas para as quais a Análise no $\mathbb{R}^n$ é pré-requisito fundamental.

# Como aproveitar ao máximo este livro

Empregamos nesta obra recursos que visam enriquecer seu aprendizado, facilitar a compreensão dos conteúdos e tornar a leitura mais dinâmica. Conheça a seguir cada uma dessas ferramentas e saiba como estão distribuídas no decorrer deste livro para bem aproveitá-las.

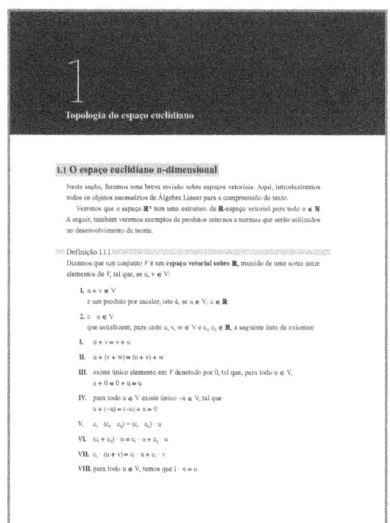

## Introdução do capítulo
Logo na abertura do capítulo, relacionamos os conteúdos que nele serão abordados.

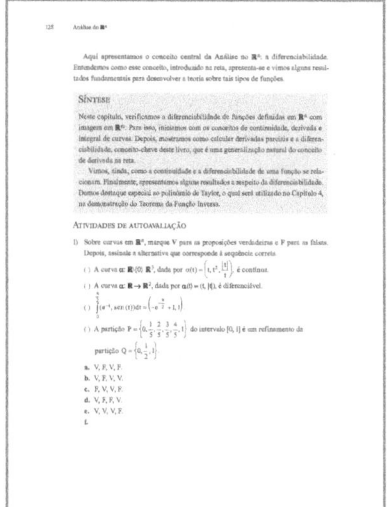

## Síntese
Ao final de cada capítulo, relacionamos as principais informações nele abordadas a fim de que você avalie as conclusões a que chegou, confirmando-as ou redefinindo-as.

## Atividades de autoavaliação

Apresentamos estas questões objetivas para que você verifique o grau de assimilação dos conceitos examinados, motivando-se a progredir em seus estudos.

## Atividades de aprendizagem

Aqui apresentamos questões que aproximam conhecimentos teóricos e práticos a fim de que você analise criticamente determinado assunto.

# Bibliografia comentada

Nesta seção, comentamos algumas obras de referência para o estudo dos temas examinados ao longo do livro.

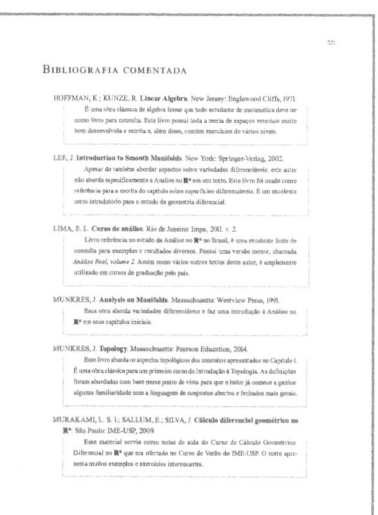

# Introdução

A **Análise Real** consiste no estudo de construções, definições e teoremas a respeito de funções de uma variável real com valores na reta. É um conteúdo básico com o qual todo graduando em Matemática depara-se em algum momento. Nele, formalizamos boa parte do que se estuda em um primeiro curso de cálculo, como limites, derivadas e integrais, apresentando a famosa linguagem dos épsilons e deltas.

Algo fundamental e que, às vezes, passa despercebido quando estudamos limites de funções de uma variável real é que a análise se reduz a estudar o comportamento da função em apenas duas direções: à esquerda e à direita do ponto. Quando os limites laterais existem e coincidem, a função possui limite naquele ponto. O mesmo, portanto, pode ser dito a respeito da existência da derivada: se as derivadas laterais existem e valem o mesmo número, então a função é derivável naquele ponto. Essa simplicidade de critério ocorre porque o domínio dessas funções é um espaço de dimensão 1 e, portanto, só podemos nos mover para a esquerda ou para a direita. Entretanto, na natureza, quando estudamos o comportamento de certas grandezas, sua dependência não é, em geral, de apenas uma variável, mas, ainda assim, procuramos entender taxas de crescimento ou informações como médias. Desse modo, é muito natural a necessidade de fazer estudos análogos àqueles feitos no cálculo 1 para funções de mais de uma variável. Nesse caso, o domínio das funções tem, pelo menos, dimensão 2, e essa mudança é drástica em termos teóricos.

Para se aproximar de um ponto, agora temos infinitas direções distintas a dispor. Ao menos existe um truque padrão: quando restringimos a função em alguma direção específica, temos novamente uma função de somente uma variável, já que uma direção pode ser descrita como uma reta, a qual precisa apenas de um parâmetro para ser descrita. A função pode ser derivada em relação a esse parâmetro, e isso nos dará informação sobre a taxa de crescimento/decrescimento da função apenas naquela direção. Poderíamos, então, colecionar todas as informações sobre taxas de crescimento ou decrescimento da função ao longo de todas as direções possíveis. Isso dá origem ao conceito de derivada/diferencial de uma função de mais de uma variável. Além disso, como a derivada é um objeto de natureza linear, a derivada de uma função de mais de uma variável será naturalmente uma transformação linear.

Em cada direção escolhida, a derivada calculada naquela direção fornece a informação do quanto a função está variando quando restrita a apenas aquela direção. Acontece que, em mais dimensões, ocorrem patologias: existem exemplos de funções que possuem todas as derivadas direcionais possíveis, mas, mesmo assim, não são diferenciáveis, como veremos nos capítulos desta obra. A noção de o que significa uma função de mais de uma variável ser diferenciável é muito mais exigente do que simplesmente pedir a existência de derivadas direcionais: é necessário que a função possa ser aproximada pela sua derivada, ao menos localmente, o que é natural e já era requerido para funções de uma variável. Com base nisso e com a noção correta de diferenciabilidade, começam a ser provadas propriedades operatórias das derivadas, as quais são completamente inspiradas naquelas que já conhecíamos para funções deriváveis de uma variável.

Os teoremas importantes da Análise Real têm seus análogos no caso de mais variáveis, com as devidas modificações e dificuldades em adaptação das demonstrações. Geralmente, tenta-se reduzir os problemas para outros de apenas uma variável, que já são bem conhecidos. Nem sempre isso funciona, pois alguns teoremas centrais da análise no $\mathbb{R}^n$ requerem muito trabalho para serem demonstrados; porém, às vezes, suas versões em uma dimensão são quase triviais.

Esperamos que os leitores ganhem uma boa noção sobre os conteúdos centrais da análise no $\mathbb{R}^n$ e que este texto sirva de material base para estudos futuros de tópicos mais avançados em matemática, pois a análise no $\mathbb{R}^n$ é um conjunto de ferramentas teóricas que fundamentam vários outros tópicos em diversas áreas da matemática como equações diferenciais, geometria diferencial, otimização e geometria algébrica, entre outras.

A linguagem necessária sobre conjuntos para o entendimento dos resultados apresentados neste livro encontra-se neste primeiro capítulo. A álgebra linear e a topologia do espaço $\mathbb{R}^n$ são amplamente usadas durante este texto para a demonstração e a discussão dos resultados aqui contidos.

Num primeiro momento, apresentaremos o espaço euclidiano $\mathbb{R}^n$ como um espaço vetorial, bem como conceitos da álgebra linear, como produto interno, norma, base e transformação linear. Em seguida, definiremos a noção de bolas abertas e bolas fechadas para, então, generalizar esses conceitos a conjuntos abertos, conjuntos fechados, conjuntos compactos e conjuntos conexos, sempre apresentando um ponto de vista geral a respeito desses conceitos. Também faremos uma breve apresentação de sequências e funções contínuas e seus limites.

O intuito deste primeiro capítulo, além de apresentar a linguagem usada em praticamente todo o livro, é começar a fazer a generalização natural dos resultados apresentados na reta.

# 1
# Topologia do espaço euclidiano

## 1.1 O espaço euclidiano n-dimensional

Nesta seção, faremos uma breve revisão sobre espaços vetoriais. Aqui, introduziremos todos os objetos necessários de Álgebra Linear para a compreensão do texto.

Veremos que o espaço $\mathbb{R}^n$ tem uma estrutura de $\mathbb{R}$-espaço vetorial para todo $n \in \mathbb{N}$. A seguir, também veremos exemplos de produtos internos e normas que serão utilizados no desenvolvimento da teoria.

### Definição 1.1.1

Dizemos que um conjunto V é um *espaço vetorial sobre* $\mathbb{R}$, munido de uma soma entre elementos de V, tal que, se $u, v \in V$:

1. $u + v \in V$

    e um produto por escalar, isto é, se $u \in V$; $c \in \mathbb{R}$

2. $c \cdot u \in V$

    que satisfazem, para cada $u, v, w \in V$ e $c_1, c_2 \in \mathbb{R}$, a seguinte lista de axiomas:

I. $u + v = v + u$

II. $u + (v + w) = (u + v) + w$

III. existe único elemento em V denotado por 0, tal que, para todo $u \in V$,
$u + 0 = 0 + u = u$

IV. para todo $u \in V$ existe único $-u \in V$, tal que
$u + (-u) = (-u) + u = 0$

V. $c_1 \cdot (c_2 \cdot u) = (c_1 \cdot c_2) \cdot u$

VI. $(c_1 + c_2) \cdot u = c_1 \cdot u + c_2 \cdot u$

VII. $c_1 \cdot (u + v) = c_1 \cdot u + c_1 \cdot v$

VIII. para todo $u \in V$, temos que $1 \cdot u = u$.

### Notação 1.1.1

Dizemos, neste caso, que V é um $\mathbb{R}$-espaço vetorial.

O primeiro exemplo que temos é o do objeto de estudo deste texto. Seja:

$$\mathbb{R}^n = \{(x_1, \ldots, x_n) \mid x_1, \ldots, x_n \in \mathbb{R}\}$$

Para esse conjunto, temos o resultado a seguir.

### Proposição 1.1.1

Sejam $(x_1, \ldots, x_n), (y_1, \ldots, y_n) \in \mathbb{R}^n$ e $\alpha \in \mathbb{R}$. Então, $\mathbb{R}^n$ é um $\mathbb{R}$-espaço vetorial no qual a soma de vetores e o produto por escalar são definidos da seguinte maneira:

1. $(x_1, \ldots, x_n) + (y_1, \ldots, y_n) := (x_1 + y_1, \ldots, x_n + y_n)$
2. $\alpha \cdot (x_1, \ldots, x_n) := (\alpha \cdot x_1, \ldots, \alpha \cdot x_n)$

### Demonstração

Vejamos, por exemplo, que, com essa soma e produto por escalar, o conjunto $\mathbb{R}^n$ satisfaz o primeiro axioma da Definição 1.1.1. Os outros axiomas de espaço vetorial serão deixados a cargo do leitor. Sejam:

$$(x_1, \ldots, x_n), (y_1, \ldots, y_n) \in \mathbb{R}^n$$

Então:

$$(x_1, \ldots, x_n) + (y_1, \ldots, y_n) = (x_1 + y_1, \ldots, x_n + y_n)$$
$$= (y_1 + x_1, \ldots, y_n + x_n)$$
$$= (y_1, \ldots, y_n) + (x_1, \ldots, x_n)$$

### Exemplo 1.1.1

Considere o espaço de matrizes com entradas reais de ordem n × m:

$$M_{n \times m}(\mathbb{R}) := \left\{ \begin{bmatrix} a_{11} & \cdots & a_{1m} \\ \vdots & \ddots & \vdots \\ a_{n1} & \cdots & a_{nm} \end{bmatrix} \mid a_{ij} \in \mathbb{R} \right\}$$

Então, $M_{n \times m}(\mathbb{R})$ é um $\mathbb{R}$-espaço vetorial, no qual a soma e o produto por escalar são dados, respectivamente, por:

1. $\begin{bmatrix} a_{11} & \cdots & a_{1m} \\ \vdots & \ddots & \vdots \\ a_{n1} & \cdots & a_{nm} \end{bmatrix} + \begin{bmatrix} b_{11} & \cdots & b_{1m} \\ \vdots & \ddots & \vdots \\ b_{n1} & \cdots & b_{nm} \end{bmatrix} = \begin{bmatrix} a_{11}+b_{11} & \cdots & a_{1m}+b_{1m} \\ \vdots & \ddots & \vdots \\ a_{n1}+b_{n1} & \cdots & a_{nm}+b_{nm} \end{bmatrix}$

2. Se $c \in \mathbb{R}$, então, $c \cdot \begin{bmatrix} a_{11} & \cdots & a_{1m} \\ \vdots & \ddots & \vdots \\ a_{n1} & \cdots & a_{nm} \end{bmatrix} = \begin{bmatrix} c \cdot a_{11} & \cdots & c \cdot a_{1m} \\ \vdots & \ddots & \vdots \\ c \cdot a_{n1} & \cdots & c \cdot a_{nm} \end{bmatrix}$

### Exemplo 1.1.2

Considere o espaço de polinômios de grau até m:

$$\mathcal{P}_m(\mathbb{R}) = \{a_m x^m + \ldots + a_1 x + a_0 | a_0, \ldots, a_m \in \mathbb{R}\}$$

Então, $\mathcal{P}_m(\mathbb{R})$ é um $\mathbb{R}$-espaço vetorial, munido dos seguintes soma e produto por escalar:

1. $(a_m x^m + \ldots + a_0) + (b_m x^m + \ldots + b_0) = (a_m + b_m)x^m + \ldots + (a_1 + b_1)x + (a_0 + b_0)$
2. $c \cdot (a_m x^m + \ldots + a_1 x + a_0) = (c \cdot a_m)x^m + \ldots + (c \cdot a_1)x + c \cdot a_0$

### Observação 1.1.1

1. Como já sabemos da álgebra linear, se mudamos a soma de vetores ou o produto por escalar, alteramos a estrutura do espaço vetorial.
2. Se considerarmos n = 1, então estaremos na reta real. Perceba que a soma de vetores e o produto por escalar definidos na Proposição 1.1.1 também nos fornecem uma estrutura de $\mathbb{R}$-espaço vetorial para $\mathbb{R}$. Porém, se considerarmos a seguinte soma de vetores e o seguinte produto por escalar:

   a) $x + y := x \cdot y$
   b) $c \cdot x := x^c$

   em que x, y, c $\in \mathbb{R}$, teremos que $\mathbb{R}$ admite uma nova estrutura de $\mathbb{R}$-espaço vetorial.

O próximo passo aqui é discutir dois conceitos essenciais da álgebra linear conhecidos como *base* e *dimensão* de um espaço vetorial. Como já sabemos, esses dois conceitos estão intrinsecamente ligados. Vamos começar da seguinte maneira: seja ε o conjunto dado por

$$\varepsilon = \{e_1, e_2, \ldots, e_n\}$$

em que $e_1 = (1, 0, \ldots, 0)$, $e_2 = (0, 1, 0, \ldots, 0)$, ..., $e_n = (0, \ldots, 0, 1)$.

O próximo resultado nos mostra que o conjunto ε é uma *base* para $\mathbb{R}^n$, isto é, o conjunto ε consiste de elementos *linearmente independentes*[1] que *geram*[2] o espaço $\mathbb{R}^n$. O conjunto ε é chamado de *base canônica* de $\mathbb{R}^n$.

### Proposição 1.1.2

O conjunto $\varepsilon = \{e_1, e_2, \ldots, e_n\}$ é uma base para $\mathbb{R}^n$. Como consequência, temos que a dimensão de $\mathbb{R}^n$ é n, e a denotaremos por $\dim(\mathbb{R}^n) = n$.

#### Demonstração

Vejamos que o conjunto ε é uma base para $\mathbb{R}^n$. De fato, seja $x \in \mathbb{R}^n$, tal que $x = (x_1, x_2, \ldots, x_n)$, então:

$$x = x_1 \cdot e_1 + x_2 \cdot e_2 + \ldots + x_n \cdot e_n$$

Ou seja, ε é um conjunto gerador para $\mathbb{R}^n$. Vejamos que ε é um conjunto linearmente independente. Sejam $\alpha_1, \ldots, \alpha_n \in \mathbb{R}$, então:

$$\alpha_1 \cdot e_1 + \alpha_2 \cdot e_2 + \ldots + \alpha_n \cdot e_n = 0 \Leftrightarrow \alpha_1 = \alpha_2 = \ldots = \alpha_n = 0$$

Logo, ε é uma base para $\mathbb{R}^n$. Como consequência, temos que a dimensão de $\mathbb{R}^n$ é exatamente o número de elementos de ε, ou seja, $\dim(\mathbb{R}^n) = n$.

### Observação 1.1.2

Em geral, qualquer conjunto com n vetores linearmente independentes em um espaço vetorial V de dimensão n é uma base para V.

### Exemplo 1.1.3

Em $\mathbb{R}^3$, a base canônica é dada por:

$$\varepsilon = \{(1, 0, 0), (0, 1, 0), (0, 0, 1)\}$$

---

[1] Dizemos que um conjunto de vetores $\{v_1, \ldots, v_n\}$ é linearmente independente se, para $\alpha_1, \ldots, \alpha_n \in \mathbb{R}$, $\alpha_1 \cdot v_1 + \ldots + \alpha_n \cdot v_n = 0 \Leftrightarrow \alpha_1 = \ldots = \alpha_n = 0$.

[2] Dizemos que um conjunto de vetores $\{v_1, \ldots, v_n\}$ é um conjunto gerador para um conjunto V se qualquer elemento $v \in V$ pode ser escrito como combinação linear dos vetores $v_1, \ldots, v_n$. Isto é, existem elementos $\alpha_1, \ldots, \alpha_n \in \mathbb{R}$, tais que $v = \alpha_1 \cdot v_1 + \ldots + \alpha_n \cdot v_n$.

### Exemplo 1.1.4

Em $\mathbb{R}^3$, considere o conjunto:

$$\beta = \{(1, -2, 0), (0, 1, 4), (1, 1, 1)\}$$

Note que os elementos de $\beta$ são linearmente independentes. Uma maneira de mostrar isso é verificar que o determinante da matriz a seguir é não nulo:

$$A = \begin{bmatrix} 1 & -2 & 0 \\ 0 & 1 & 4 \\ 1 & 1 & 1 \end{bmatrix}$$

De fato, $\det(A) = -11$, então, o conjunto $\beta$ consiste em vetores linearmente independentes. Portanto, $\beta$ é uma base para $\mathbb{R}^3$.

Nosso próximo passo é entender como medir ângulos entre vetores e, também, como medir o tamanho de vetores. Para isso, vamos definir o que é um produto interno e uma norma em $\mathbb{R}^n$ e verificar como esses dois conceitos se relacionam.

O produto interno é uma maneira de fazer produto entre vetores e será nossa próxima definição.

### Definição 1.1.2

Seja V um $\mathbb{R}$-espaço vetorial, então o *produto interno* em V é uma função $\langle\,,\,\rangle: V \times V \to \mathbb{R}$, a qual satisfaz, para cada $u, v, w \in V$ e $c \in \mathbb{R}$, as seguintes propriedades:

1. $\langle u, v \rangle = \langle v, u \rangle$
2. $\langle u + v, w \rangle = \langle u, w \rangle + \langle v, w \rangle$
3. $\langle c \cdot u, v \rangle = c \cdot \langle u, v \rangle$
4. $\langle u, u \rangle \geq 0$

### Exemplo 1.1.5

Em $\mathbb{R}^n$, temos um produto interno conhecido como *produto interno usual*, dado da seguinte forma:

Sejam $x = (x_1, \ldots, x_n)$, $y = (y_1, \ldots y_n) \in \mathbb{R}^n$, então:

$$\langle x, y \rangle = x_1 \cdot y_1 + \ldots + x_n \cdot y_n$$

Vamos verificar que essa operação entre vetores satisfaz a condição 1 da Definição 1.1.2. De fato, para cada $x = (x_1, \ldots, x_n)$, $y = (y_1, \ldots, y_n) \in \mathbb{R}^n$, temos que:

$$\langle x, y \rangle = x_1 \cdot y_1 + \ldots + x_n \cdot y_n$$
$$= y_1 \cdot x_1 + \ldots + y_n \cdot x_n$$
$$= \langle y, x \rangle$$

As outras propriedades ficam a cargo do leitor.

Vejamos mais alguns exemplos de produtos internos em $\mathbb{R}^n$.

## Exemplo 1.1.6

Considere $C[0, 1]$ o espaço das funções reais contínuas no intervalo $[0, 1]$. Esse é um espaço vetorial sobre $\mathbb{R}$, munido da seguinte soma e do seguinte produto por escalar, se $f, g \in C[0, 1]$ e $c \in \mathbb{R}$:

1. $(f + g)(x) := f(x) + g(x)$
2. $(c \cdot f)(x) := c \cdot f(x)$

Podemos, então, definir o seguinte produto interno em $C[0, 1]$: sejam $f, g \in C[0, 1]$, temos que o descrito a seguir é um produto interno em $C[0, 1]$:

$$\langle f, g \rangle := \int_0^1 f(x) \cdot g(x) dx$$

Vamos verificar a condição 2 da Definição 1.1.2.

Sejam $f, g, h \in C[0, 1]$, então:

$$\langle f + g, h \rangle := \int_0^1 (f(x) + g(x)) \cdot h(x) dx$$

Ou seja:

$$\langle f + g, h \rangle := \int_0^1 f(x) \cdot h(x) dx + \int_0^1 g(x) \cdot h(x) dx = \langle f, h \rangle + \langle g, h \rangle$$

O produto interno usual em $\mathbb{R}^n$ satisfaz algumas propriedades, as quais são consequência da Definição 1.1.2, como veremos na próxima proposição.

## Proposição 1.1.3

Sejam $x = (x_1, \ldots, x_n)$, $y = (y_1, \ldots, y_n)$ e $z = (z_1, \ldots, z_n)$ elementos de $\mathbb{R}^n$, $c \in \mathbb{R}$ e o produto interno usual dado por:

$$\langle x, y \rangle = x_1 \cdot y_1 + \ldots + x_n \cdot y_n$$

Esse produto interno satisfaz as seguintes propriedades:

1. $\langle x, y + z \rangle = \langle x, y \rangle + \langle x, z \rangle$
2. $\langle x, c \cdot y \rangle = c \cdot \langle x, y \rangle$
3. $\langle x, x \rangle = 0$ se, e somente se, $x = 0$

### Demonstração

Para o primeiro item, pela condição 1 da definição de produto interno (Definição 1.1.2), temos que:

$$\langle x, y + z \rangle = \langle y + z, x \rangle$$

Aplicando a condição 2 e, novamente, a condição 1 da definição de produto interno (Definição 1.1.2), obtemos:

$$\langle x, y + z \rangle = \langle y + z, x \rangle$$
$$= \langle y, x \rangle + \langle z, x \rangle$$
$$= \langle x, y \rangle + \langle x, z \rangle$$

Portanto:

$$\langle x, y + z \rangle = \langle x, y \rangle + \langle x, z \rangle$$

Para o item 2, usaremos novamente a condição 1, juntamente com a condição 3 da definição de produto interno (Definição 1.1.2), pois:

$$\langle x, c \cdot y \rangle = \langle c \cdot y, x \rangle = c \cdot \langle y, x \rangle = c \cdot \langle x, y \rangle$$

Podemos, com isso, concluir que:

$$\langle x, c \cdot y \rangle = c \cdot \langle x, y \rangle$$

Para o último item, usaremos a expressão do produto interno. De fato:

$$\langle x, x \rangle = x_1^2 + \cdots + x_n^2$$

Logo, $\langle x, x \rangle = 0$, se, e somente se, $x_1^2 + \cdots + x_n^2 = 0$. Isto é, temos uma soma nula de quadrados e, com isso, concluímos que $x_1 = \ldots = x_n = 0$.

Considere o seguinte problema: dado um vetor $x = (x_1, x_2)$ em $\mathbb{R}^2$, queremos descobrir como medir o tamanho do vetor x. Denote por $\|x\|$ esse tamanho (veja a Figura 1.1). Perceba que obtemos um triângulo retângulo, cuja hipotenusa mede $\|x\|$ e os catetos medem $x_1$ e $x_2$.

**Figura 1.1** – Norma

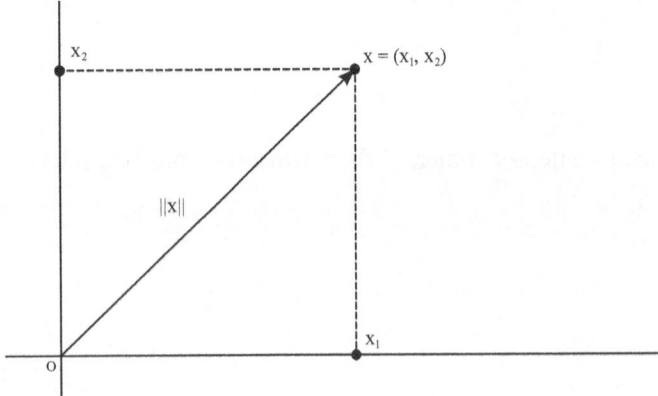

Ou seja, podemos concluir que:

$$\|x\| = \sqrt{(x_1)^2 + (x_2)^2}$$

Esse exemplo faz parte da definição a seguir.

### Definição 1.1.3

Definimos a *norma* em $\mathbb{R}^n$ como uma função descrita a seguir, que satisfaz as propriedades dadas na sequência.

$$\|\cdot\|: \mathbb{R}^n \times \mathbb{R}^n \to \mathbb{R}$$

Sejam $x, y \in \mathbb{R}^n$ e $c \in \mathbb{R}$, então:

1. $\|c \cdot x\| = |c| \cdot \|x\|$
2. $\|x\| = 0 \Rightarrow x = 0$
3. $\|x + y\| \leq \|x\| + \|y\|$

A propriedade 3 é chamada *desigualdade triangular*.

### Observação 1.1.3

1. Seja $x = (x_1, \ldots, x_n) \in \mathbb{R}^n$. Então, fica a cargo do leitor verificar que o descrito a seguir é uma norma em $\mathbb{R}^n$:

$$\|x\| = \sqrt{(x_1)^2 + \cdots + (x_n)^2}$$

Segue da Proposição 1.1.3 que, se $x = (x_1, \ldots, x_n) \in \mathbb{R}^n$:

$\langle x, x \rangle = (x_1)^2 + \ldots + (x_n)^2$

Ou seja:

$$\|x\| = \sqrt{\langle x, x \rangle}$$

**2.** Em geral, se a norma está relacionada com um produto interno da forma seguinte, dizemos que a norma $\|\cdot\|$ é *induzida* pelo produto interno $\langle\,,\,\rangle$:

$$\|x\| = \sqrt{\langle x, x \rangle}$$

Ou seja, concluímos que o produto interno usual de $\mathbb{R}^n$ induz a norma:

$$\|x\| = \sqrt{(x_1)^2 + \cdots + (x_n)^2}$$

**3.** A partir da condição 1 da definição de norma (Definição 1.1.3), temos que a norma do vetor nulo em $\mathbb{R}^n$ é zero.

### Exemplo 1.1.7

A função módulo dada por $f: \mathbb{R} \to \mathbb{R}$, tal que $f(x) = |x|$ é uma norma em $\mathbb{R}$.

### Exemplo 1.1.8

Em $\mathbb{R}^n$ podemos considerar a norma do máximo dada da forma a seguir. Seja $x = (x_1, \ldots, x_n) \in \mathbb{R}^n$, então:

$$\|x\|_{\max} := \max_{1 \leq i \leq n}\{|x_i|\} \text{ é uma norma em } \mathbb{R}^n.$$

Queremos apresentar algumas propriedades envolvendo produto interno e norma. A primeira delas, conhecida como *desigualdade de Cauchy-Schwarz*, tem como consequência uma fórmula que nos permite calcular o ângulo entre dois vetores. Para isso, considere a proposição a seguir.

### Proposição 1.1.4

Sejam $x, y \in \mathbb{R}^n$ e $\langle\,,\,\rangle$ um produto interno em $\mathbb{R}^n$. Então, temos:

$$|\langle x, y \rangle| \leq \|x\| \cdot \|y\|$$

Essa desigualdade é conhecida como *desigualdade de Cauchy-Schwarz*.

■ Demonstração

Considere, para todo $t \in \mathbb{R}$, o vetor $z = x + ty$. Então:

$$\langle z, z \rangle = \langle x + ty, x + ty \rangle$$
$$= \|x\|^2 + 2t\langle x, y \rangle + t^2\|y\|^2$$

Como $\langle z, z \rangle \geq 0$, segue que:

$$\|x\|^2 + 2t\langle x, y \rangle + t^2\|y\|^2 \geq 0$$

Pensando nisso como um polinômio de grau 2 em t, temos que:

$$(2\langle x, y \rangle)^2 - 4\|x\|^2 \cdot \|y\|^2 \leq 0$$

Portanto:

$$|\langle x, y \rangle| \leq \|x\| \cdot \|y\|$$

Como consequência, temos a igualdade a seguir.

## Corolário 1.1.1

Sejam $x, y \in \mathbb{R}^n$ e $0 \leq \theta \leq \dfrac{\pi}{2}$ o ângulo formado entre os vetores x e y, então:

$$\cos \theta = \frac{\langle x, y \rangle}{\|x\|\|y\|}$$

■ Demonstração

Pela Proposição 1.1.4, temos que:

$$-1 \leq \frac{\langle x, y \rangle}{\|x\|\|y\|} \leq 1$$

Ou seja, existe único $0 \leq \theta \leq \dfrac{\pi}{2}$, tal que:

$$\cos \theta = \frac{\langle x, y \rangle}{\|x\|\|y\|}$$

Para finalizar esta seção, vamos discutir o conceito de *transformação linear*, isto é, uma função entre espaços vetoriais que preserva a estrutura de espaço vetorial. Como veremos, transformações lineares e derivadas de funções diferenciáveis estão relacionadas do seguinte modo: uma função é diferenciável se, e somente se, existir uma única transformação linear que define a derivada dessa função.

### Definição 1.1.4

Sejam V e W dois $\mathbb{R}$-espaços vetoriais e u, v $\in$ V e c $\in$ $\mathbb{R}$. Uma função T: V $\to$ W é uma *transformação linear* se satisfaz as seguintes propriedades:

1. $T(u + v) = T(u) + T(v)$
2. $T(c \cdot u) = c \cdot T(u)$

### Observação 1.1.4

Uma função T: V $\to$ W é uma transformação linear se, e somente se, para cada par de vetores u, v $\in$ V e c $\in$ $\mathbb{R}$, valer que:

$$T(c \cdot u + v) = c \cdot T(u) + T(v)$$

A seguir, apresentaremos alguns exemplos de transformações lineares para finalizar a seção.

### Exemplo 1.1.9

Considere T: $\mathbb{R}^n \to \mathbb{R}^n$, tal que:

$$T(x) = k \cdot x$$

em que k $\in$ $\mathbb{R}$. Então, para cada x, y $\in$ $\mathbb{R}^n$ e c $\in$ $\mathbb{R}$:

$$T(c \cdot x + y) = k \cdot (c \cdot x + y)$$
$$= c \cdot k \cdot x + k \cdot y$$
$$= c \cdot T(x) + T(y)$$

### Exemplo 1.1.10

Seja T: $\mathbb{R}^2 \to \mathbb{R}^2$, dada por:

$$T(x, y) = (2x + y, x + 3y)$$

Então, T é uma transformação linear.

### Exemplo 1.1.11

No espaço de polinômios $\mathcal{P}_2(\mathbb{R})$, que é gerado pela base B = $\{1, x, x^2\}$, temos que a derivada é uma transformação linear. Como sabemos da Análise Real, se p, q $\in \mathcal{P}_2(\mathbb{R})$, c $\in \mathbb{R}$ e D: $\mathcal{P}_2(\mathbb{R}) \to \mathcal{P}_1(\mathbb{R})$ é tal que D(p(x)) = p'(x). Segue das propriedades de derivadas para funções de uma variável que D satisfaz:

$$D(c \cdot p(x) + q(x)) = c \cdot D(p(x)) + D(q(x))$$

Em geral, a derivada D: $\mathcal{P}_n(\mathbb{R}) \to \mathcal{P}_{n-1}(\mathbb{R})$ é uma transformação linear.

## 1.2 Bolas e conjuntos limitados

Aqui vamos introduzir os conceitos de *bolas abertas*, *bolas fechadas* e *conjuntos limitados*. Essas noções serão importantes para que possamos, posteriormente, definir conceitos como: conjuntos abertos, conjuntos fechados, ponto de acumulação, limite e continuidade de uma função. Portanto, estamos interessados em começar a estudar a topologia do conjunto $\mathbb{R}^n$.

### Definição 1.2.1

Sejam p $\in \mathbb{R}^n$, um número real r > 0 e $\|\cdot\|$ uma norma em $\mathbb{R}^n$. Definimos o conjunto a seguir como a *bola aberta* de centro p e raio r:

$$B(p, r) := \{x \in \mathbb{R}^n | \,\|x - p\| < r\}$$

De modo análogo, definimos a *bola fechada* de centro p e raio r como o conjunto seguinte:

$$B[p, r] := \{x \in \mathbb{R}^n | \,\|x - p\| \leq r\}$$

### Exemplo 1.2.1

Em $\mathbb{R}^n$, considere a função módulo como norma. Então, as bolas abertas em $\mathbb{R}$ são os intervalos abertos, e as bolas fechadas são os intervalos fechados.

### Exemplo 1.2.2

Em $\mathbb{R}^n$ considere $\|\cdot\|$ a norma usual de $\mathbb{R}^n$, isto é:

$$\|x\| = \sqrt{(x_1)^2 + \cdots + (x_n)^2}$$

em que x = $(x_1, \ldots, x_n)$. Para n = 2, a bola aberta B(0, 1) é dada na Figura 1.2, a seguir.

**Figura 1.2** – Bola aberta na norma usual de $\mathbb{R}^2$

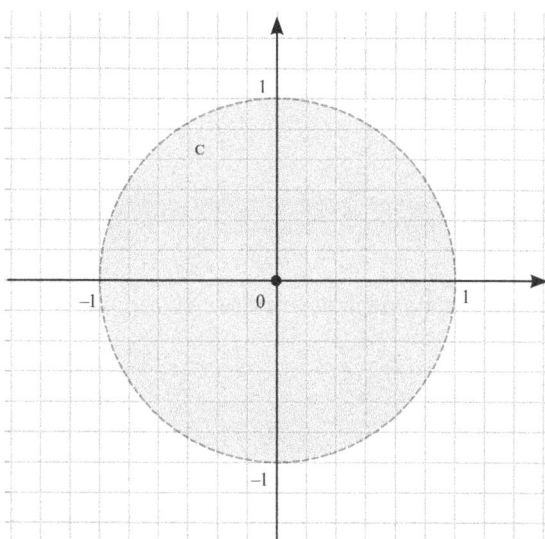

É importante enfatizar que nem sempre as bolas em $\mathbb{R}^n$ são redondas. Temos, em nosso próximo exemplo, a noção de "bola quadrada".

## Exemplo 1.2.3

Sejam $x = (x_1, \ldots, x_n)$ em $\mathbb{R}^n$ e $\|\cdot\|_1$ a norma em $\mathbb{R}^n$ dada por:

$$\|x\|_1 = |x_1| + \ldots + |x_n|$$

Em $\mathbb{R}^2$, temos que $B(0, 1)$ é dada na Figura 1.3, a seguir.

**Figura 1.3** – Bola na norma 1

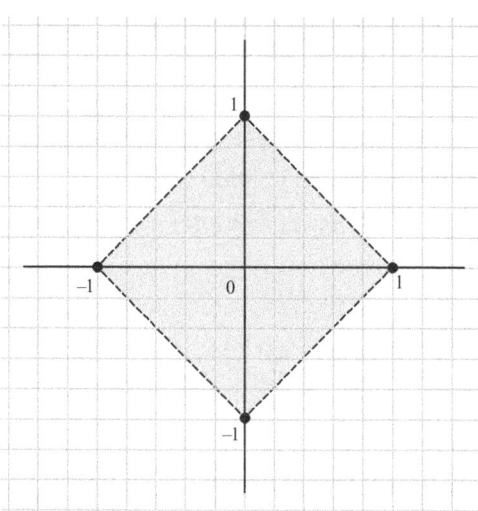

Os dois exemplos anteriores fazem parte do caso geral que apresentaremos a seguir.

### Exemplo 1.2.4
Em geral, podemos definir em $\mathbb{R}^n$ a norma $\|\cdot\|_m$. Se $x = (x_1, \ldots, x_n) \in \mathbb{R}^n$, então:

$$\|\cdot\|_m = \sqrt[m]{|x_1|^m + \cdots + |x_n|^m}$$

Nesse caso, quanto maior é o valor de m, temos que em $\mathbb{R}^n$ a bola $B(0, 1)$ estará cada vez mais próxima do quadrado centrado na origem, no qual os vértices são os pontos $(1, 1)$, $(1, -1)$, $(-1, 1)$ e $(-1, -1)$.

### Definição 1.2.2
Dizemos que U é um *conjunto limitado* em $\mathbb{R}^n$ se existe um número real $M > 0$, tal que, para todo $x \in U$:

$$\|x\| \leq M$$

### Exemplo 1.2.5
Considere a bola aberta $B(p, r)$ de centro p e raio r. Então, para $x \in B(p, r)$, $\|x - p\| < r$.
Como:

$$\|x - \|p\|\| \leq |\|x\| - \|p\|| \text{ e } |\|x\| - \|p\|| \leq \|x - p\| < r$$

então $\|x\| < r + \|p\|$.

Ou seja, toda bola aberta em $\mathbb{R}^n$ é um conjunto limitado. De modo análogo, toda bola fechada é também um conjunto limitado.

## 1.3 Conjuntos abertos

Esta seção tem como objetivo generalizar o conceito de *bolas abertas*. Será interessante tomar o domínio das funções, que aqui trabalharemos como conjuntos abertos, pois, como veremos a seguir, todos os pontos de um conjunto aberto são pontos interiores desse conjunto.

### Definição 1.3.1
Seja $U \subseteq \mathbb{R}^n$. Dizemos que $p \in U$ é um *ponto interior* de U se existe $r > 0$, tal que:

$$B(p, r) \subseteq U$$

### Notação 1.3.1
Denotamos por $\text{Int}(U)$ o conjunto de todos os pontos interiores de U.

### Exemplo 1.3.1

Considere um intervalo aberto (a, b) em $\mathbb{R}$. Perceba que todo ponto de (a, b) é um ponto interior, pois sejam x ∈ (a, b), temos que:

$$r = \min\left\{\frac{d(a, x)}{2}, \frac{d(b, x)}{2}\right\}$$

em que d(a, x) é a distância entre a e x e d(b, x), a distância entre b e x. Então, (x − r, x + r) ⊂ (a, b), ou seja, temos que x é um ponto interior de (a, b).

### Exemplo 1.3.2

Ao considerarmos o conjunto da forma seguinte, verificaremos que todos os ponto de A são pontos interiores de A:

$$A = \{(x, y) \in \mathbb{R}^2 | x > 0 \text{ e } y > 0\}$$

De fato, seja (a, b) um ponto qualquer no conjunto A e tome r = min{a, b}. Na norma usual de $\mathbb{R}^2$, seja:

$$(x, y) \in B\left((a, b), \frac{r}{2}\right)$$

Temos que:

$$\|(x, y) - (a, b)\| = \sqrt{(x - a)^2 + (y - b)^2} < \frac{r}{2}$$

Então, o ponto (x, y) pertence a uma bola de raio menor que r; logo, x, y > 0, pois a ≥ r e b ≥ r. Portanto, (x, y) ∈ A, e, com isso, concluímos que, para todo (a, b) ∈ A:

$$B\left((a, b), \frac{r}{2}\right) \subset A$$

Como consequência, temos que todos os pontos do conjunto A são pontos interiores de A.

### Exemplo 1.3.3

Seja B(p, r) uma bola aberta em $\mathbb{R}^n$, centrada em um ponto p ∈ $\mathbb{R}^n$, com raio r > 0. Assim como em intervalos abertos, também temos que todos os pontos de B(p, r) são pontos interiores. De fato, seja a ∈ B(p, r) um ponto qualquer, então:

$$\|p - a\| < r$$

Assim, existe um número real $\varepsilon > 0$, tal que:

$$\|p - a\| = r - \varepsilon$$

Seja $x \in B(a, \varepsilon)$, da desigualdade triangular, temos que:

$$\|x - p\| = \|x - a + a - p\| \leq \|x - a\| + \|p - a\| < \varepsilon + (r - \varepsilon)$$

Ou seja, temos que:

$$\|x - p\| < r$$

Desse modo, concluímos que $x \in B(p, r)$. Portanto, $B(a, \varepsilon) \subseteq B(p, r)$ para todo $a \in B(p, r)$, isto é, todos os pontos de $B(p, r)$ são pontos interiores.

Motivados por esse exemplo, temos a definição a seguir.

## Definição 1.3.2

Dizemos que um subconjunto U de $\mathbb{R}^n$ é um *conjunto aberto* se todos os seus pontos são pontos interiores.

## Observação 1.3.1

Como consequência dessa definição, temos que os exemplos anteriores são todos conjuntos abertos. Na Seção 1.8, apresentaremos a noção de funções contínuas, o que nos ajudará a construir mais exemplos desse tipo de conjunto.

Nosso próximo resultado nos direciona a entender o que ocorre ao fazer a união e a interseção de conjuntos abertos. Como veremos pelo resultado a seguir e com base em exemplos, a união arbitrária de conjuntos abertos é sempre um conjunto aberto. Porém, o mesmo não ocorre com a interseção. Pedimos, neste último caso, que seja feita uma interseção finita de conjuntos abertos para que o resultado seja um conjunto aberto.

## Proposição 1.3.1

Seja $\{U_1, U_2, \ldots\}$ uma família de conjuntos abertos em $\mathbb{R}^n$.

1. Se $U = \bigcup_{i \in I} U_i$, em que $I \subseteq \mathbb{N}$ é um conjunto de índices, então o conjunto U é um conjunto aberto em $\mathbb{R}^n$.

2. Se $U = \bigcap_{i=1}^{k} U_i$, então o conjunto U é um conjunto aberto em $\mathbb{R}^n$. Em outras palavras, a interseção finita de conjuntos abertos é um conjunto aberto.

### Demonstração

Vejamos que a união de conjuntos abertos é um conjunto aberto. Considere a união (finita ou infinita) de conjuntos abertos seguinte:

$$U = \bigcup_{i \in I} U_i$$

Seja $x \in U$, então existe $i_0 \in I$, tal que:

$$x \in U_{i_0}$$

Como $U_{i_0}$ é um conjunto aberto, existe um número real $r > 0$, tal que:

$$B(x, r) \subset U_{i_0} \subset U$$

Ou seja, $x$ é um ponto interior de $U$. Como $x \in U$ é um ponto qualquer, segue que $U$ é um conjunto aberto.

Sem perda de generalidade, para a interseção finita, faremos o caso da interseção de dois conjuntos. Sejam $U_1$ e $U_2$ dois conjuntos abertos em $\mathbb{R}^n$ e $x \in U_1 \cap U_2$. Como $x \in U_1$, existe $r_1 > 0$, tal que:

$$B(x, r_1) \subset U_1$$

Porém, $x \in U_2$, então também existe $r_2 > 0$, tal que:

$$B(x, r_2) \subset U_2$$

Tomando $r = \min\{r_1, r_2\}$, segue que:

$$B(x, r) \subset U_1 \text{ e } B(x, r) \subset U_2$$

Ou seja:

$$B(x, r) \subset U_1 \cap U_2$$

Com isso, concluímos que todos os pontos de $U_1 \cap U_2$ são pontos interiores. Portanto, $U_1 \cap U_2$ é um conjunto aberto. Com base nisso, temos que, se $U = U_1 \cap U_2 \cap U_3 \cap \ldots \cap U_k$, em que cada conjunto $U_i$, para cada $i = 1, \ldots, k$, é um conjunto aberto, podemos proceder do seguinte modo: como $U_1$ e $U_2$ são conjuntos abertos, pelo que vimos anteriormente, temos que $U_1 \cap U_2$ é um conjunto aberto.

Passamos agora para o conjunto $(U_1 \cap U_2) \cap U_3$. Como $U_1 \cap U_2$ e $U_3$ são conjuntos abertos, segue que $(U_1 \cap U_2) \cap U_3$ é um conjunto aberto. Fazendo esse processo até esgotar o índice i em $U = U_1 \cap U_2 \cap U_3 \cap \ldots \cap U_k$, obtemos que o conjunto $U$ é um conjunto aberto.

### Observação 1.3.2

Um fato importante que obtemos para $\mathbb{R}^n$ é que, com os conjuntos abertos definidos anteriormente, temos o que chamamos de uma *topologia para* $\mathbb{R}^n$. A topologia de um conjunto é o que nos permite discutir vários conceitos, dentre os quais a *continuidade* e os *homeomorfismos*.

Os homeomorfismos, em particular, são objetos que preservam certas características, como dimensão, compacidade e conexidade. A esses objetos que são preservados pelos homeomorfismos chamamos de *invariantes topológicos*. Tais conceitos serão apresentados ao longo do texto.

O próximo exemplo nos mostra por que é importante pedir que a interseção de conjuntos abertos seja finita, conforme Proposição 1.3.1.

### Exemplo 1.3.4

Considere o seguinte conjunto:

$$U_i = \left(\frac{1}{i}, \frac{1}{i}\right)$$

Então:

$$\bigcap_{i=1}^{+\infty} U_i = \{0\}$$

Que claramente não é um conjunto aberto.

### Exemplo 1.3.5

Seja $B(0, i)$ a bola de centro 0 e raio i, com $i \in \mathbb{N}$. Temos que $\mathbb{R}^n$ é um conjunto aberto, já que:

$$\mathbb{R}^n = \bigcup_{i=1}^{+\infty} B(0, i)$$

## 1.4 Sequências em $\mathbb{R}^n$

Nesta seção, definiremos sequências em $\mathbb{R}^n$, apresentaremos algumas propriedades e exemplos e mostraremos o que significa a convergência de uma sequência em $\mathbb{R}^n$.

Como veremos, as propriedades aqui apresentadas são consequência daquilo que já foi estudado para sequências em $\mathbb{R}$. Esse é o caso, por exemplo, do Critério de Cauchy, que garante que uma sequência em $\mathbb{R}^n$ é convergente se, e somente se, for uma sequência de Cauchy. Além disso, veremos que sequências podem ser usadas para o estudo da continuidade de uma função.

### Definição 1.4.1

Uma *sequência em* $\mathbb{R}^n$ é uma função $\mathbb{N} \to \mathbb{R}^n$, tal que, para cada $k \in \mathbb{N}$, associa um elemento $a_k \in \mathbb{R}^n$ de maneira única. Denotaremos uma sequência por $(a_k)_{k \in \mathbb{N}}$. O elemento $a_k$ é chamado de *termo geral* da sequência $(a_k)_{k \in \mathbb{N}}$.

A seguir, apresentaremos alguns exemplos de sequências definidas em $\mathbb{R}^n$.

### Exemplo 1.4.1

Considere a sequência $(a_k)_{k \in \mathbb{N}}$ em $\mathbb{R}^n$ cujo termo geral é:

$$a_k = (k, \ldots, k)$$

### Exemplo 1.4.2

Outro exemplo de sequência $(a_k)_{k \in \mathbb{N}}$ em $\mathbb{R}^n$:

$$a_k = \left(\frac{1}{k}, \ldots, \frac{1}{k}\right)$$

### Exemplo 1.4.3

Temos que $(a_k)_{k \in \mathbb{N}}$ é uma sequência em $\mathbb{R}^n$ dada por

$$a_k = \left((-1)^k, \ldots, (-1)^k\right)$$

A partir do Exemplo 1.4.3, podemos construir outros dois exemplos de sequências dadas da seguinte maneira:

**1.** Se $k \in \mathbb{N}$ é par, isto é, $k = 2l$, em que $l \in \mathbb{N}$, obtemos a sequência:

$$a_{2l} = (1, \ldots, 1)$$

**2.** Caso $k \in \mathbb{N}$ seja ímpar, então $k = 2l + 1$, com $l \in \mathbb{N}$, e obtemos a sequência:

$$a_{2l+1} = (-1, \ldots, -1)$$

Ou seja, a partir da sequência $(a_k)_{k \in \mathbb{N}}$ com $a_k = ((-1)^k, \ldots, (-1)^k)$, obtemos duas novas sequências que dependem do índice da sequência $(a_k)_{k \in \mathbb{N}}$. Esse exemplo faz parte da definição a seguir.

### Definição 1.4.2

Sejam $K = \{k_1, k_2, \ldots\}$ um subconjunto de $\mathbb{N}$ e $(a_k)_{k \in \mathbb{N}}$ uma sequência em $\mathbb{R}^n$. Então, a sequência $(a_{k_i})_{k_i \in K}$, em que $i \in \mathbb{N}$, é dita uma *subsequência* de $(a_k)_{k \in \mathbb{N}}$.

No Exemplo 1.4.3, as sequências $a_{2l} = (1, \ldots, 1)$ e $a_{2l+1} = (-1, \ldots, -1)$, as quais extraímos da sequência $a_k = ((-1)^k, \ldots, (-1)^k)$, são duas subsequências de $(a_k)_{k \in \mathbb{N}}$.

### Exemplo 1.4.4

No Exemplo 1.4.2, considere $K = \{k_i = 2^{i-1};\ i \in \mathbb{N}\}$. Temos que $(a_{k_i})_{k_i \in \mathbb{N}}$, em que:

$$a_{k_i} = \left(\frac{1}{2^{i-1}}, \cdots, \frac{1}{2^{i-1}}\right)$$

Sendo esta uma subsequência de $a_k = \left(\frac{1}{k}, \cdots, \frac{1}{k}\right)$. Essa subsequência nos fornece elementos da forma:

$$a_{k_1} = (1, \cdots, 1),\ a_{k_2} = \left(\frac{1}{2}, \cdots, \frac{1}{2}\right),\ a_{k_3} = \left(\frac{1}{4}, \cdots, \frac{1}{4}\right), \cdots$$

Na sequência dada no Exemplo 1.4.2, quando k tende ao infinito temos que o termo geral da sequência fica cada vez menor. Ou seja, quanto maior o índice k na sequência $(a_k)_{k \in \mathbb{N}}$, mais próximo de $(0, \ldots, 0)$ o elemento geral $a_k$ fica.

Em outras palavras:

$$a_k \to (0, \ldots, 0)$$

Isso motiva a definição a seguir.

### Definição 1.4.3

Seja $(a_k)_{k \in \mathbb{N}}$ uma sequência em $\mathbb{R}^n$. Dizemos que essa sequência é uma *sequência convergente* se existe $L \in \mathbb{R}^n$, tal que, para todo $\varepsilon > 0$, existe $N \in \mathbb{N}$, de modo que, para todo $k \geq N$:

$$\|a_k - L\| < \varepsilon$$

em que $\|\cdot\|$ é uma norma em $\mathbb{R}^n$. Nesse caso, denotamos:

$$L := \lim_{k \to \infty} a_k$$

e dizemos que L é o **limite** da sequência $(a_k)_{k \in \mathbb{N}}$.

### Notação 1.4.1

As sequências que não satisfazem a definição vista anteriormente são chamadas *divergentes*. Veremos agora se os exemplos apresentados anteriormente são sequências convergentes.

### Exemplo 1.4.5

Considere a sequência $(a_k)_{k \in \mathbb{N}}$ em $\mathbb{R}^n$, em que seu termo geral é dado por $a_k = (k, \ldots, k)$. Se $\varepsilon = \frac{1}{2}$, então:

$$\|(k, \cdots, k)\| = k\sqrt{n} > \frac{1}{2}$$

Ou seja, $\|(k, \ldots, k)\| > \varepsilon$. Portanto, a sequência $(a_k)_{k \in \mathbb{N}}$ é divergente.

### Exemplo 1.4.6

Seja $(a_k)_{k \in \mathbb{N}}$ uma sequência em $\mathbb{R}^n$ dada por $a_k = ((-1)^k, \ldots, (-1)^k)$ e as subsequências $(b_k)_{k \in \mathbb{N}}$ e $(c_k)_{k \in \mathbb{N}}$, tais que:

$$b_k = (1, \ldots, 1) \text{ e } c_k = (-1, \ldots, -1)$$

Note que a sequência $(a_k)_{k \in \mathbb{N}}$ não converge; porém, as subsequências $(b_k)_{k \in \mathbb{N}}$ e $(c_k)_{k \in \mathbb{N}}$ convergem para $L_1 = (1, \ldots, 1)$ e $L_2 = (-1, \ldots, -1)$, respectivamente.

Conseguimos perceber, com esse exemplo, que sequências que admitem subsequências convergentes não necessariamente convergem. Já o contrário sempre é verdadeiro e é o objetivo da nossa próxima proposição.

### Proposição 1.4.1

Seja $(a_k)_{k \in \mathbb{N}}$ uma sequência convergente em $\mathbb{R}^n$, que converge a $L \in \mathbb{R}^n$. Então, toda subsequência de $(a_k)_{k \in \mathbb{N}}$ também é convergente e converge a L.

#### Demonstração

Suponha que L é o limite da sequência convergente $(a_k)_{k \in \mathbb{N}}$. Então, para todo $\varepsilon > 0$, existe $K_0 \in \mathbb{N}$, tal que, para todo $k \geq N_0$:

$$\|a_k - L\| < \varepsilon$$

Se $(a_{ki})_{ki \in K}$ é uma subsequência de $(a_k)_{k \in \mathbb{N}}$, em que $K \subset \mathbb{N}$, para o mesmo $N_0$ tomado anteriormente, temos que, para todo $k_i \geq N_0$, o elemento $k_i$ é um índice da sequência original $(a_k)_{k \in \mathbb{N}}$, e segue que:

$$\|a_{k_i} - L\| < \varepsilon$$

Portanto, toda subsequência de $(a_k)_{k \in \mathbb{N}}$ é convergente e converge ao mesmo limite da sequência $(a_k)_{k \in \mathbb{N}}$.

## Exemplo 1.4.7

Note, no Exemplo 1.4.2, que o termo geral da sequência $(a_k)_{k \in \mathbb{N}}$ é dado por:

$$a_k = \left(\frac{1}{k}, \cdots, \frac{1}{k}\right)$$

E converge ao elemento $(0, \ldots, 0)$. Para mostrar isso, você pode usar um fato que será deixado como exercício: se $a_k = \left(a_1^k, \cdots, a_n^k\right) \in \mathbb{R}^n$, então:

$$\lim_{k \to +\infty} a_k = \left(\lim_{k \to +\infty} a_1^k, \cdots, \lim_{k \to +\infty} a_n^k\right)$$

Como cada entrada da sequência $(a_k)_{k \in \mathbb{N}}$ é da forma $\frac{1}{k}$, segue que:

$$\lim_{k \to +\infty} a_k = (0, \cdots, 0)$$

Pela Proposição 1.4.1, temos que também converge a $(0, \ldots, 0)$ a subsequência $(a_{k_i})_{k_i \in K}$, definida no Exemplo 1.4.4, em que:

$$a_{k_i} = \left(\frac{1}{2^{i-1}}, \cdots, \frac{1}{2^{i-1}}\right)$$

Uma consequência imediata da Proposição 1.4.1 é o corolário a seguir, o qual nos fornece um critério para verificar quando uma sequência não converge.

## Corolário 1.4.1

Toda sequência que admite duas subsequências com limites distintos é divergente.

### Demonstração

Seja $(a_k)_{k \in \mathbb{N}}$ uma sequência convergente em $\mathbb{R}^n$, tal que:

$$\lim_{k \to +\infty} a_k = L$$

Sejam $K_1, K_2 \subset \mathbb{N}$ e $\left(a_{k_i}\right)_{k_i \in K_1}$ e $\left(a_{k_j}\right)_{k_j \in K_2}$ duas subsequências de $(a_k)_{k \in \mathbb{N}}$, que convergem a $L_1$ e $L_2$, respectivamente. Pela Proposição 1.4.1, segue que:

$$L_1 = L = L_2$$

Porém, isso contradiz o fato de os limites das subsequências serem distintos. Portanto, a sequência $(a_k)_{k \in \mathbb{N}}$ é divergente.

■

Vamos definir operações entre sequências de modo a apresentar algumas propriedades operatórias a respeito da convergência de sequências. Para tal, considere $(a_k)_{k \in \mathbb{N}}$ e $(b_k)_{k \in \mathbb{N}}$ duas sequências em $\mathbb{R}^n$ e $c \in \mathbb{R}$. Podemos escrever a soma e o produto dessas sequências como:

$$\begin{cases} (a_k) + (b_k) := (a_k + b_k) \\ (a_k) \cdot (b_k) := (a_k \cdot b_k) \\ c \cdot (a_k) := (c \cdot a_k) \end{cases}$$

em que $a_k \cdot b_k$ é o produto coordenada a coordenada. Note que, das operações definidas anteriormente nas linhas 1 e 3, temos que o espaço de sequências em $\mathbb{R}^n$ admite uma estrutura de $\mathbb{R}$-espaço vetorial.

A respeito dessas operações, temos a proposição a seguir.

## Proposição 1.4.2

Sejam $(a_k)_{k \in \mathbb{N}}$ e $(b_k)_{k \in \mathbb{N}}$ duas sequências em $\mathbb{R}^n$ que convergem para $L_1$ e $L_2$, respectivamente. Então:

1. $\lim\limits_{k \to \infty}(a_k + b_k) = L_1 + L_2$

2. $\lim\limits_{k \to \infty}(a_k \cdot b_k) = L_1 \cdot L_2$

3. se $c \in \mathbb{R}$, portanto $\lim\limits_{k \to \infty}(c \cdot a_k) = c \cdot L_1$

### Demonstração

Vejamos o item 1, o qual nos diz que a soma de sequências convergentes é uma sequência convergente. Como $\lim\limits_{k \to \infty} a_k = L_1$, para todo $\varepsilon_1 > 0$, existe $N_1 \in \mathbb{N}$, tal que, para todo $k \geq N_1$:

$$\|a_k - L_1\| < \varepsilon_1$$

Já como $\lim\limits_{k \to \infty} b_k = L_2$, para todo $\varepsilon_2 > 0$, existe $N_2 \in \mathbb{N}$, tal que, para todo $k \geq N_2$:

$$\|b_k - L_2\| < \varepsilon_2$$

Pela desigualdade triangular:

$$\|(a_k + b_k) - (L_1 + L_2)\| = \|(a_k - L_1) + (b_k - L_2)\| \leq \|a_k - L_1\| + \|b_k - L_2\|$$

Logo, para $\varepsilon_1 + \varepsilon_2$, tome N= max $\{N_1, N_2\}$ e, então, para todo $k \geq N$: $\|(a_k + b_k) - (L_1 + L_2)\| < \varepsilon_1 + \varepsilon_2 = \varepsilon$.

No item 2, vamos verificar que o produto de sequências convergentes é uma sequência convergente. Usaremos os mesmos $\varepsilon_1$, $N_1$, $\varepsilon_2$ e $N_2$ tomados anteriormente para as sequências $(a_k)_{k\in\mathbb{N}}$ e $(b_k)_{k\in\mathbb{N}}$, respectivamente. Desse modo, tomando $\varepsilon = \varepsilon_2 \cdot (\|L_1\| + \varepsilon_1) + \varepsilon_1 \cdot \|L_2\|$, temos que:

$$\|a_k \cdot b_k - L_1 \cdot L_2\| = \|a_k \cdot b_k - a_k \cdot L_2 + a_k \cdot L_2 - L_1 \cdot L_2\|$$
$$= \|a_k \cdot (b_k - L_2) + L_2 \cdot (a_k - L_1)\|$$
$$\leq \|a_k\| \cdot \|b_k - L_2\| + \|L_2\| \cdot \|a_k - L_1\|$$

Como $\|a_k\| - \|L_1\| \leq \|a_k - L_1\| < \varepsilon_1$, então $\|a_k\| < \|L_1\| + \varepsilon_1$. Logo:

$$\|a_k \cdot b_k - L_1 \cdot L_2\| \leq (\|L_1\| + \varepsilon_1) \cdot \|b_k - L_2\| + \|L_2\| \cdot \|a_k - L_1\| < (\|L_1\| + \varepsilon_1) \cdot \varepsilon_2 + \|L_2\| \cdot \varepsilon_1 = \varepsilon.$$

Finalmente, no item 3, basta notar que, para os mesmos $\varepsilon_1$, $N_1$ na sequência $(a_k)_{k\in\mathbb{N}}$, com $\varepsilon = \dfrac{\varepsilon_1}{c}$ e $c \neq 0$, temos o desejado. Para $c = 0$ segue diretamente.

∎

---

### Exemplo 1.4.8

Considere as sequências $(a_k)_{k\in\mathbb{N}}$ e $(b_k)_{k\in\mathbb{N}}$, as quais têm os seguintes termos gerais:

$$\begin{cases} a_k = \left(\dfrac{1}{k} \cdot \mathrm{sen}\,(k), \cdots, \dfrac{1}{k} \cdot \mathrm{sen}\,(k)\right) \\ b_k = \left(\dfrac{1}{k}, \cdots, \dfrac{1}{k}\right) \end{cases}$$

Pelo Teorema do Confronto para funções de uma variável, temos que cada entrada da sequência $(a_k)_{k\in\mathbb{N}}$ converge a 0. Portanto, ambas as sequências são convergentes e, pela Proposição 1.4.2, temos que:

$$\begin{cases} a_k + b_k = \left(\dfrac{1}{k} \cdot (1 + \mathrm{sen}\,(k)), \cdots, \dfrac{1}{k} \cdot (1 + \mathrm{sen}\,(k))\right) \\ a_k \cdot b_k = \left(\dfrac{1}{k^2} \cdot \mathrm{sen}\,(k), \cdots, \dfrac{1}{k^2} \cdot \mathrm{sen}\,(k)\right) \end{cases}$$

Claramente as sequências vistas anteriormente convergem a $(0, \ldots, 0)$.

Como veremos no próximo exemplo, podemos fazer o produto de uma sequência convergente com uma sequência divergente e isso resultar em uma sequência convergente.

## Exemplo 1.4.9

Considere as sequências $(a_k)_{k \in \mathbb{N}}$ e $(b_k)_{k \in \mathbb{N}}$, as quais têm os seguintes termos gerais:

$$\begin{cases} a_k = (k, \cdots, k) \\ b_k = \left(\dfrac{1}{k}, \cdots, \dfrac{1}{k}\right) \end{cases}$$

Como já vimos, a sequência $(a_k)_{k \in \mathbb{N}}$ diverge e a sequência $(b_k)_{k \in \mathbb{N}}$ converge a $(0, \ldots, 0)$. Porém, a sequência produto $(a_k \cdot b_k)_{k \in \mathbb{N}}$ tem como termo geral o elemento $a_k \cdot b_k = (1, \ldots, 1)$ e, portanto, converge.

Outro importante conceito é o de sequências limitadas, isto é, sequências cujo termo geral pode ser estimado de alguma maneira. Como veremos a seguir, para esses tipos de sequências, temos um resultado importante, conhecido como *Teorema de Bolzano-Weierstrass*, que garante que toda sequência limitada admite subsequência convergente. Tal resultado será demonstrado na seção de conjuntos compactos.

Vamos, então, à definição de sequências limitadas.

## Definição 1.4.4

Uma sequência $(a_k)_{k \in \mathbb{N}}$ em $\mathbb{R}^n$ é dita *limitada* se existe uma constante positiva $M \in \mathbb{R}$, tal que, para todo $k \in \mathbb{N}$:

$$\|a_k\| \leq M$$

## Exemplo 1.4.10

Seja $(a_k)_{k \in \mathbb{N}}$ em $\mathbb{R}^2$ limitada, com constante $M = 2$ na norma usual de $\mathbb{R}^2$, na qual o termo geral é dado por:

$$a_k = \left(\frac{k}{k+1}, \frac{k}{k+1}\right)$$

De fato:

$$\left\|\left(\frac{k}{k+1}, \frac{k}{k+1}\right)\right\| = \sqrt{\left(\frac{k}{k+1}\right)^2 + \left(\frac{k}{k+1}\right)^2} = \sqrt{2}\left(\frac{k}{k+1}\right) < \sqrt{2}$$

### Exemplo 1.4.11

Seja $(a_k)_{k \in \mathbb{N}}$ em $\mathbb{R}^3$ limitada, com constante $M = 1$ na norma usual de $\mathbb{R}^3$ e com:

$$a_k = \left( \frac{1}{\sqrt{3}k}, \frac{1}{\sqrt{3}k}, \frac{1}{\sqrt{3}k} \right)$$

De fato:

$$\left\| \left( \frac{1}{\sqrt{3}k}, \frac{1}{\sqrt{3}k}, \frac{1}{\sqrt{3}k} \right) \right\| = \sqrt{\left( \frac{1}{\sqrt{3}k} \right)^2 + \left( \frac{1}{\sqrt{3}k} \right)^2 + \left( \frac{1}{\sqrt{3}k} \right)^2} = \frac{1}{k} \leq 1$$

### Exemplo 1.4.12

Note que a sequência $(a_k)_{k \in \mathbb{N}}$ em $\mathbb{R}^n$ é limitada, com constante $M = \sqrt{n}$ na norma usual de $\mathbb{R}^n$ e com:

$$a_k = \left( \frac{(-1)^k}{k}, \cdots, \frac{(-1)^k}{k} \right)$$

Pois, para todo $k \in \mathbb{N}$:

$$\left\| \left( \frac{(-1)^k}{k}, \cdots, \frac{(-1)^k}{k} \right) \right\| = \sqrt{\left( \frac{(-1)^k}{k} \right)^2 + \cdots + \left( \frac{(-1)^k}{k} \right)^2} = \frac{\sqrt{n}}{k} \leq \sqrt{n}$$

Além disso, perceba que as subsequências $(a_{2k})_{k \in \mathbb{N}}$ e $(a_{2k+1})_{k \in \mathbb{N}}$, dadas pelo descrito a seguir, convergem ao elemento $(0, \ldots, 0)$:

$$\begin{cases} a_{2k} = \left( \dfrac{1}{2k}, \cdots, \dfrac{1}{2k} \right) \\ a_{2k+1} = \left( \dfrac{-1}{2k+1}, \cdots, \dfrac{-1}{2k+1} \right) \end{cases}$$

No exemplo anterior, deparamo-nos com a seguinte situação: temos uma sequência limitada que admite subsequência convergente. Esse exemplo faz parte do teorema descrito a seguir.

### Teorema 1.4.1 (Bolzano-Weierstrass)

Toda sequência limitada em $\mathbb{R}^n$ admite subsequência convergente.

■ Demonstração
Esse resultado segue diretamente do Teorema de Bolzano-Weierstrass em $\mathbb{R}$.

Seja $(a_k)_{k \in \mathbb{N}}$ uma sequência limitada em $\mathbb{R}^n$, tal que seu termo geral é da forma:

$$a_k = \left(a_{k_1}, \cdots, a_{k_n}\right)$$

A primeira consequência que temos é a seguinte: cada sequência $\left(a_{k_i}\right)_{k_i \in \mathbb{N}}$ em $\mathbb{R}$, $i = 1,, \ldots, n$, obtida da sequência $(a_k)_{k \in \mathbb{N}}$, nos fornece uma sequência limitada em $\mathbb{R}$. Então, pelo Teorema de Bolzano Weierstrass Real, a sequência $\left(a_{k_1}\right)_{k_1 \in \mathbb{N}}$ admite uma subsequência convergente $\left(b_{k_1}\right)_{k_1 \in \mathbb{N}_1}$, em que $\mathbb{N}_1 \subseteq \mathbb{N}$. Logo, existe $b_1 \in \mathbb{R}$, tal que, para cada $\varepsilon_1 > 0$, existe $N_1 \in \mathbb{N}_1$, em que $k_1 \in N_1$, tais que:

$$\left|b_{k_1} - b_1\right| < \varepsilon_1$$

Construímos, então, uma subsequência $\left(b_{k_1}\right)_{k_1 \in \mathbb{N}_1}$ de $\left(a_{k_1}\right)_{k_1 \in \mathbb{N}_1}$ em $\mathbb{R}$, que é convergente. Para a sequência $\left(a_{k_2}\right)_{k_2 \in \mathbb{N}_2}$ em $\mathbb{R}$, temos a subsequência convergente $\left(b_{k_2}\right)_{k_2 \in \mathbb{N}_2}$, em que $\mathbb{N}_2 \subseteq \mathbb{N}_1$. Do mesmo modo, temos $b_2 \in \mathbb{R}$, tal que, para cada $\varepsilon_2 > 0$, existe $N_2 \in \mathbb{N}_2$, em que $k_2 \in N_2$, tais que:

$$\left|b_{k_2} - b_2\right| < \varepsilon_2$$

Fazendo isso, até o índice $k_n \in \mathbb{N}_n$, com $\mathbb{N}_n \subset \ldots \subset \mathbb{N}_2 \subset \mathbb{N}_1 \subset \mathbb{N}$, e tomando $N = \max\{N_1, \ldots, N_n\}$, obtemos assim uma subsequência convergente, $(b_k)_{k \in \mathbb{N}}$, da sequência $(a_k)_{k \in \mathbb{N}}$, cujo termo geral é da forma:

$$b_k = \left(b_{k_1}, \cdots, b_{k_n}\right)$$

em que $k_1, \ldots, k_n \in \mathbb{N}_n$, que converge ao ponto $(b_1, \ldots, b_n)$.

■

Para finalizar esta seção, vamos introduzir uma classe de sequências conhecidas como *sequências de Cauchy*. Como veremos, trabalhar com sequências de Cauchy em $\mathbb{R}^n$ é o mesmo que trabalhar com sequências convergentes em $\mathbb{R}^n$. A importância desse resultado ocorre pelo fato de que nem sempre uma sequência de Cauchy converge a um elemento do espaço no qual ela está definida.

### Definição 1.4.5

Dizemos que uma sequência $(a_k)_{k \in \mathbb{N}}$ em $\mathbb{R}^n$ é uma *sequência de Cauchy* se, para todo $\varepsilon > 0$, existe $N \in \mathbb{N}$, tal que, para cada $k, l \in \mathbb{N}$, com $k, l \geq N$:

$$\|a_k - a_l\| < \varepsilon$$

### Exemplo 1.4.13

A sequência $(a_k)_{k \in \mathbb{N}}$ em $\mathbb{R}$ é uma sequência de Cauchy dada por:

$$a_k = \frac{1}{2^k}$$

De fato, para todo $\varepsilon > 0$, tome $N \in \mathbb{N}$, tal que $\varepsilon > \frac{1}{2^N}$. Sem perda de generalidade, suponha que, para cada $k, l \in \mathbb{N}$, com $k, l \geq N$, temos $k \leq l$, então:

$$\left\| \frac{1}{2^l} - \frac{1}{2^k} \right\| = \left\| \frac{1}{2^l} - \frac{1}{2^{l-1}} + \frac{1}{2^{l-1}} \cdots - \frac{1}{2^{k+1}} + \frac{1}{2^{k+1}} - \frac{1}{2^k} \right\|$$

Aplicando a desigualdade triangular, obtemos:

$$\left\| \frac{1}{2^l} - \frac{1}{2^k} \right\| \leq \left\| \frac{1}{2^l} - \frac{1}{2^{l-1}} \right\| + \cdots + \left\| \frac{1}{2^{k+1}} - \frac{1}{2^k} \right\|$$

$$= \left\| \frac{1}{2^l} \right\| + \cdots + \left\| \frac{1}{2^{k+1}} \right\|$$

$$= \frac{1}{2^l} + \cdots + \frac{1}{2^{k+1}}$$

$$= \frac{1}{2^k} \cdot \left( \frac{1}{2^{l-k}} + \cdots + \frac{1}{2} \right)$$

Como $\frac{1}{2^{l-k}} + \cdots + \frac{1}{2} < 1$, temos que

$$\left\| \frac{1}{2^l} - \frac{1}{2^k} \right\| \leq \frac{1}{2^k} \leq \frac{1}{2^N} < \varepsilon$$

De modo análogo, temos o exemplo a seguir.

## Exemplo 1.4.14

A sequência $(a_k)_{k \in \mathbb{N}}$ em $\mathbb{R}^n$ é uma sequência de Cauchy dada por:

$$a_k = \left(\frac{1}{2^k}, \cdots, \frac{1}{2^k}\right)$$

O último resultado consiste em relacionar sequências convergentes e sequências de Cauchy. Com base nesse resultado, teremos que todos os exemplos de sequências convergentes apresentados até aqui são também sequências de Cauchy.

## Teorema 1.4.2 (Critério de Cauchy)

Uma sequência $(a_k)_{k \in \mathbb{N}}$ em $\mathbb{R}^n$ é uma sequência de Cauchy se, e somente se, for uma sequência convergente.

### Demonstração

Vamos começar supondo que a sequência $(a_k)_{k \in \mathbb{N}}$ é convergente. Então, para todo $\varepsilon > 0$, existe $N \in \mathbb{N}$, tal que, se $(a_k)_{k \in \mathbb{N}}$ converge a L:

$$\|a_k - L\| < \varepsilon$$

Logo, para todo $k, l > K$, pela desigualdade triangular, temos que:

$$\|a_k - a_l\| = \|a_k - L + L - a_l\| \leq \|a_k - L\| + \|a_l - L\| < \varepsilon + \varepsilon = 2\varepsilon$$

Ou seja, temos que $(a_k)_{k \in \mathbb{N}}$ é uma sequência de Cauchy.

Por outro lado, aqui usaremos o seguinte fato, que será deixado como um exercício: uma sequência em $\mathbb{R}^n$ converge se, e somente se, convergir coordenada a coordenada. Logo, se $(a_k)_{k \in \mathbb{N}}$ é uma sequência de Cauchy, então, para todo $\varepsilon > 0$, existe $N \in \mathbb{N}$, tal que, para cada $k, l > N$:

$$\|a_k - a_l\| < \varepsilon$$

Ou seja, se $a_k = \left(a_{k_1}, \cdots, a_{k_j}\right)$, temos que cada sequência $\left(a_{k_i}\right)_{i \in \mathbb{N}}$ é uma sequência de Cauchy em $\mathbb{R}$; logo, é uma sequência que converge a um certo $a_i \in \mathbb{R}$. Isto é:

$$\lim_{k \to \infty} a_k = (a_1, \cdots, a_n)$$

Podemos, portanto, concluir que toda sequência de Cauchy em $\mathbb{R}^n$ converge.

## 1.5 Conjuntos fechados

Assim como analisamos os conjuntos abertos, agora veremos a generalização natural de bolas fechadas, que é a noção de *conjunto fechado* em $\mathbb{R}^n$. Como veremos, o complementar de um conjunto aberto é um conjunto fechado, assim como o complementar de um conjunto fechado é um conjunto aberto.

Para definir esse conceito, precisamos fazer uma breve discussão sobre pontos aderentes e o fecho de um conjunto.

### Definição 1.5.1

Seja U um subconjunto de $\mathbb{R}^n$. Dizemos que $p \in \mathbb{R}^n$ é um *ponto de aderência*, ou ponto aderente, do conjunto U se, para todo número real $r > 0$:

$$B(p, r) \cap U \neq \emptyset$$

### Observação 1.5.1

Todo ponto interior de um conjunto é ponto aderente desse conjunto, pois, se $p \in U$ é um ponto interior de U, então existe $r > 0$, tal que:

$$B(p, r) \subseteq U$$

Ou seja, qualquer bola centrada em p de qualquer raio terá interseção com o conjunto U.

A próxima proposição que apresentaremos no permitirá uma nova caracterização de pontos aderentes a um conjunto dado, usando o conceito de sequências em $\mathbb{R}^n$, que nos permitirá construir novos exemplos de pontos de aderência.

### Proposição 1.5.1

Seja U um subconjunto de $\mathbb{R}^n$. Um ponto $p \in \mathbb{R}^n$ é um ponto aderente de U se, e somente se, existir uma sequência $(a_k)_{k \in \mathbb{N}}$ em U que converge a p.

#### Demonstração

Sejam p um ponto aderente a U e a coleção de bolas abertas $B_k$ de centro p e raio $\frac{1}{k}$, com $k \in \mathbb{N}$:

$$B_k = B\left(p, \frac{1}{k}\right)$$

Como p é ponto aderente a U, então:

$$B_k \cap U \neq \emptyset$$

Para cada bola $B_k$, tome $a_k \in B_k$. Note que:

$$\lim_{k\to\infty} a_k = p$$

Ou seja, $(a_k)_{k\in\mathbb{N}}$ é uma sequência em U que converge a p.

Por outro lado, suponha que exista uma sequência $(a_k)_{k\in\mathbb{N}}$ em U que converge a p. Então, para todo $r > 0$, existe $N \in \mathbb{N}$, tal que, para todo $k > N$:

$a_k \in B(p, r)$

Ou seja:

$B(p, r) \cap U \neq \emptyset$

Portanto, p é um ponto aderente ao conjunto U.

### Exemplo 1.5.1

Considere o intervalo [0, 1). Note que 0 e 1 são pontos aderentes de [0, 1). De fato, considere a sequência $(a_k)_{k\in\mathbb{N}}$, que tem como termo geral o elemento:

$a_k = 0$

Como a sequência $(a_k)_{k\in\mathbb{N}}$ converge a 0, segue que 0 é um ponto aderente ao intervalo [0, 1). De modo análogo, temos que a sequência $(b_k)_{k\in\mathbb{N}}$, que tem como termo geral o elemento seguinte, converge a 1, e temos que 1 também é ponto de aderência ao intervalo [0, 1):

$$b_k = \left(1 - \frac{1}{k}\right)$$

### Observação 1.5.2

O Exemplo 1.5.1 nos forneceu um contraexemplo para a recíproca da Observação 1.5.1, pois, como vimos, $1 \notin [0, 1)$, isto é, não é um ponto interior do intervalo [0, 1), mas é um ponto aderente ao intervalo [0, 1).

O Exemplo 1.5.1 pode ser generalizado da forma a seguir.

### Exemplo 1.5.2

Sejam os descritos a seguir a bola aberta e a bola fechada de centro p e raio $r > 0$, respectivamente, em $\mathbb{R}^n$:

$$\begin{cases} B(p, r) = \{x \in \mathbb{R}^n; \|x - p\| < r\} \\ B[p, r] = \{x \in \mathbb{R}^n; \|x - p\| \leq r\} \end{cases}$$

Definimos o bordo de B(p, r) e B[p, r] como o conjunto:

$$\partial B[p, r] = \partial B(p, r) = B[p, r] \setminus B(p, r)$$

Todos os elementos de $\partial B(p, r)$ são pontos aderentes de B(p, r). De fato, seja $p_0 \in \partial B(p, r)$ e considere o vetor $\vec{v}$ dado por:

$$\vec{v} = \overrightarrow{pp_0}$$

Note que $\|\vec{v}\| = r$. Seja $(a_k)_{k \in \mathbb{N}}$ uma sequência em B(p, r) dada por:

$$a_k = \left( p + \left(1 - \frac{1}{k}\right) \cdot \vec{v} \right)$$

Então, a sequência $(a_k)_{k \in \mathbb{N}}$ converge a $p + \vec{v}$. Como $p + \vec{v} = p + (p_0 - p) = p_0$, temos que a sequência $(a_k)_{k \in \mathbb{N}}$ converge a $p_0$ e segue da Proposição 1.5.1 que $p_0$ é um ponto aderente a $\partial B(p, r)$. De modo análogo, temos que os elementos de $\partial B[p, r]$ são pontos aderentes a B[p, r].

O que percebemos com esses exemplos é que o conjunto de todos os pontos aderentes de um conjunto contém o próprio conjunto. Temos, então, a definição a seguir.

### Definição 1.5.2
Seja U um subconjunto de $\mathbb{R}^n$. O *fecho* de U, denotado por $\overline{U}$, é o conjunto de todos os pontos de aderência de U.

### Observação 1.5.3
Como vimos, o fecho das bolas B(p, r) e B[p, r] é exatamente a bola fechada de centro p e raio r > 0.

### Exemplo 1.5.3
Como consequência do Exemplo 1.5.2, o fecho do conjunto [0, 1) é o intervalo fechado [0, 1].

Temos, então, nossa próxima definição, a qual nos diz quando um conjunto é fechado.

### Definição 1.5.3
Um conjunto U de $\mathbb{R}^n$ é dito um *conjunto fechado* se $U = \overline{U}$.

### Observação 1.5.4
1. Note que a igualdade é necessária nessa definição, pois é fácil ver que $U \subseteq \overline{U}$.
2. Como primeira consequência dessa definição, pelo Exemplo 1.5.2, temos que bolas fechadas são os primeiros exemplos de conjuntos fechados que obtemos.

Antes de mostrar mais alguns exemplos, apresentaremos outra caracterização interessante a respeito de conjuntos fechados. A proposição a seguir é uma consequência imediata da Proposição 1.5.1, a qual faz uma releitura sobre conjuntos fechados.

## Proposição 1.5.2

Um subconjunto U em $\mathbb{R}^n$ é um conjunto fechado se, e somente se, U contém os limites de todas as suas sequências.

### Demonstração

Suponha que U é um conjunto fechado. Então U é exatamente o seu fecho, ou seja, U contém todos os limites de sequências de U, como vimos na Proposição 1.5.1.

Por outro lado, se U contém todos os seus limites de sequências, U contém todos os limites de sequências em U, então U contém seus pontos aderentes e, portanto, temos $U = \overline{U}$. Ou seja, concluímos que U é um conjunto fechado.

Vamos aqui apresentar mais alguns exemplos. É importante ressaltar aqui o seguinte fato: na Seção 1.8, mais a frente, apresentaremos o conceito de *continuidade*. A vantagem da continuidade é que ela nos permitirá construir mais exemplos de conjuntos fechados.

## Exemplo 1.5.4

Seja $p \in \mathbb{R}^n$. Então, o conjunto $U = \{p\}$ é um conjunto fechado em $\mathbb{R}^n$. De fato, basta tomar a sequência $(a_k)_{k \in \mathbb{N}}$, tal que o termo geral é dado por $a_k = p$. Portanto, $(a_k)_{k \in \mathbb{N}}$ converge a p, do que concluímos que o conjunto unitário $U = \{p\}$ é um conjunto fechado.

## Exemplo 1.5.5

O conjunto $\mathbb{R}^n$ é claramente um conjunto fechado. Assim como no exemplo anterior, dado qualquer $p \in \mathbb{R}^n$, basta tomar a sequência constante, em que todos os seus termos são iguais a p.

## Exemplo 1.5.6

Todo intervalo fechado em $\mathbb{R}$ é um conjunto fechado. De fato, seja [a, b] esse intervalo. Como já vimos, todos os elementos de (a, b) são pontos interiores de [a, b] e, portanto, são pontos aderentes a [a, b]. Falta verificar se a e b são pontos aderentes a [a, b]. Para o ponto a, considere a sequência $(a_k)_{k \in \mathbb{N}}$ e, para o ponto b, considere a sequência $(b_k)_{k \in \mathbb{N}}$, dadas, respectivamente, da seguinte forma:

$$\begin{cases} a_k = a + \dfrac{1}{k} \\ b_k = b - \dfrac{1}{k} \end{cases}$$

Claramente, temos que $(a_k)_{k \in \mathbb{N}}$ converge a $a$ e $(b_k)_{k \in \mathbb{N}}$ converge a $b$. Como $a, b \in [a, b]$, segue que $[a, b] = \overline{[a, b]}$ e, portanto, é um conjunto fechado.

A próxima proposição que apresentaremos faz a importante relação entre conjuntos abertos e conjuntos fechados. Como veremos, esses dois conceitos estão entrelaçados. Esse resultado é muito usado quando precisamos verificar se um conjunto é aberto ou fechado.

### Proposição 1.5.3

Um subconjunto U em $\mathbb{R}^n$ é um conjunto fechado se, e somente se, o seu complementar é um conjunto aberto.

### Demonstração

Sejam U um subconjunto fechado em $\mathbb{R}^n$ e $p \in U^C$. Como U é um conjunto fechado e $p \notin U$, então existe um número real $r > 0$, tal que:

$$B(p, r) \cap U = \varnothing$$

Ou seja, $B(p, r) \subset U^C$ e, portanto, $U^C$ é um conjunto aberto.

Por outro lado, seja U um subconjunto em $\mathbb{R}^n$, tal que $U^C$ é aberto. Vejamos que $U = \overline{U}$. De fato, se $p \in \overline{U}$ por definição, para todo número real $r > 0$:

$$B(x, r) \cap U \neq \varnothing$$

Como $U^C$ é um conjunto aberto, então $p \notin U^C$. Ou seja, $p \in U$, então temos que $\overline{U} \subseteq U$. Como já observamos, $U \subseteq \overline{U}$. Então, $U = \overline{U}$ e, portanto, U é um conjunto fechado.

Como consequência imediata, temos o corolário a seguir.

### Corolário 1.5.1

Um subconjunto U em $\mathbb{R}^n$ é um conjunto aberto se, e somente se, o seu complementar for um conjunto fechado.

### Demonstração

Basta observar que $U = (U^C)^C$.

### Observação 1.5.5

Em geral, quando pensamos em espaços topológicos, podemos pensar nesse resultado como uma motivação parar definir conjuntos fechados apenas utilizando o conceito de conjunto aberto. Isto é, podemos dizer, por definição, que um conjunto é fechado se o seu complementar é aberto, e vice-versa.

### Exemplo 1.5.7

Como o conjunto unitário $U = \{p\}$ é um conjunto fechado, segue dos resultados vistos anteriormente que $\mathbb{R}^n \setminus \{p\}$ é um conjunto aberto.

### Exemplo 1.5.8

Como o conjunto $\mathbb{R}^n$ é um conjunto fechado, segue que seu complementar, o conjunto vazio, é um conjunto aberto. Por outro lado, temos também que o vazio é um conjunto fechado, pois $\mathbb{R}^n$ é um conjunto aberto.

Para finalizar esta seção, vamos relembrar as *Leis de De Morgan*. Elas consistem no seguinte: seja $(U_i)_{i \in \mathbb{N}}$ uma sequência de subconjuntos de $\mathbb{R}^n$, valem as seguintes igualdades

$$\left(\bigcap_{i=1}^{+\infty} U_i\right)^C = \bigcup_{i=1}^{+\infty} U_i^C$$

$$\left(\bigcup_{i=1}^{+\infty} U_i\right)^C = \bigcap_{i=1}^{+\infty} U_i^C$$

Em particular, essas leis valem também para a união e a interseção finita de conjuntos.

### Proposição 1.5.4

Seja $\{U_1, U_2, \ldots\}$ uma família de conjuntos fechados em $\mathbb{R}^n$, então, valem as seguintes afirmações:

1. Se $U = \bigcap_{i=1}^{+\infty} U_i$, então $U$ é um conjunto fechado.

2. Se $U = \bigcup_{i=1}^{k} U_i$, então $U$ é um conjunto fechado.

### Demonstração

Para verificar que a interseção arbitrária (finita ou infinita) de conjuntos fechados é um conjunto fechado, usaremos as Leis de De Morgan. Considere uma família de subconjuntos fechados $\{U_1, U_2, \ldots\}$ de $\mathbb{R}^n$.

Como observado anteriormente:

$$\left(\bigcap_{i=1}^{+\infty} U_i\right)^C = \bigcup_{i=1}^{+\infty} U_i^C$$

Pela Proposição 1.5.3, como $U_i$ é um conjunto fechado para cada $i \in \mathbb{N}$, temos que cada $U_i^C$ é um conjunto aberto. Ou seja, $U^C = \bigcup_{i=1}^{+\infty} U_i^C$ é uma união arbitrária de conjuntos abertos e, como vimos na Proposição 1.3.1, o conjunto $U_C$ é um conjunto aberto. Então, pelo Corolário 1.5.1, segue que o conjunto U é um conjunto fechado.

Sem perda de generalidade, vamos demonstrar o item 2 apenas para dois conjuntos. Sejam $U_1$ e $U_2$ dois conjuntos fechados em $\mathbb{R}^n$, então, pelas Leis de De Morgan:

$$(U_1 \cup U_2)^C = U_1^C \cap U_2^C$$

Como $U_1$ e $U_2$ são conjuntos fechados, pela Proposição 1.5.3 segue que os conjuntos $U_1^C$ e $U_2^C$ são conjuntos abertos. Então, pela Proposição 1.3.1, o conjunto $U = (U_1 \cup U_2)^C$ é um conjunto aberto e, novamente, pelo Corolário 1.5.1, segue que $U_1 \cap U_2$ é um conjunto fechado. Para a união finita, basta notar que aplicaremos o mesmo procedimento utilizado na Proposição 1.3.1, demonstrando, assim, que a união finita de conjuntos fechados resulta em um conjunto fechado.

## Exemplo 1.5.9

Uma união finita de pontos em $\mathbb{R}^n$ é um conjunto fechado.

## Exemplo 1.5.10

Vamos verificar que o conjunto de Cantor é um conjunto fechado. De fato, o conjunto de Cantor é dado da seguinte forma, em etapas:

1. Na primeira etapa, tomamos o intervalo [0, 1], então o dividimos em três partes iguais e descartamos o intervalo do meio, resultando na imagem que vemos na Figura 1.4.

**Figura 1.4** – Conjunto de Cantor, etapa 1

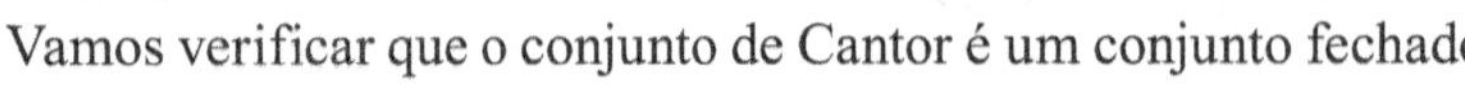

2. Na segunda etapa, tomamos o conjunto anterior, dividimos cada pedaço em três partes iguais e retiramos o pedaço do meio. Obtemos, então, a imagem que vemos na Figura 1.5.

**Figura 1.5** – Conjunto de Cantor, etapa 2

3. Repetindo esse processo infinitas vezes, obtemos um conjunto que será escrito como uma união arbitrária de conjuntos fechados. Portanto, podemos concluir, pela Proposição 1.5.4, que o conjunto de Cantor é um conjunto fechado.

### Observação 1.5.6

Nem sempre a união infinita de conjuntos fechados resultará em um conjunto fechado, como é o caso do exemplo a seguir.

### Exemplo 1.5.11

Considere em $\mathbb{R}$ a sequência de intervalos encaixados:

$$U_i = \left[0, \left(1 - \frac{1}{i}\right)\right]$$

Temos que $\bigcup_{i=1}^{+\infty} U_i = [0, 1)$ não é um conjunto fechado.

### Observação 1.5.7

Pela Proposição 1.5.4, abrimos a possibilidade de discutir o conceito de topologia usando conjuntos fechados. Em geral, uma topologia para $\mathbb{R}^n$ é definida da seguinte forma:

1. união arbitrária de conjuntos abertos é um conjunto aberto;
2. interseção finita de conjuntos abertos é um conjunto aberto.

Porém, usando a Proposição 1.5.4, obtemos uma definição equivalente a essa.

## 1.6 Conjuntos compactos

Nesta seção, trataremos dos conjuntos compactos em $\mathbb{R}^n$, que são conjuntos fechados e limitados. Uma importante aplicação da compacidade é a existência de máximos e mínimos de funções com domínio compacto. Como já apresentado, temos o Teorema de Bolzano-Weierstrass, o qual garante que toda sequência limitada admite subsequência convergente.

Abordaremos a seguir os aspectos topológicos a respeito de conjuntos compactos.

## Definição 1.6.1

Um conjunto $K \subseteq \mathbb{R}^n$ é dito um *conjunto compacto* se K é um conjunto fechado e limitado.

## Observação 1.6.1

Note que, se $U \subseteq K$ é um conjunto fechado, então o conjunto U é um conjunto compacto.

Apresentaremos dois exemplos a seguir. Com o conceito de funções contínuas, conseguiremos apresentar mais exemplos.

## Exemplo 1.6.1

Como já vimos, toda bola fechada em $\mathbb{R}^n$ é um conjunto fechado e limitado. Portanto, é um conjunto compacto.

## Exemplo 1.6.2

O conjunto de Cantor é um exemplo de conjunto limitado, pois está contido no intervalo [0, 1]. Claramente, se p é um elemento do conjunto de Cantor, então:

$$\|p\| \leq 1$$

Como vimos na seção anterior, um subconjunto U em $\mathbb{R}^n$ é fechado se, e somente se, todos os limites de sequências definidas em U forem elementos de U. Com base nesse fato e no Teorema de Bolzano-Weierstrass, o qual nos garante que toda sequência limitada admite subsequência convergente, apresentaremos uma nova abordagem sobre conjuntos compactos.

## Teorema 1.6.1

Seja K um subconjunto de $\mathbb{R}^n$. Então, K é um conjunto compacto se, e somente se, toda sequência em K admitir subsequência convergente em K.

## Demonstração

Suponha que K é um conjunto compacto. Então, se $(a_k)_{k \in \mathbb{N}}$ é uma sequência em K, como K é um conjunto limitado, a sequência $(a_k)_{k \in \mathbb{N}}$ é limitada. Pelo Teorema de Bolzano-Weierstrass, essa sequência admite subsequência convergente. Como K é um conjunto fechado, então o limite dessa subsequência pertence a K.

Por outro lado, suponha que toda sequência em K admite subsequência convergente em K. Seja $(a_k)_{k \in \mathbb{N}}$ uma sequência convergente em K, que converge a $L \in K$. Então, toda subsequência $\left(a_{k_i}\right)_{k_i \in \mathbb{N}}$ de $(a_k)_{k \in \mathbb{N}}$ também converge a L. Como, por hipótese, $L \in K$, segue que o conjunto K é um conjunto fechado. Suponha que K não é um conjunto limitado, então, K admite uma sequência $(a_k)_{k \in \mathbb{N}}$, tal que, para algum $N \in \mathbb{N}$:

$$\|a_k\| \geq N$$

Ou seja, a sequência $(a_k)_{k \in \mathbb{N}}$ não admite subsequência convergente, o que contradiz nossa hipótese. Com isso, concluímos que K é um conjunto limitado que, como já vimos, também é um conjunto fechado. Portanto, temos que o conjunto K é um conjunto compacto.

Para finalizar, vamos apresentar uma importante caracterização de um conjunto compacto que independe da noção de sequências. Antes desse resultado, considere a definição a seguir.

### Definição 1.6.2

Seja K um subconjunto de $\mathbb{R}^n$. Dizemos que uma família de subconjuntos $(U_\lambda)_{\lambda \in \Lambda}$ de $\mathbb{R}^n$ é uma *cobertura* de K, se:

$$K \subseteq \bigcup_{\lambda \in \Lambda} U_\lambda$$

Uma cobertura é dita *aberta* se os conjuntos $U_\lambda$ são conjuntos abertos.

Um exemplo de cobertura é o que mostramos a seguir.

### Exemplo 1.6.3

Considere o conjunto $\mathbb{Q}$ de números racionais. Para cada $q \in \mathbb{Q}$, podemos considerar a bola da forma:

$$B_q = B\left(q, \frac{1}{2}\right)$$

Então a família $(B_q)_{q \in \mathbb{Q}}$ é uma cobertura para $\mathbb{Q}$.

### Exemplo 1.6.4

Considere, para todo $p \in \mathbb{R}^n$, a bola (aberta ou fechada) de centro p e raio 1. Então, a união dessas bolas forma uma cobertura para $\mathbb{R}^n$.

### Definição 1.6.3

Seja $(U_\lambda)_{\lambda \in \Lambda}$ uma cobertura de um conjunto K. Uma *subcobertura* do conjunto K é uma subfamília $(U_\lambda)_{\lambda \in \Lambda'}$, de $(U_\lambda)_{\lambda \in \Lambda}$, com $\Lambda' \subset \Lambda$. Se o conjunto $\Lambda'$ é um conjunto finito, dizemos que temos uma *subcobertura finita*.

Com base nisso, temos o Teorema de Heine-Borel, exposto a seguir.

## Teorema 1.6.2 (Heine-Borel)

Um conjunto K de $\mathbb{R}^n$ é compacto se, e somente se, toda cobertura por abertos de K admitir subcobertura finita.

## Demonstração

Suponha que toda cobertura por abertos de K admite subcobertura finita. Para verificar que o conjunto K é compacto, considere, para todo $x \in K$, a cobertura dada por bolas abertas de raio 1:

$$\mathcal{C} = \{B(x, 1)\}.$$

Por hipótese, podemos extrair uma subcobertura $\{B(x_1, 1), \ldots, B(x_k, 1)\}$ de $\mathcal{C}$ que cobre K. Como cada bola $B(x_i, 1)$, $i = 1, \ldots, k$ é um conjunto limitado e $K \subset \bigcup_{i=1}^{k} B(x_i, 1)$, então, segue que K é um conjunto limitado. Suponha, por absurdo, que K não é um conjunto fechado. Seja $p \in \overline{K} \setminus K$ e considere os conjuntos $B_j$ da forma:

$$B_j = \left( B\left( p, \frac{1}{j} \right) \right)^C$$

Então, para todo $x \in K$:

$$\|x - p\| > \frac{1}{j}$$

Para $j \in \mathbb{N}$. Ou seja, temos que $x \in B_j$ e, portanto:

$$K \subset \bigcup_{j=1}^{+\infty} B_j$$

Note que, pela construção dos conjuntos $B_j$, os conjuntos $B\left(p, \frac{1}{j}\right)$ têm raio se aproximando de 0. Então, os conjuntos $B_j$ ficam cada vez maiores e, além disso, conseguimos tomar um índice $j_1$, tal que:

$$K \subset \bigcup_{j=1}^{+\infty} B_j = B_{j_1} = \left( B\left( p, \frac{1}{j_1} \right) \right)^C$$

Ou seja, conseguimos encontrar um raio $j_1$, tal que:

$$K \cap B\left( p, \frac{1}{j_1} \right) = \varnothing$$

E concluímos que p ≠ $\overline{K}$. Isso é uma contradição com o fato de que supomos que p ∈ $\overline{K}$. Portanto, temos que K é um conjunto fechado. Com isso, concluímos que o conjunto K é um conjunto compacto.

Por outro lado, suponha que K é um conjunto compacto, isto é, um conjunto fechado e limitado. Usaremos um fato conhecido como *Teorema de Lindelöf*: toda subcobertura por abertos e um conjunto K admite subcobertura enumerável (Lima, 2006). Seja $\mathcal{C} = \{U_\lambda\}$ uma subcobertura por abertos de K com subcobertura enumerável $\mathcal{C}' = \{U_1, U_2, \ldots\}$, defina o seguinte conjunto:

$$K_i = K \cap (U_1 \cup \ldots \cup U_i)^C$$

Perceba que, se vamos aumentando o índice i, o conjunto $(U_1 \cup \ldots \cup U_i)^C$ fica cada vez menor. Ou seja, os conjuntos $K_i$ ficam cada vez menores, de modo que, para um x ∈ K qualquer, existe algum i ∈ ℕ, tal que:

$$x \notin K_i$$

Ou seja:

$$\bigcap_{i=1}^{+\infty} K_i = \emptyset$$

Então, existe um $i_0 \in \mathbb{N}$, tal que, para todo $i \geq i_0$, temos $K_i = \emptyset$. Portanto:

$$K \subset \bigcup_{i=1}^{i_0} U_i$$

■

## Observação 1.6.2

Em geral, dizemos, por definição, que um conjunto é compacto se toda cobertura por abertos admite uma subcobertura finita. O que concluímos nesta seção é que um conjunto compacto em $\mathbb{R}^n$ pode admitir, pelo menos, três definições distintas, e o nosso papel foi mostrar que todas elas são equivalentes. Isto é, podemos dizer que um conjunto é compacto se, e somente se, é fechado e limitado, assim como um conjunto é compacto se, e somente se, toda sequência nesse conjunto admite subsequência convergente no conjunto.

Por último, vimos que um conjunto é compacto se, e somente se, toda cobertura aberta admite subcobertura finita. Essa última caracterização nos fornece a definição dada quando estudamos Topologia Geral. Ou seja, podemos tomar a definição de compacidade usando coberturas.

## 1.7 Limites

Na Seção 1.4, fizemos uma breve introdução aos limites de sequências. Aqui, apresentaremos a noção de limites de funções. Algumas propriedades já apresentadas para limites de sequências também valerão para limites de funções.

### Definição 1.7.1

Seja U um subconjunto de $\mathbb{R}^n$. Dizemos que $p \in \mathbb{R}^n$ é um *ponto de acumulação* de U em $\mathbb{R}^n$ se, para todo $r > 0$, existir $x \in \backslash \{p\}$, tal que:

$$x \in B(p, r)$$

### Observação 1.7.1

Da Definição 1.7.1 segue que todo ponto de acumulação de um conjunto é também um ponto de aderência.

### Exemplo 1.7.1

Considere o intervalo $(-1, 2]$. É fácil ver que todos os pontos interiores desse intervalo são também pontos de acumulação. Vejamos que 2 é um ponto de acumulação de $(-1, 2]$. Para todo $r > 0$, considere a bola de centro 2 e raio $r > 0$:

$$B(2, r) = (2 - r, 2 + r)$$

Seja $k \in \mathbb{N}$, tal que $\frac{1}{k} < r$, e considere o ponto $p = 2 - \frac{1}{k}$; então:

$$p \in (-1, 2)$$

Como $2 - r < 2 - \frac{1}{k} < 2 + k$, segue que $p \in B(2, r)$ e, portanto, 2 é um ponto de acumulação do conjunto $(-1, 2]$.

De modo análogo, segue que $-1$ também é um ponto de acumulação de $(-1, 2]$.

### Exemplo 1.7.2

Considere a bola aberta de centro p e raio $r > 0$ em $\mathbb{R}^n$, isto é:

$$B = B(p, r)$$

Seja $p_0 \in \partial B(p, r)$, vejamos que $p_0$ é um ponto de acumulação de B. De maneira análoga ao Exemplo 1.7.1, considere $r_1 > 0$ qualquer e a bola aberta:

$$B_1 = B(p_0, r_1)$$

Denote por $\vec{v}$ o vetor dado por:

$$\vec{v} = \overrightarrow{pp_0}$$

Então, $\|\vec{v}\| = r$. Sejam $k \in \mathbb{N}$, tal que $\dfrac{1}{k} < r_1$ e $\dfrac{1}{rk} < 1$, e o ponto $q \in \mathbb{R}^n$, tal que:

$$q = p + \left(1 - \dfrac{1}{rk}\right)\vec{v}$$

Então:

$$\|p - q\| = \left\|\left(1 - \dfrac{1}{rk}\right)\vec{v}\right\| = \left|\left(1 - \dfrac{1}{rk}\right)\right| \cdot \|\vec{v}\| = \left|\left(1 - \dfrac{1}{rk}\right)\right| \cdot r$$

Como $1 - \dfrac{1}{rk} < 1$, segue que:

$$\|p - q\| < r$$

Portanto, $q \in B(p, r)$. Por outro lado:

$$\|p_0 - q\| = \left\|p_0 - \left(p + \left(1 - \dfrac{1}{rk}\right)\vec{v}\right)\right\| = \left\|\dfrac{1}{rk} \cdot \vec{v}\right\| = \left|\dfrac{1}{rk}\right| \cdot \|\vec{v}\|$$

Então:

$$\|p_0 - q\| = \dfrac{r}{rk} = \dfrac{1}{k} < r_1$$

Por conseguinte, $q \in B(p_0, r_1)$ e segue que qualquer ponto de $\partial B(p, r)$ é um ponto de acumulação da bola aberta $B(p, r)$.

Podemos, então, apresentar o conceito de limite para uma função real a várias variáveis reais.

## Definição 1.7.2

Sejam f: $U \subseteq \mathbb{R}^n \to \mathbb{R}^m$ uma função e $p \in \mathbb{R}^n$ um ponto de acumulação de U. Dizemos que $L \in \mathbb{R}^m$ é *limite da função* f no ponto p se, para todo $\varepsilon > 0$, existir $\delta > 0$, tal que, para todo $x \in U$:

$$x \in B(p, \delta) \Rightarrow f(x) \in B(L, \varepsilon)$$

Em outras palavras:

$$\|x - p\| < \delta \Rightarrow \|f(x) - L\| < \varepsilon$$

### Notação 1.7.1

Denotamos o limite de f: $U \subseteq \mathbb{R}^n \to \mathbb{R}^m$, em um ponto de acumulação $p \in \mathbb{R}^n$ do conjunto U, por:

$$\lim_{x \to p} f(x) = L$$

Vejamos mais exemplos a seguir.

### Exemplo 1.7.3

Seja f: $\mathbb{R}^n \to \mathbb{R}^m$, tal que, fixado $c = (c_1, \ldots, c_m) \in \mathbb{R}^m$, temos que $f(x) = c$. Então, qualquer que seja $p \in \mathbb{R}^n$:

$$\lim_{x \to p} f(x) = c$$

De fato, para todo $\varepsilon > 0$, tome qualquer $\delta > 0$. Então, para todo $x \in \mathbb{R}^n$:

$$\|x - p\| < \delta \Rightarrow \|f(x) - c\| < \varepsilon$$

Pois $f(x) - c = c - c = 0$

### Exemplo 1.7.4

Considere f: $\mathbb{R}^2 \to \mathbb{R}^2$, dada por:

$$f(x, y) = (x, y)$$

Note que:

$$\lim_{(x,y) \to (1,0)} f(x, y) = (1, 0)$$

De fato, para todo $\varepsilon > 0$, tome $\delta = \varepsilon$. Então, na norma usual de $\mathbb{R}^2$, para todo $(x, y) \in \mathbb{R}^2$, temos que:

$$\|(x, y) - (1, 0)\| < \delta \Rightarrow \|(x, y) - (1, 0)\| < \varepsilon \Rightarrow \|f(x, y) - f(1, 0)\| < \varepsilon$$

Para finalizar esta seção, vamos apresentar a seguir algumas propriedades a respeito de limites de funções.

### Proposição 1.7.1

Sejam f, g: $U \subseteq \mathbb{R}^n \to \mathbb{R}^m$ e $p \in \mathbb{R}^n$ um ponto de acumulação de U.

Se $\lim_{x \to p} f(x) = L_1$ e $\lim_{x \to p} g(x) = L_2$, valem as seguintes propriedades para o limite de funções:

1. $\lim_{x \to p}(f(x) + g(x)) = L_1 + L_2$
2. $\lim_{x \to p}(f(x) \cdot g(x)) = L_1 \cdot L_2$
3. Se $\lim_{x \to p}(g(x)) \neq 0$, então:

$$\lim_{x \to p}\left(\frac{f(x)}{g(x)}\right) = \frac{L_1}{L_2}$$

■ Demonstração

Faremos a demonstração do item 1, os outros seguem de modo análogo. Aqui usaremos as mesmas ideias da demonstração do resultado sobre propriedades de limites para sequências.

Como $\lim_{x \to p} f(x) = L_1$, então, para todo $\varepsilon_1 > 0$, existe $\delta_1 > 0$, tal que, para todo $x \in U$, $x \neq p$:

$$\|x - p\| < \delta_1 \Rightarrow \|f(x) - L_1\| < \varepsilon_1$$

Como $\lim_{x \to p} g(x) = L_2$, para todo $\varepsilon_2 > 0$, existe $\delta_2 > 0$, tal que, para todo $x \neq p$:

$$\|x - p\| < \delta_2 \Rightarrow \|g(x) - L_2\| < \varepsilon_2$$

Para $\varepsilon = \varepsilon_1 + \varepsilon_2$, tome $\delta = \min\{\delta_1, \delta_2\}$. Então, se $\|x - p\| < \delta$, temos da desigualdade triangular que:

$$\|(f(x) + g(x)) - (L_1 + L_2)\| = \|f(x) - L_1 + g(x) - L_2\|$$
$$\leq \|f(x) - L_1\| + \|g(x) - L_2\|$$

Como $\|f(x) - L_1\| < \varepsilon_1$ e $\|g(x) - L_2\| < \varepsilon_2$, por hipótese, segue que:

$$\|(f(x) + g(x)) - (L_1 + L_2)\| < \varepsilon$$

Portanto:

$$\lim_{x \to p}(f(x) + g(x)) = L_1 + L_2$$

## 1.8 Funções contínuas

Um dos interesses no estudo das funções contínuas é que a continuidade preserva alguns aspectos topológicos, como a compacidade, a conexidade, os limites e, de certo modo, quando um conjunto é aberto ou fechado. A continuidade é um conceito-chave de muitos dos resultados da análise no $\mathbb{R}^n$. Veremos, a seguir, que toda função diferenciável é contínua.

### Definição 1.8.1

Dizemos que uma função f: $U \subseteq \mathbb{R}^n \to \mathbb{R}^m$ é *contínua* em $p \in U$ se, para todo $\varepsilon > 0$, existir $\delta > 0$, tal que, para todo $x \in U$:

$$x \in B(p, \delta) \Rightarrow f(x) \in B(f(p), \varepsilon)$$

### Notação 1.8.1

Dizemos que uma função f: $U \subseteq \mathbb{R}^n \to \mathbb{R}^m$ é *contínua* em U se f é contínua em todos os pontos de U.

### Observação 1.8.1

A diferença entre os conceitos de limite e de continuidade de uma função é que, enquanto no cálculo de limites o ponto no qual estamos fazendo esse cômputo é apenas um ponto de acumulação – isto é, não necessariamente pertence ao conjunto –, na continuidade pedimos que o ponto no qual estamos interessados seja um ponto do domínio da função. Esses dois conceitos se relacionam, então, da seguinte maneira: seja $p \in U$, então f é uma função contínua em p se, e somente se:

$$\lim_{x \to p} f(x) = f(p)$$

### Exemplo 1.8.1

Toda função constante é contínua. De fato, se f: $\mathbb{R}^n \to \mathbb{R}$ é tal que $f(x) = c$. Com $c \in \mathbb{R}$, então, para qualquer $p \in \mathbb{R}^n$:

$$\lim_{x \to p} f(x) = c = f(p)$$

### Exemplo 1.8.2

Na definição de continuidade, basta tomar, em qualquer ponto de $\mathbb{R}^n$, $\delta = \varepsilon$ na função f: $\mathbb{R}^n \to \mathbb{R}^n$, dada por $f(x) = x$.

### Exemplo 1.8.3

Considere as projeções $\pi_i$: $\mathbb{R}^n \to \mathbb{R}$, $i = 1, \ldots, n$, dadas por:

$$\pi_i(x_1, \ldots, x_i, \ldots, x_n) = x_i$$

Então $\pi_i$ é uma função contínua, para todo $i = 1, \ldots, n$. Na normal usual de $\mathbb{R}^n$ e para qualquer $p = (p_1, \ldots, p_n) \in \mathbb{R}^n$, para todo $\varepsilon > 0$, tome $\delta = \varepsilon$, por conseguinte:

$$\|(x_1, \ldots, x_n) - (p_1, \ldots, p_n)\| < \delta$$

Assim, segue que:

$$\sqrt{(x_1 - p_1)^2 + \ldots + (x_n - p_n)^2} < \delta = \varepsilon$$

Logo, para todo i = 1, ..., n:

$|x_i - p_i| < \varepsilon$

Portanto, as funções $\pi_i$ são funções contínuas, para todo i = 1, ..., n.

Vamos apresentar uma proposição que segue como consequência da Proposição 1.7.1 e da Observação 1.8.1. A demonstração segue os mesmos moldes aqui já apresentados na Seção 1.7 e será deixada a cargo do leitor.

### Proposição 1.8.1

Sejam f, g: $U \subseteq \mathbb{R}^n \to \mathbb{R}^m$ duas funções contínuas em um ponto $p \in U$. Temos, então, as seguintes propriedades:

1. A função f + g: $U \subseteq \mathbb{R}^n \to \mathbb{R}^m$ é contínua em p;
2. A função f · g: $U \subseteq \mathbb{R}^n \to \mathbb{R}^m$ é contínua em p;
3. Se g é contínua em p, tal que $g(p) \neq 0$, então a função $\dfrac{f}{g}: U \subseteq \mathbb{R}^n \to \mathbb{R}^m$ é contínua em p.

### Observação 1.8.2

Note que esse resultado também vale se pedirmos que ambas sejam contínuas em todo o seu domínio. Isto é, obtemos as seguintes consequências:

1. A soma de funções contínuas é uma função contínua.
2. O produto de funções contínuas é uma função contínua.
3. O quociente de duas funções contínuas é uma função contínua.

Podemos, então, enunciar o corolário a seguir, o qual segue imediatamente dos exemplos já apresentados e da Proposição 1.8.1.

### Corolário 1.8.1

Polinômios e funções racionais são funções contínuas em todo o seu domínio.

### Exemplo 1.8.4

Considere f: $\mathbb{R}^2 \to \mathbb{R}$, dada por $f(x, y) = x^2 + y^2$. Como a função f é a soma e o produto de funções contínuas em $\mathbb{R}^2$, então, para todo (p, q) em $\mathbb{R}^2$:

$$\lim_{(x, y) \to (p, q)} f(x) = p^2 + q^2 = f(p, q)$$

Desse modo, segue que f é contínua em $\mathbb{R}^2$.

Complementando a Proposição 1.8.1, temos também o estudo da continuidade a respeito da composição de funções contínuas. Para demonstrar esse resultado, vamos apresentar a proposição auxiliar a seguir, a qual relaciona a continuidade de uma função à convergência de uma sequência.

### Proposição 1.8.2

Seja U um conjunto aberto em $\mathbb{R}^n$, então $f: U \to \mathbb{R}^m$ é uma função contínua em $p \in U$ se, e somente se, para toda sequência $(a_k)_{k \in \mathbb{N}}$ em U, que converge a p, tivermos que:

$$\lim_{k \to +\infty} f(a_k) = f(p)$$

### Demonstração

Para verificar isso, basta observar que esse resultado já foi provado em $\mathbb{R}$ e usamos esse fato coordenada a coordenada na sequência $(a_k)_{k \in \mathbb{N}}$.

Com base nessa proposição, podemos demonstrar que a composição de funções contínuas resulta em uma função contínua.

### Proposição 1.8.3

Sejam U um conjunto aberto em $\mathbb{R}^n$, V um conjunto aberto em $\mathbb{R}^m$ e $f: U \to \mathbb{R}^m$ e $g: V \to \mathbb{R}^k$ duas funções contínuas em $p \in U$ e $f(p) \in V$, respectivamente, de modo que o domínio de g contenha a imagem de f. Então a função composta seguinte é uma função contínua em $p \in U$:

$$g \circ f: U \subseteq \mathbb{R}^n \to \mathbb{R}^k$$

### Demonstração

Seja $(a_k)_{k \in \mathbb{N}}$ uma sequência em U que converge a $p \in U$. Então, como g é contínua em $f(p)$ e f é contínua em p, então:

$$\lim_{k \to +\infty} g(f(a_k)) = g\left(f\left(\lim_{k \to +\infty} a_k\right)\right) = g(f(p))$$

Portanto, a função $g \circ f$ é uma função contínua em p.

Uma aplicação da Proposição 1.8.3 é o próximo resultado, que nos fornece uma maneira alternativa para trabalhar com a continuidade de funções $f: \mathbb{R}^n \to \mathbb{R}^m$, isto é, com funções da forma:

$$f(x) = (f_1(x), ..., f_m(x))$$

Tal que $f_i: \mathbb{R}^n \to \mathbb{R}$ para todo $i = 1, ..., m$.

## Proposição 1.8.4

Sejam U um conjunto aberto em $\mathbb{R}^n$ e $f: U \to \mathbb{R}^m$ uma função, tal que $f(x) = (f_1(x), ..., f_m(x))$. Então f é contínua em $p \in U$ se, e somente se, cada função coordenada $f_i: U \subseteq \mathbb{R}^n \to \mathbb{R}$ для uma função contínua no ponto $p \in U$.

### Demonstração

Suponha que $f: U \subseteq \mathbb{R}^n \to \mathbb{R}^m$, tal que $f(x) = (f_1(x), ..., f_m(x))$ é contínua. Perceba que $f_i = \pi_i \circ f$, para cada $i = 1, ..., m$, em que $\pi_i: \mathbb{R}^m \to \mathbb{R}$ é tal que $\pi_i(x_1, ..., x_i, ..., x_m) = x_i$. Como já vimos no Exemplo 1.8.3, cada função $\pi_i$ é uma função contínua. Ou seja, cada função coordenada de f é escrita como uma composta de duas funções contínuas. Portanto, pela Proposição 1.8.3, segue que cada função $f_i: U \to \mathbb{R}$ é uma função contínua, com $i = 1, ..., n$.

Por outro lado, suponha que cada função coordenada de f é contínua em $p \in U$. Então, para cada $i = 1, ..., m$, temos que: para todo $\varepsilon_i > 0$, existe $\delta_i > 0$, tal que, para todo $x \in U$:

$$x \in B(p, \delta_i) \Rightarrow f_i(x) \in B(f(p, \varepsilon_i))$$

Logo, para $\varepsilon = \sqrt{\sum_{i=1}^{m} \varepsilon_i^2}$, tomando $\delta = \min\{\delta_1, ..., \delta_m\}$, temos que:

$$\|x - p\| < \delta \Rightarrow \|f(x) - p\| = \sqrt{\sum_{i=1}^{m} |f_i(x) - p_i|^2} < \varepsilon$$

Ou seja:

$$|f_i(x) - p_i| < \varepsilon$$

E segue que a função f é uma função contínua.

A partir de agora, queremos discutir alguns aspectos topológicos envolvendo funções contínuas. Primeiramente, apresentamos um resultado que relaciona os conceitos de conjuntos abertos, conjuntos fechados e continuidade de uma função. Para o próximo resultado, temos que os conjuntos abertos em um subconjunto V de $U \subset \mathbb{R}^n$ são da forma $A = V \cap B$, em que B é um conjunto aberto em U.

## Proposição 1.8.5

Seja U um conjunto aberto em $\mathbb{R}^n$. Uma função $f: U \to \mathbb{R}^m$ é contínua se, e somente, para todo conjunto aberto V e $\mathbb{R}^m$, tivermos que $f^{-1}(V)$ é um conjunto aberto em U.

■ Demonstração

Suponha que $f: U \subseteq \mathbb{R}^n \to \mathbb{R}^m$ é uma função contínua. Seja $V \subseteq \mathbb{R}^m$ um conjunto aberto, então, para todo $x \in f^{-1}(V)$, existe $\varepsilon > 0$, tal que:

$$B(f(x), \varepsilon) \subset V$$

Como f é contínua em U, existe uma bola $B_x$ de centro x, tal que:

$$f(B_x \cap U) \subset B(f(x), \varepsilon) \subset V$$

Ou seja:

$$x \in B_x \cap U \subset f^{-1}(V)$$

Considere:

$$W = \bigcup_{x \in f^{-1}(V)} B_x$$

Então, W é um conjunto aberto e:

$$f^{-1}(V) \subset W \cap U \subset f^{-1}(V)$$

Portanto:

$$f^{-1}(V) = W \cap U$$

e segue que $f^{-1}(V)$ é um conjunto aberto.

Por outro lado, suponha que, para todo $V \subset \mathbb{R}^m$ conjunto aberto, temos que $f^{-1}(V)$ é um conjunto aberto em U, então:

$$f^{-1}(V) = W \cap U$$

em que W é um conjunto aberto em $\mathbb{R}^m$. Para cada $x \in U$ e $\varepsilon > 0$, considere:

$$A = B(f(x), \varepsilon)$$

Como A é um conjunto aberto, segue, por hipótese, que obtemos um conjunto aberto Z em $\mathbb{R}^m$, tal que:

$$Z \cap U = f^{-1}(A) = f^{-1}(B(f(x), \varepsilon))$$

Como $x \in Z$, existe $\delta > 0$, tal que:

$$B(x, \delta) \subset Z$$

Então:

$$f(B(x, \delta)) \cap U \subset B(f(X), \varepsilon)$$

Portanto, f é uma função contínua em U.

Podemos, então, apresentar a mesma caracterização da Proposição 1.8.5 para conjuntos fechados. Tal fato se apresenta no corolário a seguir.

## Corolário 1.8.2

Seja U um conjunto aberto em $\mathbb{R}^n$. Uma função f: $U \to \mathbb{R}^m$ é contínua se, e somente se, para todo conjunto fechado V em $\mathbb{R}^m$, tivermos que $f^{-1}(V)$ é um conjunto fechado.

### Demonstração

Basta observar que:

$$f^{-1}(F^C) = (f^{-1}(F))^C$$

## Observação 1.8.3

Com base na Proposição 1.8.5 e no Corolário 1.8.2, temos uma nova noção sobre a continuidade de uma função. Em geral, definimos a continuidade de uma função usando pré-imagens de conjuntos abertos ou fechados.

Agora, temos condições de apresentar mais exemplos de conjuntos abertos e fechados.

## Exemplo 1.8.5

Seja A um subconjunto de $\mathbb{R}^3$ definido da seguinte forma:

$$A = \{(x, y, z) \in \mathbb{R}^3 | x^2 + y^2 + z^2 = 1\}$$

Então A é um conjunto fechado. Defina a seguinte função: f: $\mathbb{R}^3 \to \mathbb{R}$, tal que:

$$f(x, y, z) = x^2 + y^2 + z^2$$

Ou seja, $A = f^{-1}(1)$, e, como já vimos, um conjunto que contém apenas um ponto é um conjunto fechado. Como a função f é uma função contínua, segue que A é um conjunto fechado, pois, pelo Corolário 1.8.2, a pré-imagem de um conjunto fechado por uma função contínua é um conjunto fechado.

### Exemplo 1.8.6

De modo análogo ao Exemplo 1.8.5, podemos demonstrar que o conjunto seguinte é um conjunto aberto:

$$A = \{(x, y) \in \mathbb{R}^2 | xy \neq 0\}$$

De fato, novamente, definiremos uma função $f: \mathbb{R}^2 \setminus \{(0, 0)\} \to \mathbb{R}$, dada por:

$$f(x, y) = xy$$

Então, $A = f^{-1}(\mathbb{R}\setminus\{0\})$. Como também já demonstramos, o conjunto $\mathbb{R}\setminus\{0\}$ é aberto e a função f é uma função contínua, então, segue diretamente que o conjunto A é um conjunto aberto.

Continuando na intenção de relacionar a topologia do espaço $\mathbb{R}^n$ com o conceito de continuidade, a seguir vamos tratar da continuidade de uma função cujo domínio é um conjunto compacto.

### Proposição 1.8.6

Sejam K um conjunto compacto em $\mathbb{R}^n$ e $f: K \to \mathbb{R}^m$ uma função contínua. Então, o conjunto f(K) é um conjunto compacto em $\mathbb{R}^m$.

#### Demonstração

Aqui usaremos a noção de coberturas para verificar que f(K) é um conjunto compacto. De fato, seja $(U_\lambda)_{\lambda \in \Lambda}$ uma cobertura por conjuntos abertos de f(K). Como f é contínua, então cada conjunto $U_\lambda$ é um conjunto aberto e, portanto, a família $(f^{-1}(U_\lambda))_{\lambda \in \Lambda}$ é uma cobertura por conjuntos abertos do conjunto K. Mas K é um conjunto compacto por hipótese, então, K admite uma subcobertura finita $\{f^{-1}(U_1), ..., f^{-1}(U_k)\}$ da cobertura $(f^{-1}(U_\lambda))_{\lambda \in \Lambda}$. Logo, temos que:

$$f(K) \subseteq f(f^{-1}(U_1)) \cup ... \cup f(f^{-1}(U_k))$$

Como $f(f^{-1}(U_i)) \subseteq U_i$, com $i = 1, ..., k$, então:

$$f(K) \subseteq U_1 \cup ... \cup U_k$$

em que cada $U_i$, com $i = 1, ..., k$, pertence à cobertura $(U_\lambda)_{\lambda \in \Lambda}$. Extraímos, portanto, uma subcobertura finita $\{U_1, ..., U_k\}$ de $(U_\lambda)_{\lambda \in \Lambda}$ para o conjunto f(K) e, com isso, podemos concluir que o conjunto f(K) é um conjunto compacto.

### Exemplo 1.8.7

Considere α: [0, 1] → $\mathbb{R}^n$ uma função contínua, dada por:

$$\alpha(t) = (\alpha_1(t), \ldots, \alpha_n(t))$$

A imagem de α em $\mathbb{R}^n$ é um conjunto compacto, pois o intervalo [0, 1] é um conjunto compacto.

### Exemplo 1.8.8

Seja α: [0, 2π] → $\mathbb{R}^2$, tal que α(t) = (cos (t) = (cos (t), sen (t)). Novamente, temos que a imagem pela curva é um conjunto compacto, pois, como sabemos da Análise Real, as funções seno e cosseno são funções contínuas. Além disso, como $\text{sen}^2(t) + \cos^2(t) = 1$, segue que essa curva tem como imagem a circunferência de centro (0, 0) e raio 1. Denote por $S^1$ essa circunferência, isto é:

$$S^1 = \{(x, y) \in \mathbb{R}^2 | x^2 + y^2 = 1\}$$

O conjunto $S^1$ é, então, um conjunto compacto.

### Exemplo 1.8.9

Considere o toro $\mathbb{T}^2$ dado como $\mathbb{T}^2 = S^1 \times S^1$, e veja a Figura 1.6, a seguir. O toro, então, é um conjunto compacto.

**Figura 1.6** – Toro

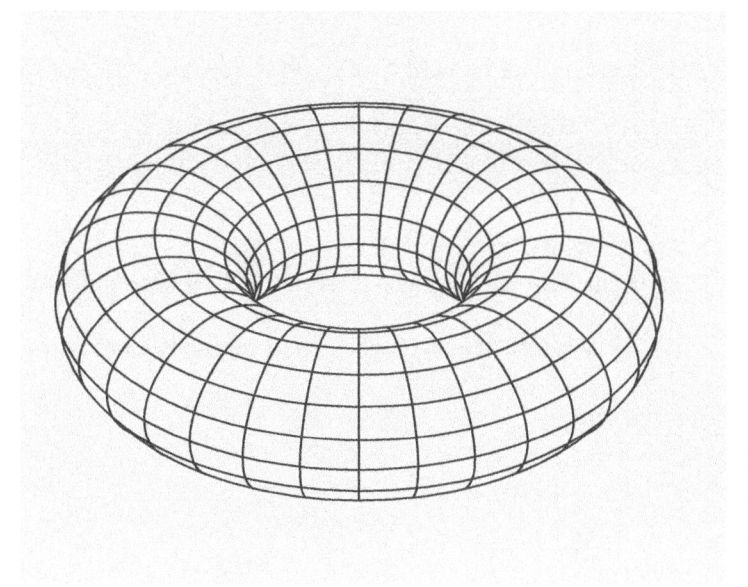

Agora, vamos fazer uma prova para o Teorema de Weierstrass, o qual garante a existência de máximos e mínimos para funções contínuas definidas em conjuntos compactos.

## Teorema 1.8.1 (Weierstrass)

Sejam K um conjunto compacto em $\mathbb{R}^n$ e f: K → $\mathbb{R}$ uma função contínua. Então, a função f admite valor máximo e valor mínimo em K.

### Demonstração

Como K é um conjunto compacto e f é contínua em K, então f(K) é compacto e, portanto, é um conjunto fechado e limitado. Logo, sup(f) e inf(f) existem e pertencem a f(K).

## Exemplo 1.8.10

Seja f: [1, 2] × [0, 4] → $\mathbb{R}$, tal que f(x, y) = 2x + y, então, f admite valor máximo e valor mínimo nesse conjunto.

## Exemplo 1.8.11

Se f: U → $\mathbb{R}$, em que U é um subconjunto fechado de $S^1$, então, f admite máximo e mínimo em U.

Vamos, agora, discutir a importância das hipóteses do Teorema de Weierstrass. No Exemplo 1.8.12, entenderemos o que acontece se o domínio da função não é um conjunto compacto. Já no Exemplo 1.8.13 veremos o que acontece quando a função não é contínua.

## Exemplo 1.8.12

Seja f: (−2, 0] → $\mathbb{R}$ dada por:

$$f(x) = \frac{1}{x+2}$$

Temos que f é uma função contínua em (−2, 0], mas o intervalo (−2, 0] não é um conjunto compacto. Como $\lim_{x \to 2^+}\left(\frac{1}{x+2}\right) = +\infty$, vemos que a função f não admite valor máximo no seu domínio. Observe a figura a seguir.

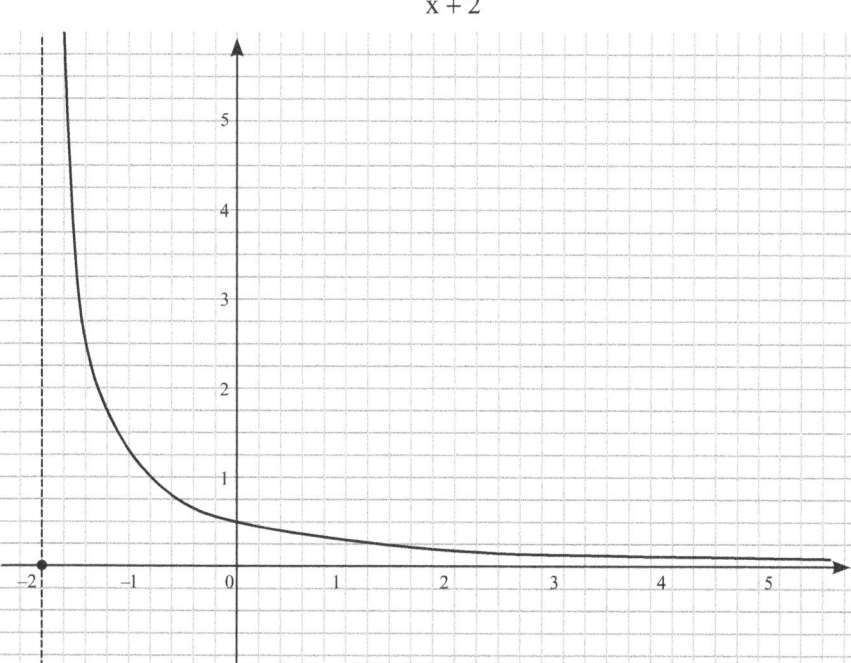

**Figura 1.7** – Imagem da função $f(x) = \dfrac{1}{x+2}$

Vejamos, a seguir, o outro exemplo.

## Exemplo 1.8.13

Considere f: [1, 5] → $\mathbb{R}$, dada por:

$$f(x) = \begin{cases} \dfrac{1}{x-3}, & \text{se } 1 \leq x < 3 \\ -x + 4, & \text{se } 3 \leq x \leq 5 \end{cases}$$

Temos que f não é contínua em 3 e:

$$\lim_{x \to 3^-} \dfrac{1}{x-3} = -\infty$$

Com isso, temos que a função f não admite valor mínimo. Note que isso acontece mesmo sabendo que o intervalo [1, 5] é um conjunto compacto.

Vamos introduzir uma classe importante de funções contínuas, conhecidas como *homeomorfismos*. A vantagem desse conceito é que agora podemos garantir que a imagem de um conjunto aberto será um conjunto aberto. O mesmo acontece com conjuntos fechados. Além disso, veremos também que a pré-imagem de conjunto compacto por um homeomorfismo resultará em um conjunto compacto.

Perceberemos, ainda, que a conexidade, que será apresentada na Seção 1.9, também é preservada pela pré-imagem por homeomorfismo. Uma observação importante é que propriedades preservadas por homeomorfismos são o que chamamos de *invariantes topológicos*. Como veremos no Capítulo 4, o conceito de homeomorfismo será fundamental na demonstração do Teorema da Função Inversa.

### Definição 1.8.2

Uma função $f: U \subseteq \mathbb{R}^n \to V \subseteq \mathbb{R}^m$ é *inversível* se existe uma função $f^{-1}: V \to U$, tais que:

$$(f \circ f^{-1})(x) = x = (f^{-1} \circ f)(x)$$

Denotaremos $f^{-1}$ como a *função inversa* de f.

### Exemplo 1.8.14

A função $f: \mathbb{R}^n \to \mathbb{R}^n$, tal que $f(x) = x$, é inversível e sua função inversa é a função $f^{-1}: \mathbb{R}^n \to \mathbb{R}^n$, tal que $f^{-1} = f$.

### Exemplo 1.8.15

Considere a função $f: \mathbb{R}^2 \to \mathbb{R}^2$ definida por:

$$f(x, y) = (x^3, y^3)$$

Sua função inversa é a função $f^{-1}: \mathbb{R}^2 \to \mathbb{R}^2$, tal que:

$$f^{-1}(x, y) = \left(\sqrt[3]{x}, \sqrt[3]{y}\right)$$

De fato:

$$\begin{aligned}(f^{-1} \circ f)(x, y) &= f^{-1}(f(x, y)) \\ &= f^{-1}(x^3, y^3) \\ &= \left(\sqrt[3]{x^3}, \sqrt[3]{y^3}\right) \\ &= (x, y)\end{aligned}$$

Vamos considerar, então, a definição a seguir.

### Definição 1.8.3

Uma função $f: U \subseteq \mathbb{R}^n \to V \subseteq \mathbb{R}^m$ contínua, na qual U e V não são necessariamente conjuntos abertos, é dita um *homeomorfismo* se f admite uma função inversa $f^{-1}: V \to U$ que é contínua em V.

### Observação 1.8.4

Um fato importante – e de difícil demonstração – sobre homeomorfismos é que eles são definidos entre espaços de mesma dimensão, isto é, na Definição 1.8.3 podemos tomar m = n.

### Exemplo 1.8.16

Considere a função f: $\mathbb{R}^n \to \mathbb{R}^n$, tal que f(x) = x. É fácil ver que essa função é um homeomorfismo.

### Exemplo 1.8.17

A função f: $\mathbb{R}^2 \to \mathbb{R}^2$ definida como f(x, y) = $(x^3, y^3)$ é um homeomorfismo, cuja função inversa é $f^{-1}$: $\mathbb{R} \to \mathbb{R}$, tal que:

$$f^{-1}(x, y) = \left(\sqrt[3]{x}, \sqrt[3]{y}\right)$$

### Exemplo 1.8.18

Seja $\varphi$: $(0, +\infty) \times (0, 2\pi) \to \mathbb{R}^2 \setminus \{(x, y) \in \mathbb{R}^2 | x > 0, y = 0\}$, tal que $\varphi(R, t) = (R \cos(t), R \, \text{sen}(t))$.

Como cada coordenada dessa função é contínua, então $\varphi$ é uma função contínua cuja função inversa $\varphi^{-1}$: $\mathbb{R}^2 \setminus \{(x, y) \in \mathbb{R}^2 | x > 0, y = 0\} \to (0, +\infty) \times (0, 2\pi)$ é tal que:

$$\varphi^{-1}(x, y) = \left(\sqrt{x^2 + y^2}, \text{arctg}\left(\frac{y}{x}\right)\right)$$

Como $\varphi^{-1}$ é uma função contínua, segue que $\varphi$ é um homeomorfismo.

Perceba que os fatos sobre funções contínuas nos trazem informações adicionais quando a função é também um homeomorfismo. Além de satisfazer os resultados aqui apresentados, temos também as propriedades a seguir, que são garantidas pela continuidade da inversa do homeomorfismo. A demonstração ficará a cargo do leitor.

### Proposição 1.8.7

Se f: U $\to$ V é um homeomorfismo, em que U, V são subconjuntos de $\mathbb{R}^n$, então:

1. a imagem por f de um conjunto aberto de U é um conjunto aberto em V;
2. a imagem por f de um conjunto fechado de U é um conjunto fechado em V;
3. a pré-imagem de um conjunto compacto em V por f é um conjunto compacto em U.

É importante perceber na definição de homeomorfismo que a continuidade de uma função inversível nem sempre garante a continuidade da inversa dessa função. Esse é o assunto que abordaremos no exemplo a seguir.

### Exemplo 1.8.19
Considere a função $f: [0, 2\pi) \to S^1$ dada por:

$$f(t) = (\cos(t), \sen(t))$$

Essa função é bijetora e contínua (veja o Exemplo 1.8.18), porém sua inversa não é contínua, já que $S^1$ é um conjunto compacto e $f^{-1}(S^1) = [0, 2\pi)$, que não é um conjunto compacto.

## 1.9 Conjuntos conexos

Nesta seção, a qual finaliza este capítulo, vamos apresentar as noções de conjuntos conexos e conjuntos conexos por caminhos. A noção de *conexidade* nos faz compreender que conjuntos não podem ser separados em algum sentido. Além disso, estamos interessados em entender como os conceitos de conexidade e conexidade por caminhos se relacionam entre si e com funções contínuas, da mesma maneira como fizemos com os conceitos de conjuntos abertos, conjuntos fechados e conjuntos compactos.

### Definição 1.9.1
Um conjunto C em $\mathbb{R}^n$ é dito *conexo* se não existem conjuntos abertos disjuntos V e W em $\mathbb{R}^n$, tais que:

$$C = V \cup W$$

Se C não é um conjunto conexo, dizemos que ele é *desconexo*.

### Observação 1.9.1
Um fato importante sobre conexidade é que os únicos conjuntos conexos em $\mathbb{R}$ são os intervalos.

### Exemplo 1.9.1
O espaço $\mathbb{R}^n$ é um conjunto conexo.

### Exemplo 1.9.2
Considere $R = \mathbb{R} \setminus \{p\}$, com $p \in \mathbb{R}$. Então, R não é conexo, pois:

$$R = (-\infty, p) \cup (p, +\infty)$$

Para auxiliar na construção de mais exemplos, vamos apresentar um resultado sobre conjuntos conexos. Como vimos na Seção 1.8, a imagem de um conjunto compacto por uma função contínua resulta em um conjunto compacto. O próximo teorema que apresentaremos, conhecido como *Teorema do Valor Intermediário*, nos garante que o mesmo acontece para conjuntos conexos.

### Teorema 1.9.1 (Valor Intermediário)

Sejam C um conjunto conexo em $\mathbb{R}^n$ e f: $C \to \mathbb{R}^m$ uma função contínua. Então, f(C) é um conjunto conexo em $\mathbb{R}^m$.

#### Demonstração

Sejam V e W dois conjuntos abertos e disjuntos em $\mathbb{R}^m$, tais que:

$$f(C) = V \cup W$$

Como f é contínua, então $f^{-1}(V)$ e $f^{-1}(W)$ são conjuntos abertos e o conjunto C pode ser escrito como:

$$C = f^{-1}(V) \cup f^{-1}(W)$$

Por hipótese, temos que C é um conjunto conexo; então, digamos que $f^{-1}(V) = \emptyset$. Com isso, obtemos que $V = \emptyset$. Ou seja, ao escrever f(C) como a união de conjuntos abertos e disjuntos, concluímos que um deles é necessariamente vazio. Portanto, f(C) é conexo.

### Exemplo 1.9.3

O Exemplo 1.8.7 também nos fornece que $\alpha$: $[0, 1] \to \mathbb{R}^n$, dada por $\alpha(t) = (\alpha_1(t), \ldots, \alpha_n(t))$, tem imagem conexa quando $\alpha(t)$ é uma função contínua.

### Exemplo 1.9.4

Seja $\alpha$: $[0, 2\pi] \to S^1$, tal que $\alpha(t) = (\cos(t), \operatorname{sen}(t))$. Como sabemos, a imagem dessa função é o círculo $S^1$. Como todo intervalo é um conjunto conexo e a curva $\alpha$ é uma função contínua, segue que $S^1$ é conexo.

### Exemplo 1.9.5

Podemos identificar o espaço de matrizes $M_{n \times m}(\mathbb{R})$ com o espaço $\mathbb{R}^{n \cdot m}$. Seja $A \in M_{n \times m}(\mathbb{R})$, a função determinante é um polinômio cujas variáveis são as entradas da matriz A – portanto, é uma função contínua. Considere o subconjunto de $M_{n \times m}(\mathbb{R})$:

$$GL_{n\times m}(\mathbb{R}) = \{A \in M_{n\times m}(\mathbb{R}) | \det A \neq 0\}$$

então, $GL_{n\times m}(\mathbb{R})$ não é um conjunto conexo. De fato, caso $GL_{n\times m}(\mathbb{R})$ fosse um conjunto conexo, como a função determinante é contínua, então o conjunto seguinte seria um conjunto conexo:

$$D = \det(GL_{n\times m}(\mathbb{R}))$$

Porém, note que o conjunto seguinte não é um conjunto convexo:

$$\det(GL_{n\times m}(\mathbb{R})) = (-\infty, 0) \cup (0, +\infty),$$

Perceba que o mesmo argumento demonstra que $GL_{n\times m}(\mathbb{R})$ não é um conjunto compacto.

O próximo resultado tem como objetivo caracterizar os conjuntos que são abertos e fechados ao mesmo tempo.

## Proposição 1.9.1

Os únicos conjuntos em $\mathbb{R}^n$ que são conjuntos abertos e conjuntos fechados ao mesmo tempo são o próprio $\mathbb{R}^n$ e o vazio.

### Demonstração

Seja C um subconjunto aberto e fechado de $\mathbb{R}^n$, tal que:

$$\varnothing \neq C \neq \mathbb{R}^n$$

Então:

$$\mathbb{R}^n = (\mathbb{R}^n \setminus C) \cup C$$

em que ambos são conjuntos abertos e disjuntos.

Isso contradiz o fato de que $\mathbb{R}^n$ é um conjunto conexo. Portanto, temos que os únicos conjuntos que são conjuntos abertos e conjuntos fechados em $\mathbb{R}^n$ ao mesmo tempo são o próprio $\mathbb{R}^n$ e o vazio.

Considere a seguinte situação: dados quaisquer dois pontos $p, q \in \mathbb{R}^n$, conseguimos ligar esses dois pontos por meio da função $\alpha: [0, 1] \to \mathbb{R}^n$, tal que:

$$\alpha(t) = p \cdot t + q \cdot (1 - t)$$

Temos que a imagem de $\alpha$ está completamente contida em $\mathbb{R}^n$. Isso motiva a definição que veremos a seguir.

### Definição 1.9.2

Dizemos que um conjunto U de $\mathbb{R}^n$ é *conexo por caminhos* se, para todo par de pontos p, q $\in$ U $\subseteq \mathbb{R}^n$, existe uma função contínua $\alpha$: $[0, 1] \to$ U, tal que:

$$\alpha(0) = p \text{ e } \alpha(1) = q$$

A esta função chamamos de *caminho* ou *curva em* U.

Ou seja, o espaço $\mathbb{R}^n$, que é um conjunto conexo, é também conexo por caminhos. Em geral, temos que isso nem sempre vale para subconjuntos em $\mathbb{R}^n$. Porém, vale a recíproca, que é do que trata o nosso próximo teorema.

### Teorema 1.9.2

Seja C um subconjunto de $\mathbb{R}^n$. Se C é um conjunto conexo por caminhos, então C é um conjunto conexo.

#### Demonstração

Seja U um subconjunto conexo por caminhos em $\mathbb{R}^n$. Então, existe um caminho contínuo $\alpha$: $[0, 1] \to$ U, tal que $\alpha([0, 1]) \subseteq$ U. Como $\alpha$ é uma função contínua, então o conjunto $\alpha([0, 1])$ é um conjunto conexo em U.

Suponha que o conjunto U não é um conjunto conexo. Existem, então, abertos disjuntos V e W em $\mathbb{R}^n$, tais que:

$$U = V \cup W$$

Isso resulta em:

$$\alpha([0, 1]) = \alpha([0, 1]) \cap U$$
$$\alpha([0, 1]) = \alpha([0, 1]) \cap (V \cup W)$$
$$\alpha([0, 1]) = (\alpha([0, 1]) \cap V) \cup (\alpha([0, 1]) \cap W)$$

E isso contradiz o fato de que $\alpha([0, 1])$ é um conjunto conexo.

### Exemplo 1.9.6

Um intervalo qualquer [a, b] é conexo por caminhos, pois podemos tomar o caminho

$$\alpha(t) = t \cdot a + (1 - t) \cdot b$$

### Exemplo 1.9.7

Como $GL_{n \times m}(\mathbb{R})$ não é conjunto conexo, segue do teorema anterior que também não é um conjunto conexo por caminhos.

Para finalizar este capítulo, apresentamos, a seguir, um contraexemplo para a recíproca do Teorema 1.9.2.

### Exemplo 1.9.8

Considere o conjunto em $\mathbb{R}^2$ dado por:

$$C = \{(0, x) \mid x \in [-1, 1]\} \cup \left\{ \left(x, \operatorname{sen}\left(\frac{1}{x}\right)\right) \mid x \in (0, 1] \right\}$$

Sua imagem é dada na Figura 1.8, a seguir.

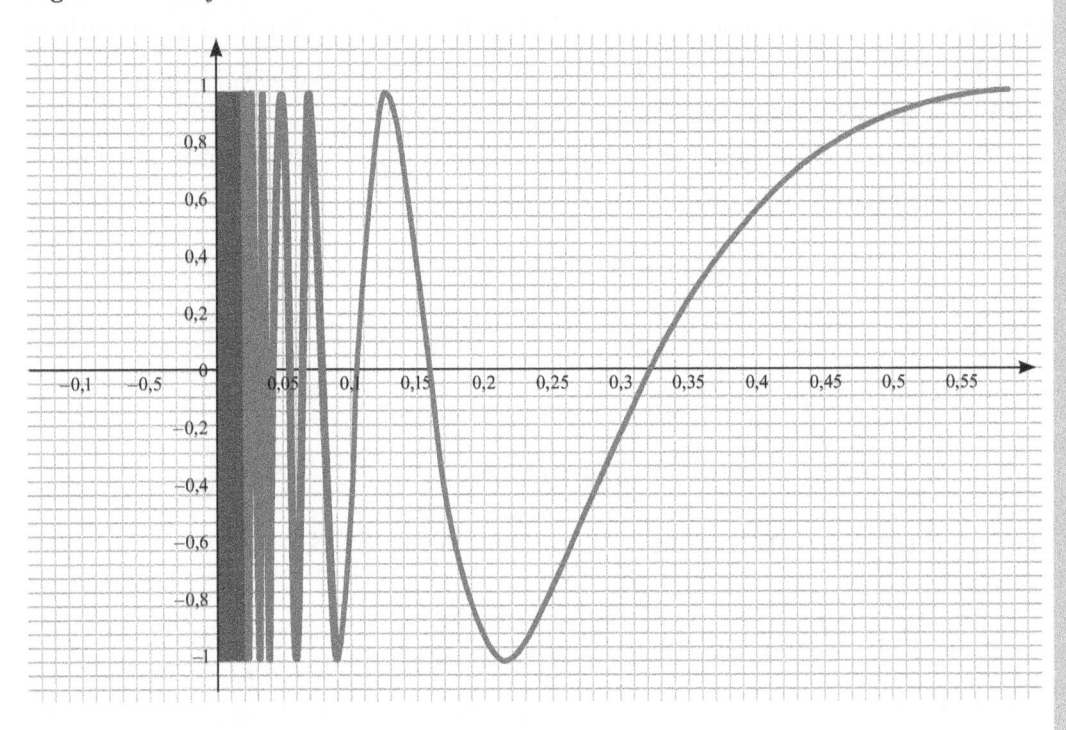

**Figura 1.8** – Conjunto C

O conjunto C é, então, um conjunto conexo. Porém, não é um conjunto conexo por caminhos.

## Síntese

Neste capítulo, fizemos duas abordagens a respeito do espaço $\mathbb{R}^n$. O primeiro ponto de vista foi o da álgebra linear, no qual apresentamos as noções de espaço vetorial, produto interno, norma e transformações lineares. O segundo ponto de vista apresentado foi o de entender o espaço $\mathbb{R}^n$ como um espaço topológico, permitindo-nos trabalhar o conceito de funções reais definidas em $\mathbb{R}^n$ que são contínuas.

Como vimos, para estudar a continuidade, é necessário o uso de normas, mas também de conceitos topológicos, como conjuntos abertos e conjuntos fechados. Além disso, veremos no próximo capítulo como o conceito de transformação linear será fundamental para podermos falar da diferenciabilidade de uma função.

## Atividades de autoavaliação

1) Sobre espaços vetoriais e transformações lineares, marque **V** para as proposições verdadeiras e **F** para as falsas. Depois, assinale a alternativa que corresponde à sequência correta.

   ( ) Toda transformação linear entre espaços vetoriais em $\mathbb{R}$ é contínua.
   ( ) Qualquer subespaço de um espaço vetorial é um conjunto fechado.
   ( ) Se x, y $\in$ V, em que V é um espaço vetorial, são ortogonais, então:
   $\|x + y\|^2 = \|x\|^2 + \|y\|^2$

   **a.** V, V, F.
   **b.** V, V, V.
   **c.** F, V, V.
   **d.** V, F, V.
   **e.** F, V, F.

2) Nas proposições a seguir, marque **V** para as afirmativas verdadeiras e **F** para as falsas. Depois, assinale a alternativa que corresponde à sequência correta. Seja x = ($x_1$, ..., $x_n$) um ponto em $\mathbb{R}^n$:

   ( ) $\|x\| := \sqrt{1 + x_1^2 + ... + x_n^2}$ é uma norma em $\mathbb{R}^n$.
   ( ) $\|x\|_{max} := \max_{1 \leq i \leq n}\{|x_i|\}$ é uma norma em $\mathbb{R}^n$.
   ( ) $\|x\| := -|x_1| + |x_2| + ... + |x_n|$ é uma norma em $\mathbb{R}^n$.
   ( ) Considere o conjunto C([0, 1]) das funções reais contínuas no intervalo [0, 1]. Se $f \in C([0, 1])$, então $\|f\| := \sup\{|f(x)|\}$ é uma norma e C([0, 1]).

a. V, V, F, F.
b. F, V, V, F.
c. F, V, F, V.
d. V, F, V, V.
e. F, V, F, V.

3) A respeito da topologia do espaço $\mathbb{R}^n$, marque **V** para as proposições verdadeiras e **F** para as falsas. Depois, assinale a alternativa que corresponde à sequência correta.

( ) A imagem de um conjunto aberto por uma função contínua é um conjunto aberto.
( ) A imagem de um conjunto fechado por uma função contínua é um conjunto fechado.
( ) A pré-imagem de um conjunto conexo por uma função contínua é um conjunto conexo.
( ) A união arbitrária de conjuntos compactos é um conjunto compacto.

a. F, F, F, F.
b. V, F, F, V.
c. F, F, F, V.
d. F, V, V, F.
e. F, F, V, F.

4) Analise as proposições a seguir sobre funções contínuas, marcando com **V** as verdadeiras e com **F** as falsas. Depois, assinale a alternativa que corresponde à sequência correta.

( ) Seja f: $U \subseteq \mathbb{R}^n \to \mathbb{R}^m$ uma função, dizemos que uma função é de Lipschitz se existe uma constante K > 0, tal que, para cada x, y ∈ U:
$\|f(x) - f(y)\| \leq K \cdot \|x - y\|$
Então f é uma função contínua em U.
( ) A soma de duas funções descontínuas é uma função descontínua.
( ) O espaço das matrizes inversíveis é um conjunto aberto.
( ) O espaço das matrizes de determinante igual a 1 é fechado.

a. V, F, V, F.
b. V, F, F, F.
c. F, V, F, V.
d. V, F, V, V.
e. V, F, F, V.

5) Sejam $(a_k)_{k\in\mathbb{N}}$ e $(b_k)_{k\in\mathbb{N}}$ duas sequências em $\mathbb{R}^n$ dadas por:

$$a_k = (k, ..., k) \quad \text{e} \quad b_k = \left(\text{sen}\left(\frac{1}{k}\right), ..., \text{sen}\left(\frac{1}{k}\right)\right)$$

Sobre essa questão, marque **V** para as proposições verdadeiras e **F** para as falsas. Depois, assinale a alternativa que corresponde à sequência correta.

( ) A sequência $(a_k)_{k\in\mathbb{N}}$ é divergente.

( ) A sequência $(b_k)_{k\in\mathbb{N}}$ é convergente.

( ) A sequência $(c_k)_{k\in\mathbb{N}}$, em que $c_k = \left(k \cdot \text{sen}\left(\frac{1}{k}\right), ..., k \cdot \text{sen}\left(\frac{1}{k}\right)\right)$, é convergente.

a. V, V, V.
b. V, F, F.
c. F, F, V.
d. V, V, F.
e. V, F, V.

## ATIVIDADES DE APRENDIZAGEM

1) Sejam $x = (x_1, ..., x_n)$ e $y = (y_1, ..., y_n) \in \mathbb{R}^n$. Verifique se:

   a. $\langle x, y \rangle = x_1 \cdot y_1 + ... + x_n \cdot y_n$ é um produto interno em $\mathbb{R}^n$.
   b. $\|x\| = \sqrt{x_1^2 + ... + x_n^2}$ é uma norma em $\mathbb{R}^n$.
   c. $\|x\|_m = \sqrt[m]{x_1^m + ... + x_n^m}$ e prove que $\|\cdot\|_m$ é uma norma em $\mathbb{R}^n$.
   d. $(\|x+y\|^2 + \|x-y\|^2) = 2 \cdot (\|x\|^2 + \|y\|^2)$.
   e. $\|x+y\|^2 - \|x-y\|^2 = 4 \cdot \langle x, y \rangle$.

2) Sejam $A, B \in M_{n\times m}(\mathbb{R})$, mostre que $\langle A, B \rangle = \text{tr}(AB^T)$ é um produto interno no espaço de matrizes $M_{n\times m}(\mathbb{R})$. Além disso, $\|A\| = \sqrt{\langle A, A \rangle}$ é uma norma em $M_{n\times m}(\mathbb{R})$.

3) Mostre que $x \in \mathbb{R}^n$ é escrito de maneira única como combinação linear de uma base $B = \{v_1, ..., v_n\}$ de $\mathbb{R}^n$.

4) Considere uma transformação linear $T: \mathbb{R}^n \to \mathbb{R}^n$, a função identidade $I: \mathbb{R}^n \to \mathbb{R}^n$, tal que $I(x) = x$, e a norma do sup para funções, tal que $\|T\| < 1$. Mostre que $I + T$ é uma transformação linear inversível. Uma transformação linear $S: \mathbb{R}^n \to \mathbb{R}^n$ é inversível se $S$ admite uma inversa $S^{-1}: \mathbb{R}^n \to \mathbb{R}^n$, tal que $S^{-1}$ é uma transformação linear.

5) Mostre que tanto a sequência $(a_k)_{k \in \mathbb{N}}$, dada por $a_k = \left(\dfrac{1}{k}, \ldots, \dfrac{1}{k}\right)$, quanto a sua subsequência $(b_k)_{k \in \mathbb{N}}$, com $b_k = \left(\dfrac{1}{2^{k-1}}, \ldots, \dfrac{1}{2^{k-1}}\right)$, convergem para $L = (0, \ldots, 0)$.

6) Mostre que uma sequência em $\mathbb{R}^n$ converge se, e somente se, convergir coordenada a coordenada.

7) Seja $(a_k)_{k \in \mathbb{N}}$ uma sequência em $\mathbb{R}^n$. Mostre que a sequência $(a_k)_{k \in \mathbb{N}}$ converge a L se, e somente se, para todo $y \in \mathbb{R}^n$, $\langle a_k, y \rangle$ convergir a $\langle L, y \rangle$.

8) Verifique quais conjuntos a seguir são abertos ou fechados:

   a. $A = \{(x, y) \in \mathbb{R}^2 | x + y = 2\}$
   b. $A = \{(x, y) \in \mathbb{R}^2 | x^3 + xy < 0\}$
   c. $A = \{(x, y, z) \in \mathbb{R}^3 | 0 < \text{sen}\,(x, y, z) < 1\}$
   d. $A = \{(x, y, z) \in \mathbb{R}^3 | x^2 + 2xy + y^2 = 0\}$

9) Sejam $U \subseteq \mathbb{R}^n$ e $V \subseteq \mathbb{R}^m$. Mostre que:

   a. se U e V são conjuntos abertos, então $U \times V \subseteq \mathbb{R}^n \times \mathbb{R}^m$ é um conjunto aberto;
   b. se U e V são conjuntos fechados, então $U \times V \subseteq \mathbb{R}^n \times \mathbb{R}^m$ é um conjunto fechado;
   c. se U e V são conjuntos compactos, então $U \times V \subseteq \mathbb{R}^n \times \mathbb{R}^m$ é um conjunto compacto;
   d. se U e V são conjuntos conexos, então $U \times V \subseteq \mathbb{R}^n \times \mathbb{R}^m$ é um conjunto conexo.

10) Mostre que, se um conjunto C em $\mathbb{R}^n$ é aberto e conexo, então C é um conjunto conexo por caminhos.

11) Escreva em detalhes as seguintes afirmações:

    a. Imagem de um conjunto aberto por um homeomorfismo é um conjunto aberto.
    b. Imagem de um conjunto fechado por um homeomorfismo é um conjunto fechado.
    c. Pré-imagem de um conjunto compacto por um homeomorfismo é um conjunto compacto.
    d. Pré-imagem de um conjunto conexo por um homeomorfismo é um conjunto conexo.

12) Sejam K um conjunto compacto em $\mathbb{R}^n$ e $\pi: \mathbb{R}^n \times \mathbb{R}^m \to \mathbb{R}^n$. Se F é um subconjunto fechado em $K \times \mathbb{R}^m$, então $\pi(F)$ é um conjunto fechado em $\mathbb{R}^n$.

13) Sejam $f: \mathbb{R}^n \to \mathbb{R}^m$ uma função contínua e C um conjunto conexo por caminhos em $\mathbb{R}^n$. Mostre que $f(C)$ é um conjunto conexo por caminhos em $\mathbb{R}^m$.

Um dos principais ambientes de estudo da Análise no $\mathbb{R}^n$ é o estudo das chamadas *funções diferenciáveis*. Várias definições e proposições remetem diretamente a definições e proposições similares já vistas em Análise Real, quando é estudada a diferenciabilidade de funções de uma variável real.

A principal diferença é que, quando a dimensão do domínio é pelo menos 2, podemos nos aproximar de um ponto dado vindo de infinitas direções diferentes, não apenas do lado esquerdo ou lado direito do ponto, como é no caso da reta. Portanto, por mais que a definição de função diferenciável com, pelo menos, duas variáveis seja muito similar àquela da Análise Real, ela é muito mais exigente.

Assim, primeiramente, veremos o significado de uma função possuir derivadas parciais, o que, basicamente, reduz o problema do cálculo de derivadas de funções de mais de uma variável para um problema de derivadas em Análise Real. As derivadas parciais podem ser rapidamente generalizadas para o conceito de derivadas direcionais, que aí abrangem derivar uma função ao longo de qualquer direção tomada em volta de um ponto. Ainda assim, veremos que uma função possuir derivadas direcionais não é o suficiente para a diferenciabilidade dela.

Por outro lado, se as derivadas parciais forem contínuas, veremos que isso sim é suficiente para que a função seja diferenciável. Desde que as derivadas parciais sejam regulares o suficiente, podemos tomar derivadas parciais de derivadas parciais, definindo o conceito de derivadas de ordem superior. Veremos que, ao tomar derivadas parciais de ordem 2 com relação a duas variáveis em geral, isso depende da ordem escolhida; porém, se essas derivadas de ordem 2 forem contínuas, então elas serão as mesmas (Teorema de Schwarz).

Trataremos ainda do análogo de Análise Real do Polinômio de Taylor, que agora será um polinômio em várias variáveis reais (de acordo com a quantidade de variáveis da função). Finalmente, veremos o análogo do Teorema do Valor Médio de Análise Real, o qual, no caso de mais de uma variável, não podemos dizer que se trata de uma igualdade, mas sim de uma desigualdade.

# 2
# Funções diferenciáveis

## 2.1 Curvas diferenciáveis e suas derivadas

Começaremos este capítulo apresentando o conceito de curvas em $\mathbb{R}^n$. Como veremos ao longo do texto, curvas são essenciais no cálculo de derivadas de funções. Entenderemos, nesta seção, como somar curvas e como os conceitos de continuidade e derivada de uma curva se apresentam nesse contexto.

### Definição 2.1.1

Seja $I \subseteq \mathbb{R}$ um intervalo. Uma *curva em* $\mathbb{R}^n$ é uma função $\alpha: I \to \mathbb{R}^n$, tal que:

$$\alpha(t) = (\alpha_1(t), \ldots, \alpha_n(t))$$

em que, para cada $i = 1, \ldots, n$, temos uma função $\alpha_i: I \to \mathbb{R}$. A *imagem* da curva $\alpha$ é definida pelo conjunto

$$\operatorname{Im}(\alpha) = \{\alpha(t) \mid t \in I\} \subseteq \mathbb{R}^n$$

### Notação 2.1.1

1. Um caminho em $\mathbb{R}^n$ é o mesmo que uma curva em $\mathbb{R}^n$.
2. A maneira como operamos curvas é a seguinte: se $\alpha, \beta: I \to \mathbb{R}^n$ são duas curvas, tais que:

$$\begin{cases} \alpha(t) = (\alpha_1(t), \ldots, \alpha_n(t)) \\ \beta(t) = (\beta_1(t), \ldots, \beta_n(t)) \end{cases}$$

e $c \in \mathbb{R}$, então podemos definir as seguintes operações para essas curvas:

a) $\alpha(t) + \beta(t) = (\alpha_1(t) + \beta_1(t), \ldots, \alpha_n(t) + \beta_n(t))$;
b) $c \cdot \alpha(t) = (c \cdot \alpha_1(t), \ldots, c \cdot \alpha_n(t))$.

### Exemplo 2.1.1

Considere $\alpha: I \to \mathbb{R}^2$ dada por $\alpha(t) = (t, t^2)$. Então, a imagem da curva $\alpha$ é uma parábola, cujo traço é dado na Figura 2.1, a seguir.

**Figura 2.1** – Parábola

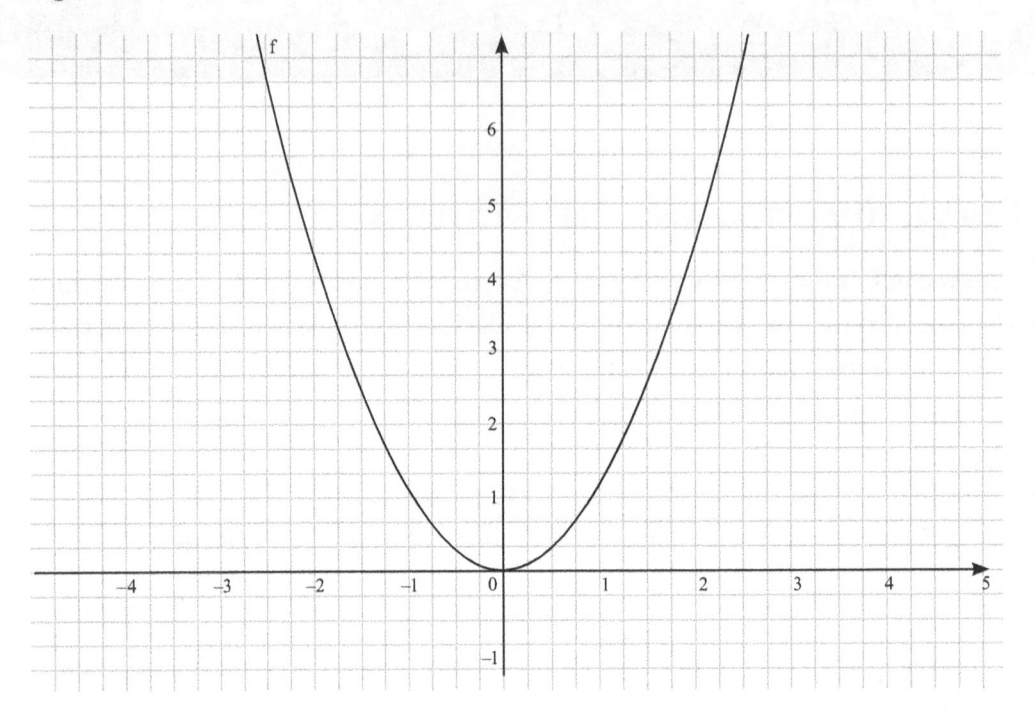

O Exemplo 2.1.1 se encaixa no contexto descrito a seguir.

### Exemplo 2.1.2

Seja $f: I \to \mathbb{R}$ uma função, e defina a curva $\alpha: I \to \mathbb{R}^2$ como $\alpha(t) = (t, f(t))$, então:

$$\text{Im}(\alpha) = \text{Graf}(f)$$

### Exemplo 2.1.3

Considere a curva $\alpha: [0, 2\pi] \to \mathbb{R}^2$, tal que $\alpha(t) = (\cos(t), \sen(t))$. Como já vimos no Capítulo 1, essa curva tem como imagem o círculo $S^1$.

Vamos generalizar o Exemplo 2.1.3.

### Exemplo 2.1.4

Considere a curva $\alpha: [0, 2\pi] \to \mathbb{R}^2$, tal que $\alpha(t) = (3 \cdot \cos(t), 2 \cdot \sen(t))$. Então, a curva $\alpha$ satisfaz a equação da elipse, cujos vértices são 3 e 2, a qual é dada por:

$$\frac{x^2}{9}+\frac{y^2}{4}=1$$

A imagem da curva α é dada na figura a seguir.

**Figura 2.2** – Elipse

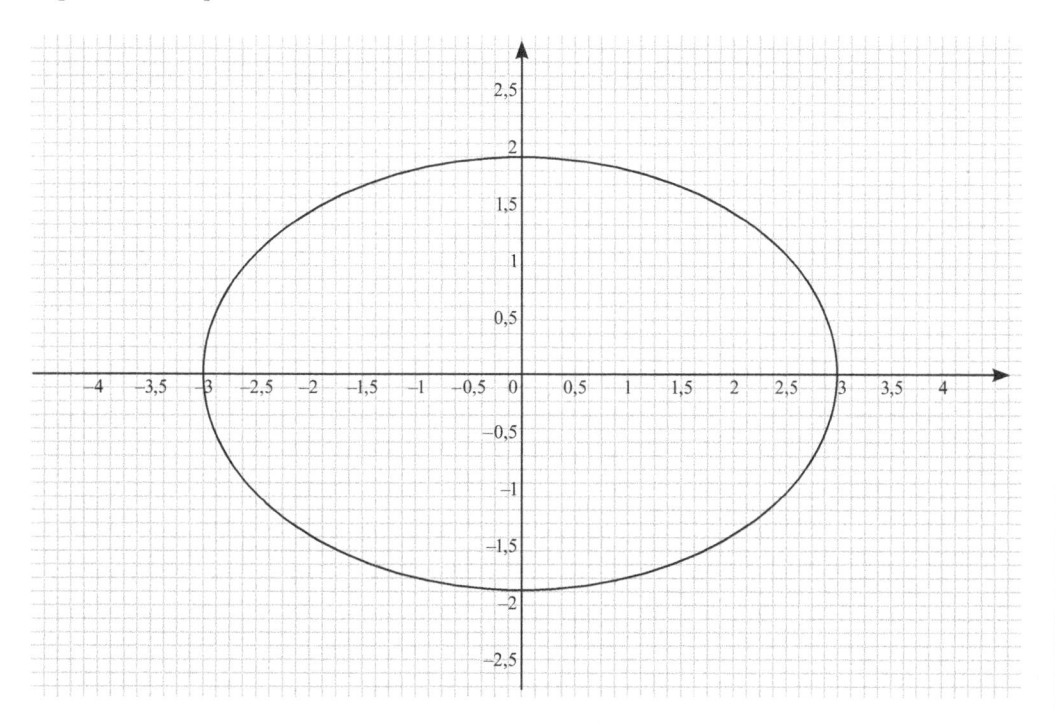

Vejamos, a seguir, mais um exemplo.

### Exemplo 2.1.5

Em geral, para elipses da forma:

$$\frac{x^2}{a^2}+\frac{y^2}{b^2}=1$$

em que α, β ∈ ℝ, e temos associada a curva α: $[0, 2\pi] \to \mathbb{R}^2$, α(t) = (a · cos (t), b · sen (t)).

### Exemplo 2.1.6

Considere a seguinte curva em $\mathbb{R}^3$: α: $\mathbb{R} \to \mathbb{R}^3$, tal que:

α(t) = (cos (t), sen (t), t)

A sua imagem, então, é dada na figura a seguir.

**Figura 2.3** – Hélice

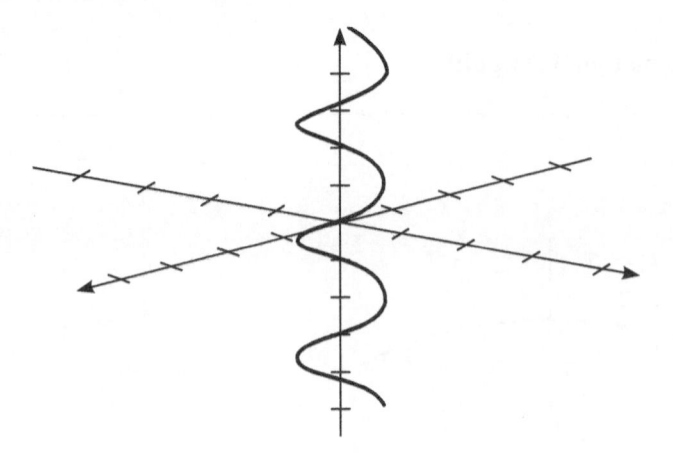

Como já vimos no capítulo anterior, uma função f: $U \subseteq \mathbb{R}^n \to \mathbb{R}^m$, tal que $f(x) = (f_1(x), \ldots, f_m(x))$ é uma função contínua se, e somente se, cada função $f_i: U \to \mathbb{R}$, $i = 1, \ldots, m$ é uma função contínua. Com base nisso, podemos entender como a continuidade se encaixa no contexto de curvas.

### Definição 2.1.2

Sejam I um intervalo e $\alpha: I \to \mathbb{R}^n$ uma curva em $\mathbb{R}^n$, dada por:

$$\alpha(t) = (\alpha_1(t), \ldots, \alpha_n(t))$$

então, $\alpha$ é uma *curva contínua* se, e somente se, cada função $\alpha_i: I \to \mathbb{R}$ é contínua.

Nos mesmos moldes da Proposição 1.8.1, temos que as propriedades de continuidade para curvas também são preservadas pela soma e pelo produto por um escalar real.

### Proposição 2.1.1

Sejam $I \subseteq \mathbb{R}$ um intervalo e $c \in \mathbb{R}$ e $\alpha, \beta: I \to \mathbb{R}^n$ duas curvas contínuas, tais que:

$$\alpha(t) = (\alpha_1(t), \ldots, \alpha_n(t)) \text{ e } \beta(t) = (\beta_1(t), \ldots, \beta_n(t))$$

Então:
1. A curva $\alpha(t) + \beta(t)$ é contínua em I.
2. A curva $c \cdot \alpha(t)$ é contínua em I.

### Demonstração

Como $\alpha(t) + \beta(t) = (\alpha_1(t) + \beta_1(t), \ldots, \alpha_n(t) + \beta_n(t))$, e ambas as curvas são funções contínuas, então, cada entrada $\alpha_i(t) + \beta_i(t)$, com $i = 1, \ldots, n$, da curva $\alpha(t) + \beta(t)$ é uma soma de funções contínuas. Portanto, a soma de curvas contínuas resulta em uma curva contínua.

Note que o mesmo vale para o item 2, pois:

$$c \cdot \alpha(t) = (c \cdot \alpha_1(t), \ldots, c \cdot \alpha_n(t))$$

e cada entrada $c \cdot \alpha_i(t)$, com $i = 1, \ldots, n$, da curva $c \cdot \alpha(t)$ resulta em uma função contínua.

∙∙∙∙∙∙∙∙∙∙∙∙∙∙∙∙∙∙∙∙∙∙∙∙∙∙∙∙∙∙∙∙∙∙∙∙∙∙∙∙∙∙∙∙∙∙∙∙∙∙∙∙∙∙∙∙∙∙∙∙∙∙∙∙∙∙∙∙∙∙∙∙∙∙∙∙∙∙∙∙∙∙∙∙∙∙∙∙∙ ∎

Queremos agora entender como ocorre a noção de derivadas para curvas em $\mathbb{R}^n$. Seja $I \subseteq \mathbb{R}$. Como já sabemos, uma função $f: I \to \mathbb{R}$ é *derivável em* $p \in I$ se o seguinte limite existe:

$$f'(p) = \lim_{x \to p} \frac{f(x) - f(p)}{x - p}$$

Se esse é o caso, para todo ponto em I dizemos que f é uma função *derivável* em I. Com base nessa situação, vamos entender como adaptar essa definição para o nosso contexto, já que, se $\alpha: I \to \mathbb{R}^n$ é uma curva, tal que $\alpha(t) = (\alpha_1(t), \ldots, \alpha_n(t))$, então, para todo $i = 1, \ldots, n$, $\alpha_i: I \to \mathbb{R}$.

Sabemos que, para cada $t_0 \in I$:

$$\lim_{t \to t_0} \frac{\alpha(t) - \alpha(t_0)}{t - t_0} = \left( \lim_{t \to t_0} \left( \frac{\alpha_1(t) - \alpha_1(t_0)}{t - t_0} \right), \ldots, \lim_{t \to t_0} \left( \frac{\alpha_n(t) - \alpha_n(t_0)}{t - t_0} \right) \right).$$

Podemos, então, definir o conceito de diferenciabilidade de curvas.

### Definição 2.1.3

Sejam $I \subseteq \mathbb{R}$ um intervalo e $\alpha: I \to \mathbb{R}^n$ uma curva. Dizemos que $\alpha$ é uma curva *diferenciável em* $t_0 \in I$, se existe o seguinte:

$$\alpha'(t_0) := \lim_{t \to t_0} \frac{\alpha(t) - \alpha(t_0)}{t - t_0}$$

Se isso ocorre para todo $t \in I$, dizemos que a curva $\alpha$ é *diferenciável em I*.

### Notação 2.1.2

Perceba que a Definição 2.1.3 nos forneceu uma maneira de calcular a derivada de uma curva, já que:

$$\alpha'(t) = (\alpha'_1(t), \ldots, \alpha'_n(t))$$

O vetor $\alpha'(t)$ é chamado de *vetor velocidade* da curva $\alpha$. Outra notação para a derivada de uma curva é dada por:

$$\alpha'(t) = \frac{d\alpha}{dt}(t)$$

### Observação 2.1.1

1. Segue da definição de curva diferenciável que toda curva diferenciável é também uma curva contínua. Por outro lado, é fácil ver que a curva $\alpha\colon \mathbb{R} \to \mathbb{R}^2$, definida como $\alpha(t) = (t, |t|)$, é uma curva que é contínua em 0, mas não é diferenciável nesse ponto.
2. Como consequência da definição anterior, temos que os exemplos já apresentados aqui, com exceção do Exemplo 2.1.2, são exemplos de curvas diferenciáveis – então, em particular, são curvas contínuas. No Exemplo 2.1.2, precisamos pedir que a função seja pelo menos contínua para que a curva associada seja contínua. Isso vale também para a diferenciabilidade dessa curva.

### Exemplo 2.1.7

A curva $\alpha\colon [0, 2\pi] \to S^1$, dada por $\alpha(t) = (\cos(t), \text{sen}(t))$, é uma curva diferenciável que tem como vetor velocidade:

$$\alpha'(t) = (-\text{sen}(t), \cos(t))$$

### Exemplo 2.1.8

Considere a curva $\alpha\colon [0, 1] \to \mathbb{R}^2$, tal que $\alpha(t) = (t, t^3)$. Essa é uma curva diferenciável no intervalo $[0, 1]$, pois a imagem dessa curva é o gráfico da função $f(x) = x^3$, que é uma função derivável em $\mathbb{R}$.

O vetor velocidade dessa curva é dado por:

$$\alpha'(t) = (1, 3t^2)$$

### Exemplo 2.1.9

Outro exemplo de curva diferenciável é a curva $\alpha\colon \mathbb{R} \to \mathbb{R}^3$, dada por:

$$\alpha(t) = e^{-t}(\cos(t), \text{sen}(t), 1)$$

Seu vetor velocidade é dado por:

$$\alpha'(t) = e^{-t}(-\cos(t) - \text{sen } t, \cos(t) - \text{sen}(t), -1)$$

Vamos finalizar esta seção apresentando algumas propriedades a respeito da derivada de curvas. Como veremos, no caso de operações que fazem sentido para curvas, a derivada de curvas tem as mesmas propriedades da derivada de funções reais definidas em $\mathbb{R}$.

### Proposição 2.1.2

Sejam $I$ um subconjunto de $\mathbb{R}$ e $c \in \mathbb{R}$ e $\alpha, \beta\colon I \to \mathbb{R}^n$ duas curvas diferenciáveis, tais que:

$$\alpha(t) = (\alpha_1(t), \ldots, \alpha_n(t)) \text{ e } \beta(t) = (\beta_1(t), \ldots, \beta_n(t))$$

Então:
1. $(\alpha(t) + \beta(t))' = \alpha'(t) + \beta'(t)$
2. $(c \cdot \alpha(t))' = c \cdot \alpha'(t)$

■ Demonstração

Vamos dar uma demonstração para o item 1, pois o item 2 segue de modo análogo. Note que:

$$(\alpha(t) + \beta(t))' = ((\alpha_1(t) + \beta_1(t))', \ldots, (\alpha_n(t) + \beta_n(t))')$$
$$= (\alpha'_1(t) + \beta'_1(t), \ldots, \alpha'_n(t) + \beta'_n(t))$$
$$= (\alpha'_1(t), \ldots, \alpha'_n(t)) + (\beta'_1(t), \ldots, \beta'_n(t))$$
$$= \alpha'(t) + \beta'(t)$$

## 2.2 Integral de uma curva e seu comprimento

Nesta seção, apresentaremos o conceito de *integral de curvas*. Para isso, introduziremos o conceito de *partição*, o qual também será utilizado no Capítulo 6. Além disso, entenderemos como calcular o tamanho de uma curva, o que é conhecido como *comprimento de arco*.

### Definição 2.2.1

Uma *partição* P de um intervalo [a, b] é um conjunto de pontos $t_i$, com $i = 1, \ldots, k$, tais que:

$$P = \{t_0 < \ldots < t_k \mid t_0 = a, t_k = b\}$$

### Observação 2.2.1

Note que, na definição de partição, não fixamos uma distância entre os pontos $t_i$. Esse é o caso do próximo exemplo.

### Exemplo 2.2.1

Uma partição para o intervalo [4, 7] é a seguinte:

$$P = \{4, 5, 6, 7\}$$

Observe a figura a seguir.

**Figura 2.4** – Partição P

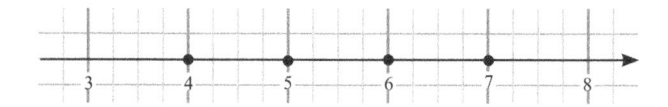

Vejamos mais um exemplo.

### Exemplo 2.2.2
No intervalo [0, 6], considere a partição

$$P = \{0, 3, 6\}$$

Outra partição para o intervalo [0, 6] é o conjunto

$$Q = \{0, 1, 2, 3, 4, 5, 6\}$$

No Exemplo 2.2.2, a partição P está contida na partição Q. Motivados por esse exemplo, temos a definição a seguir.

### Definição 2.2.2
Sejam P e Q duas partições para um intervalo [a, b]. Dizemos que a partição Q é um *refinamento* para a partição P se $P \subset Q$.

### Exemplo 2.2.3
Temos que a partição $Q = \{0, 1, 2, 3, 4, 5, 6\}$ é um refinamento para a partição $P = \{0, 3, 6\}$.

Agora, usaremos o conceito de partição de um intervalo para definir a soma de Riemann de uma curva limitada. Com base nisso, definiremos, então, a integral de um caminho em $\mathbb{R}^n$. Para isso, considere I = [a, b] um intervalo e $\alpha : I \to \mathbb{R}^n$ uma curva limitada qualquer, isto é, existe uma constante M > 0, tal que, para todo $t \in [a, b]$, $\|\alpha(t)\| \leq M$.

Seja $P^* := (P, \xi)$, em que $P = \{t_0 < \ldots < t_k | t_0 = a, t_k = b\}$ é uma partição de I e $\xi$ é um conjunto definido da seguinte forma:

$$\xi = \{\xi_i | t_i \leq \xi_i \leq t_{i+1}, i = 0, \ldots, k-1\}$$

Temos aqui a definição mostrada a seguir.

### Definição 2.2.3
A *soma de Riemann relativa a $P^*$* da curva $\alpha: I \to \mathbb{R}^n$ é da forma:

$$S(\alpha; P^*) := \sum_{i=0}^{k-1}(t_{i+1} - t_i) \cdot \alpha(\xi_i)$$

### Observação 2.2.2
Na Definição 2.2.3, não existe a necessidade de exigir continuidade nem diferenciabilidade da curva $\alpha$.

## Exemplo 2.2.4

Sejam $\alpha: [0, 6] \to \mathbb{R}$, tal que $\alpha(t) = t$, $P = \{0, 3, 6\}$ uma partição do intervalo $[0, 6]$ e o conjunto $\xi^1 = \{1, 4\}$. Então, a soma de Riemann de $\alpha$ relativa a $P^* = (P, \xi^1)$ é dada por:

$$S(\alpha, P^*) = 3 \cdot 1 + 3 \cdot 4 = 15$$

Para essa mesma curva, considere a partição $Q = \{0, 2, 4, 6\}$ do intervalo $[0, 6]$. Note que Q é um refinamento da partição P. Seja $\xi^2 = \{1, 4, 5\}$. Nesse caso, a soma de Riemann de $\alpha$ relativa a $Q^* = (Q, \xi^2)$ se escreve do seguinte modo:

$$S(\alpha, Q^*) = 2 \cdot 1 + 2 \cdot 4 + 2 \cdot 5 = 20$$

## Observação 2.2.3

Perceba que a soma de Riemann $S(\alpha, P^*)$ de $\alpha$ relativa a $P^*$ é a soma de todas as áreas dos retângulos de base com comprimento $(t_{i+1} - t_i)$ e altura $\alpha(\xi_i)$. Ao refinarmos essa partição, isto é, ao adicionarmos mais pontos à partição P, percebemos uma melhora no cálculo das áreas desses retângulos, no sentido de que, quanto mais refinamos a partição, mais a soma de Riemann se aproxima da área da figura a seguir da curva $\alpha$.

Observe isso na Figura 2.5.

**Figura 2.5** – Soma de Riemann como uma área

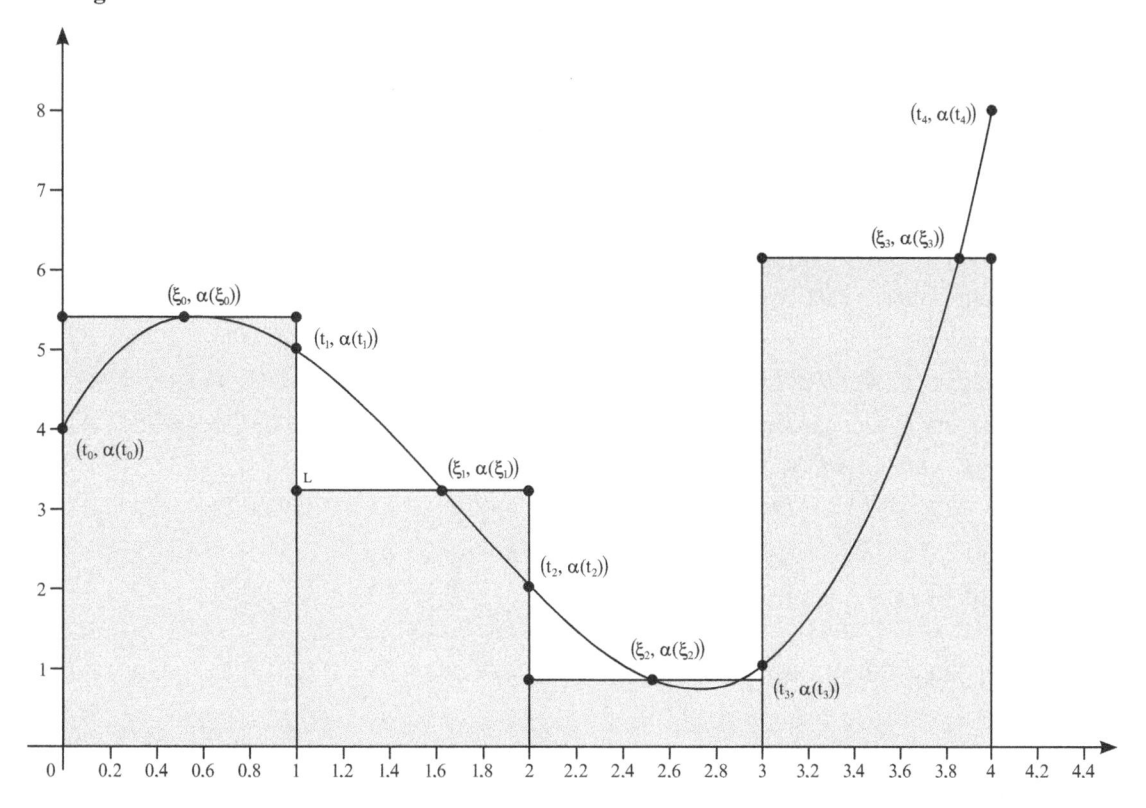

O que nos interessa agora é calcular essa soma de modo que ela não dependa da escolha da partição do intervalo. Para isso, considere [a, b] um intervalo, munido de uma partição qualquer

$$P = \{t_0 < \ldots < t_k \,|\, t_0 = a, t_k = b\} \text{ e } P^* = (P, \xi)$$

em que:

$$\xi = \{\xi_i \,|\, t_i \leq \xi_i \leq t_{j+1}, i = 0, \ldots, k-1\}$$

Então, a *Soma de Riemann* (S) da curva $\alpha$ é definida como o seguinte limite:

$$S := \lim_{|P| \to 0} S(\alpha, P^*)$$

em que:

$$|P| = \max_{0 \leq i \leq k}\{(t_{i+1} - t_i)\}$$

Com base nisso, temos a definição a seguir.

### Definição 2.2.4

Se para todo $\varepsilon > 0$ existe $\delta > 0$, tal que:

$$|P| < \delta \Rightarrow |S - S(\alpha, P^*)| < \varepsilon$$

Isto é, se o limite definido anteriormente existe, definimos a *integral* da curva $\alpha$ no intervalo [a, b] como:

$$\int_a^b \alpha(t)dt := \lim_{|P| \to 0} S(\alpha, P^*)$$

Dizemos, nesse caso, que a curva $\alpha$ é integrável em [a, b].

### Observação 2.2.4

Note que, em $\mathbb{R}$ a noção de integral de curvas coincide com a noção de integral de funções. Temos, com isso, os exemplos a seguir.

### Exemplo 2.2.5

Seja $\alpha: [0, 6] \to \mathbb{R}$, tal que $\alpha(t) = t$, então:

$$\int_0^6 \alpha(t)dt = \int_0^6 t\, dt = 18$$

## Exemplo 2.2.6

Seja $\alpha: \left[0, \dfrac{\pi}{2}\right] \to \mathbb{R}$, tal que $\alpha(t) = \cos(t)$, então:

$$\int_0^{\frac{\pi}{2}} \alpha(t)dt = \int_0^{\frac{\pi}{2}} \cos(t)dt = 1$$

Para mostrar exemplos mais elaborados, apresentaremos agora algumas propriedades de integrais de curvas. Como a integral de uma curva imita o que está acontecendo na reta, como veremos no item 1 da próxima proposição, é esperado que as propriedades para a integral de curva sejam análogas às das integrais de funções reais definidas em $\mathbb{R}$.

## Proposição 2.2.1

Sejam $\alpha, \beta: [a, b] \to \mathbb{R}^n$ duas curvas integráveis e $c \in \mathbb{R}$. Então:

**1.** Se $\alpha(t) = (\alpha_1(t), \ldots, \alpha_n(t))$, por conseguinte:

$$\int_a^b \alpha(t)dt = \left(\int_a^b \alpha_1(t)dt, \ldots, \int_a^b \alpha_n(t)dt\right)$$

**2.** $\displaystyle\int_a^b (\alpha(t) + \beta(t))dt = \int_a^b \alpha(t)dt + \int_a^b \beta(t)dt$

**3.** $\displaystyle\int_a^b c \cdot \alpha(t)dt = c \cdot \int_a^b \alpha(t)dt$

**4.** Se $P = \{t_0, t_1, \ldots, t_k\}$ é uma partição de $[a, b]$, e $c = t_l$, $0 \leq l \leq k$, então:

$$\int_a^b \alpha(t)dt = \int_a^c \alpha(t)dt + \int_c^b \alpha(t)dt$$

## Demonstração

Para o item 1, observe que:

$$\int_a^b \alpha(t)dt = \lim_{k \to \infty} \sum_{i=0}^{k-1} (t_{i+1} - t_i) \cdot \alpha(\xi_i)$$

$$= \left(\lim_{k \to \infty} \sum_{i=0}^{k-1} (t_{i+1} - t_i) \cdot \alpha_1(\xi_i), \ldots, \lim_{k \to \infty} \sum_{i=0}^{k-1} (t_{i+1} - t_i) \cdot \alpha_n(\xi_i)\right)$$

$$= \left(\int_a^b \alpha_1(t)dt, \ldots, \int_a^b \alpha_n(t)dt\right)$$

Para o item 2, temos que:

$$\int_a^b (\alpha(t) + \beta(t))dt = \lim_{k\to\infty} \sum_{i=0}^{k-1}(t_{i+1} - t_i)\cdot(\alpha(\xi_i) + \beta(\xi_i))$$

$$= \lim_{k\to\infty}\sum_{i=0}^{k-1}(t_{i+1} - t_i)\cdot\alpha(\xi_i) + \lim_{k\to\infty}\sum_{i=0}^{k-1}(t_{i+1} - t_i)\cdot\beta(\xi_i)$$

$$= \int_a^b \alpha(t)dt + \int_a^b \beta(t)dt$$

Para demonstrar a afirmação do item 3, temos:

$$\int_a^b c\cdot\alpha(t) = \lim_{k\to\infty}\sum_{i=0}^{k-1}(t_{i+1} - t_i)\cdot c\cdot\alpha(\xi_i)$$

$$= c\cdot\left[\lim_{k\to\infty}\sum_{i=0}^{k-1}(t_{i+1} - t_i)\cdot\alpha(\xi_i)\right]$$

$$= c\cdot\int_a^b \alpha(t)$$

Finalmente, para o item 4, temos:

$$\int_a^b \alpha(t)dt = \lim_{k\to\infty}\sum_{i=0}^{k-1}(t_{i+1} - t_i)\cdot\alpha(\xi_i)$$

$$= \lim_{|P|\to 0}\left(\sum_{i=0}^{l}(t_{i+1} - t_i)\cdot\alpha(\xi_i) + \sum_{i=l}^{k-1}(t_{i+1} - t_i)\cdot\alpha(\xi_i)\right)$$

$$= \int_a^c \alpha(t)dt + \int_c^b \alpha(t)dt$$

## Observação 2.2.5

Como consequência do item 4 da Proposição 2.2.1, conseguimos demonstrar que não precisamos que curvas integráveis sejam contínuas. Se temos uma curva definida em um intervalo [a, b] que não é contínua em um ponto c ∈ [a, b], basta escrever a integral dessa curva nesse intervalo, exatamente como mostra o item 4 da Proposição 2.2.1. Essa discussão sobre integrabilidade será aprofundada no Capítulo 6.

## Exemplo 2.2.7

Considere a curva $\alpha : \left[0, \dfrac{\pi}{2}\right] \to \mathbb{R}^2$, tal que $a(t) = (\cos(t), \operatorname{sen}(t))$. Logo:

$$\int_0^{\frac{\pi}{2}} (\cos(t), \operatorname{sen}(t)) dt = \left( \int_0^{\frac{\pi}{2}} \cos(t), \int_0^{\frac{\pi}{2}} \operatorname{sen}(t) \right) dt = (1, 1)$$

Para finalizar esta seção, apresentaremos uma maneira de medir o tamanho de uma curva. A ferramenta que desenvolveremos aqui, conhecida como *comprimento de arco*, mostra, por exemplo, que dado um círculo de raio R qualquer, o comprimento desse círculo é exatamente $2\pi R$. Para verificar isso, considere $\alpha: [a, b] \to \mathbb{R}^n$ uma curva, e uma partição $P = \{t_0 < \ldots < t_k \,|\, t_0 = a, t_k = b\}$ do intervalo $[a, b]$. Para cada ponto $t_i$ da partição P, considere a imagem $\alpha(t_i)$.

Estamos interessados na seguinte construção: para cada par de pontos $\alpha(t_i)$ a $\alpha(t_{i+1})$, construa uma segmento de reta ligando esses dois pontos, como consta na Figura 2.6, a seguir.

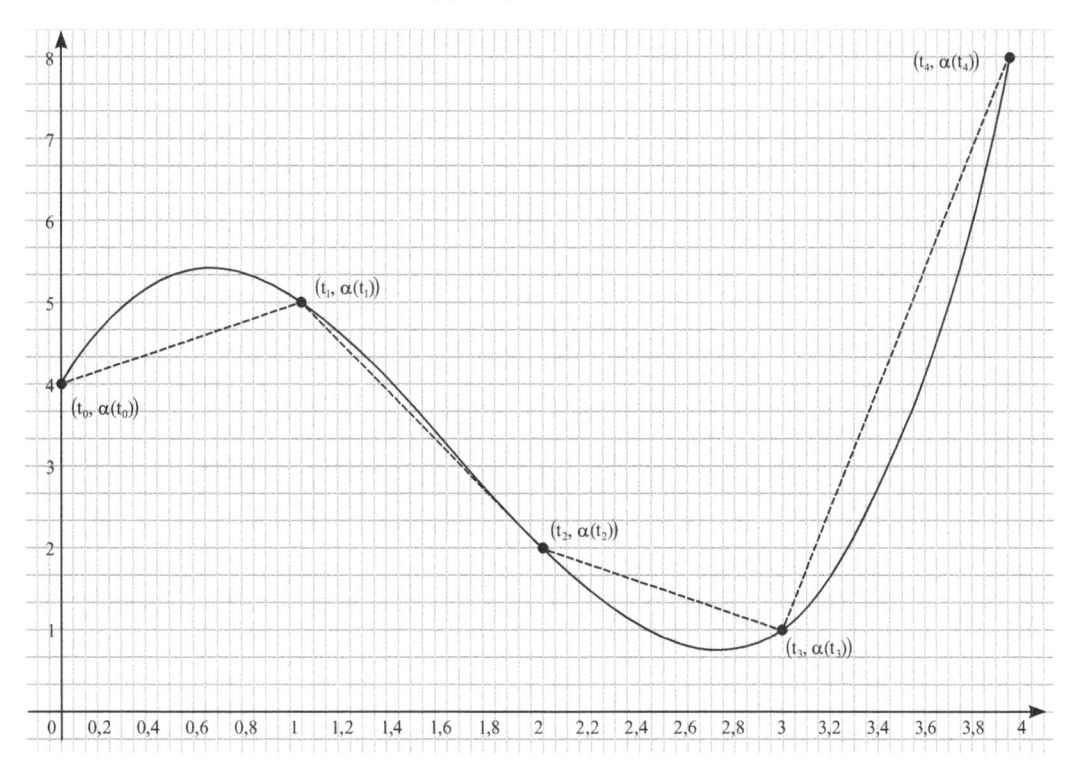

**Figura 2.6** – Segmentos da forma $\overline{\alpha(t_{i-1})\alpha(t_i)}$

Essa construção é chamada *retificação* da curva $\alpha$. Perceba que a colagem dos segmentos da forma $\overline{\alpha(t_{i-1})\alpha(t_i)}$ nos fornece uma nova curva, muito próxima da curva original. Como temos segmentos de retas, sabemos que o tamanho de cada segmento é apenas a distância entre os pontos que determinam esse segmento. Temos, então, a definição a seguir.

### Definição 2.2.5

Dizemos que a medida a seguir é o *comprimento de arco da curva α relativo à partição P*:

$$l(\alpha, P) := \sum_{i=0}^{k-1} |\alpha(t_{i+1}) - \alpha(t_i)|$$

O próximo passo é entender o seguinte: dado um refinamento Q da partição P, digamos:

$$Q = \{t_0 < \ldots < t_m < \ldots < t_k \mid t_0 = a, t_k = b, t_m \neq P\}$$

Qual a relação entre $l(\alpha, P)$ e $l(\alpha, Q)$?

Note que:

$$l(\alpha, P) = |\alpha(t_1) - \alpha(t_0)| + \ldots + |\alpha(t_k) - \alpha(t_{k-1})|$$
$$\leq |\alpha(t_1) - \alpha(t_0)| + \ldots + |\alpha(t_m) - \alpha(t_{m-1})| + \ldots + |\alpha(t_k) - \alpha(t_{k-1})|$$

Como $l(\alpha, Q) = |\alpha(t_1) - \alpha(t_0)| + \ldots + |\alpha(t_m) - \alpha(t_{m-1})| + \ldots + |\alpha(t_k) - \alpha(t_{k-1})|$, segue que $l(\alpha, P) \leq l(\alpha, Q)$.

Essa discussão demonstra a proposição a seguir.

### Proposição 2.2.2

Sejam [a, b] um intervalo, $\alpha: [a, b] \to \mathbb{R}^n$, P uma partição de [a, b] e Q um refinamento da partição P. Então:

$$l(\alpha, P) \leq l(\alpha, Q)$$

Para demonstrar o principal teorema desta seção, vamos acrescentar, a seguir, um último conceito.

### Definição 2.2.6

Uma curva $\alpha: [a, b] \to \mathbb{R}^n$ é dita *retificável* se o conjunto dos comprimentos $l(\alpha, P)$ é limitado para toda partição P do conjunto [a, b].

Se $\alpha: [a, b] \to \mathbb{R}^n$ é um caminho retificável, então o conjunto dos comprimentos $l(\alpha, P)$ de caminhos retificáveis, para alguma partição P de [a, b], contém o supremo desse conjunto. Logo, faz sentido a definição a seguir.

### Definição 2.2.7

O *comprimento de arco* de uma curva retificável $\alpha: I \to \mathbb{R}^n$ é dado por:

$$l(\alpha) := \sup_P \{l(\alpha, P)\}$$

em que P varia no conjunto de todas as partições do intervalo [a, b].

Apresentamos, finalmente, um resultado que nos fornece uma maneira mais prática para calcular o comprimento de arco de uma curva retificável.

### Teorema 2.2.1

Seja $\alpha: I \to \mathbb{R}^n$ uma curva diferenciável. Então, seu comprimento de arco é dado por:

$$l(\alpha) = \int_a^b |\alpha'(t)| dt$$

### Demonstração

Seja $P = \{t_0 < \ldots < t_k \,|\, t_0 = a,\, t_k = b\}$ uma partição de $[a, b]$. Por um lado, temos que:

$$l(\alpha, P) = \sum_{i=0}^{k-1} |\alpha(t_{i+1}) - \alpha(t_i)| \quad \text{e} \quad \int_a^b |\alpha'(t)| dt = \lim_{|P| \to 0} S(\alpha; P)$$

Temos que, para todo $\varepsilon > 0$, existe um $\delta > 0$, tal que $|P| < \delta$, para $|\rho_i| = \dfrac{\varepsilon}{(b-a)}$:

$$\alpha(t_{i+1}) - \alpha(t_i) = \big(\alpha'(t_i + \rho_i)\big) \cdot (t_{i+1} - t_i)$$

Portanto, se $|P| < \delta$:

$$|S(\alpha; P) - l(\alpha, P)| \leq \sum_{i=0}^{k-1} |\rho_i| |t_{i+1} - t_i| < \varepsilon$$

Logo:

$$l(\alpha) = \int_a^b |\alpha'(t)| dt$$

### Exemplo 2.2.8

Considere a curva que tem como imagem o círculo de centro $(0, 0)$ e raio $R > 0$, isto é, a curva $\alpha: [0, 2\pi] \to \mathbb{R}^n$, tal que $\alpha(t) = (R\cos(t), R\sen(t))$. Então:

$$l(\alpha) = \int_0^{2\pi} |(-R\sen(t), R\cos(t))| dt = 2\pi R$$

## 2.3 Derivadas parciais

Desta seção em diante, estamos interessados em começar a entender como a noção de diferenciabilidade se apresenta no contexto de funções reais a várias variáveis reais.

Para isso, apresentaremos o conceito de *derivada parcial*, que imita a derivada para funções definidas em $\mathbb{R}$. Fará sentido, então, definir novos objetos, como o vetor gradiente e a derivada direcional e quais as consequências desses conceitos. Como veremos, a diferenciabilidade será estendida para funções com contradomínio em $\mathbb{R}^m$.

Como já apresentamos na seção anterior, dada uma função f: $U \subseteq \mathbb{R} \to \mathbb{R}$, dizemos que f é derivável em um ponto $p \in U$ se o limite a seguir existe:

$$f'(p) = \frac{df}{dt}(p) = \lim_{h \to 0} \frac{f(p+h) - f(p)}{h}$$

Vamos, agora, supor que o domínio da função f é um subconjunto de $\mathbb{R}^n$, isto é, $U \subseteq \mathbb{R}^n$. Como $\mathbb{R}$-espaço vetorial, sabemos que $\mathbb{R}^n$ admite como base a base canônica:

$$\varepsilon = \{e_1, ..., e_n\}$$

Suponhamos que a variável t pertence ao i-ésimo eixo coordenado $x_i$. Então, f'(t) é a derivada da função na direção do eixo $x_i$. Reescrevendo $p + h$ como $p + h \cdot e_i$, temos que:

$$\frac{\partial f}{\partial x_i}(p) := \lim_{h \to 0} \frac{f(p + h \cdot e_i) - f(p)}{h}$$

Com isso, obtemos a definição a seguir.

### Definição 2.3.1

Seja f: $U \subseteq \mathbb{R} \to \mathbb{R}^n$. Se o limite a seguir existe, dizemos que é a *i-ésima derivada parcial* de f em $p \in U$:

$$\frac{\partial f}{\partial x_i}(p) := \lim_{h \to 0} \frac{f(p + h \cdot e_i) - f(p)}{h}$$

### Notação 2.3.1

Outra notação para a derivada parcial:

$$\frac{\partial f}{\partial x_i}(p) = f_{x_i}(p)$$

### Exemplo 2.3.1

Considere f: $\mathbb{R}^2 \to \mathbb{R}$ dada por $f(x, y) = 2x + 2y$, então:

$$\frac{\partial f}{\partial x}(p_1, p_2) = \lim_{h \to 0} \frac{f\big((p_1, p_2) + h \cdot e_1\big) - f(p_1, p_2)}{h} = 2$$

De modo análogo, temos que:

$$\frac{\partial f}{\partial y}(p_1, p_2) = 2$$

### Exemplo 2.3.2

Seja f: $\mathbb{R}^2 \to \mathbb{R}$, tal que $f(x, y) = x^2 + y^2$. Então, para todo $(p_1, p_2) \in \mathbb{R}^2$:

$$\frac{\partial f}{\partial y}(p_1, p_2) = \lim_{h \to 0} \frac{f((p_1, p_2) + h \cdot e_2) - f(p_1, p_2)}{h}$$

$$= \lim_{h \to 0} \frac{2p_2 h + h^2}{h}$$

$$= 2p_2$$

Do mesmo modo, temos:

$$\frac{\partial f}{\partial x}(p_1, p_2) = 2p_1$$

Vamos, agora, listar algumas propriedades sobre derivadas parciais. Note que essas derivadas se comportam como derivadas em uma variável, ou seja, é esperado que elas satisfaçam as mesmas propriedades de derivada de funções na reta.

### Proposição 2.3.1

Sejam U um conjunto aberto em $\mathbb{R}^n$ e f, g: $U \to \mathbb{R}$ duas funções que admitem todas as derivadas parciais em $p \in U$ e $c \in \mathbb{R}$, então:

1. $(c \cdot f)_{x_i}(p) = c \cdot f_{x_i}(p)$
2. $(f + g)_{x_i}(p) = f_{x_i}(p) + g_{x_i}(p)$
3. $(f \cdot g)_{x_i}(p) = f_{x_i}(p) \cdot g(p) + f(p) \cdot g_{x_i}(p)$
4. Se $g(p) \neq 0$:

$$\left(\frac{f}{g}\right)_{x_i}(p) = \frac{f_{x_i}(p) \cdot g(p) - f(p) \cdot g_{x_i}(p)}{g(p)^2}$$

### Demonstração

Demonstraremos apenas o item 2, já que os demais seguem de modo análogo. Basta notar que:

$$\frac{\partial (f + g)}{\partial x_i}(p) = \lim_{h \to 0} \frac{f(p + h \cdot e_i) - f(p) + g(p + h \cdot e_i) - g(p)}{h}$$

$$= \lim_{h \to 0} \frac{f(p + h \cdot e_i) - f(p)}{h} + \lim_{h \to 0} \frac{g(p + h \cdot e_i) - g(p)}{h}$$

$$= \frac{\partial f}{\partial x_i}(p) + \frac{\partial g}{\partial x_i}(p)$$

### Exemplo 2.3.3

Seja $f: \mathbb{R}^3 \to \mathbb{R}$, tal que:

$$f(x, y, z) = xz + z^2$$

Então:

$$\frac{\partial f}{\partial z}(x, y, z) = x + 2z$$

Uma pergunta natural a se fazer é: A existência de todas as derivadas parciais de uma função real definida em $\mathbb{R}^n$ garante que essa função tenha derivada, em algum sentido, assim como acontece em $\mathbb{R}$? Perceba que aqui as derivadas que calculamos estão apenas na direção dos eixos coordenados. Ainda não sabemos o que acontece na direção de um vetor v qualquer em $\mathbb{R}^n$. Para responder a essa pergunta, dada uma função $f: U \subseteq \mathbb{R} \to \mathbb{R}$ e $p \in U$, defina $R: U \to \mathbb{R}$, tal que:

$$R(p) := f(p + h) - f(p) - f'(p) \cdot h$$

Então, f é derivável em p se, e somente se:

$$\lim_{h \to 0} \frac{f(p + h) - f(p) - f'(p) \cdot h}{h} = 0$$

Generalizando essa situação para uma função definida num subconjunto de $\mathbb{R}^n$, temos a definição a seguir.

### Definição 2.3.2

Sejam U um conjunto aberto em $\mathbb{R}^n$ e uma função $f: U \to \mathbb{R}$. Dizemos que f é uma *função diferenciável em um ponto* $p = (p_1, ..., p_n) \in U$ se, para $h = (h_1, ..., h_n) \in U$, tal que $p + h \in U$, temos:

$$\lim_{h \to 0} \frac{f(p + h) - f(p) - \sum_{i=1}^{n} f_{x_i}(p) \cdot h_i}{\|h\|} = 0$$

em que:

$$R(h) := f(p+h) - f(p) - \sum_{i=1}^{n} f_{x_i}(p) \cdot h_i$$

### Observação 2.3.1

Em $\mathbb{R}^2$, esse limite se reescreve como:

$$\lim_{(h_1,h_2)\to(0,0)} \frac{f\big((p_1+h_1, p_2+h_2)\big) - f(p_1, p_2) - f_x(p_1, p_2)h_1 - f_y(p_1, p_2)h_2}{\sqrt{h_1^2 + h_2^2}}$$

### Exemplo 2.3.4

Considere $f: \mathbb{R}^2 \to \mathbb{R}$ a função dada por:

$$f(x, y) = 2x + 2y$$

Como já vimos, $f_x(x, y) = f_y(x, y) = 2$. Se:

$$L = \lim_{(h_1,h_2)\to(0,0)} \frac{f(p_1+h_1, p_2+h_2) - f(p_1, p_2) - f_x(p_1, p_2)h_1 - f_y(p_1, p_2)h_2}{\sqrt{h_1^2 + h_2^2}}$$

então:

$$L = \lim_{(h_1,h_2)\to(0,0)} \frac{2(p_1+h_1) + 2(p_2+h_2) - 2p_1 - 2p_2 - 2h_1 - 2h_2}{\sqrt{h_1^2 + h_2^2}} = 0$$

Portanto, a função $f(x, y) = 2x + 2y$ é diferenciável em $\mathbb{R}^2$.

### Exemplo 2.3.5

Considere $f: \mathbb{R}^2 \to \mathbb{R}$ a função dada por:

$$f(x, y) = x^2 + y^2$$

Como já vimos, $f_x(x, y) = 2x$ e $f_y(x, y) = 2y$. Se:

$$L = \lim_{(h_1,h_2)\to(0,0)} \frac{f(p_1+h_1, p_2+h_2) - f(p_1, p_2) - f_x(p_1, p_2)h_1 - f_y(p_1, p_2)h_2}{\sqrt{h_1^2 + h_2^2}}$$

Então:

$$L = \lim_{(h_1,h_2)\to(0,0)} \frac{(p_1+h_1)^2 + (p_2+h_2)^2 - p_1^2 - p_2^2 - 2p_1 h_1 - 2p_2 h_2}{\sqrt{h_1^2 + h_2^2}}$$

$$= \lim_{(h_1,h_2)\to(0,0)} \frac{h_1^2 + h_2^2}{\sqrt{h_1^2 + h_2^2}}$$

$$= \lim_{(h_1,h_2)\to(0,0)} \sqrt{h_1^2 + h_2^2}$$

Ou seja, L = 0 e, portanto, a função f(x, y) = 2x + 2y é diferenciável em $\mathbb{R}^2$.

Com o conceito de diferenciabilidade, podemos apresentar a Regra da Cadeia para derivadas parciais, descrita a seguir.

### Teorema 2.3.1 (Regra da Cadeia)

Sejam U um conjunto aberto em $\mathbb{R}^n$, v um conjunto aberto em $\mathbb{R}^m$ e f: U $\to$ $\mathbb{R}^m$ e g: V $\to$ $\mathbb{R}$ funções, tais que Im(f) $\subseteq$ Dom(g), a função f é diferenciável em um ponto p $\in$ U e g é diferenciável em f(p). Então:

$$\frac{\partial(g \circ f)}{\partial x_i}(p) = \sum_{k=1}^{m} \frac{\partial(g(f(p)))}{\partial y_k} \cdot \frac{\partial f_k}{\partial x_i}(p)$$

### Demonstração

Seja p $\in$ U, então:

$$\frac{\partial(g \circ f)}{\partial x_i}(p) = \lim_{t \to 0} \frac{g(f(p + t \cdot e_i)) - g(f(p))}{t}$$

$$= \lim_{t \to 0} \left[\sum_{k=1}^{m} \frac{\partial g}{\partial y_k}(f(p))\right] \cdot \left(\frac{f_k(p + t \cdot e_i) - f_k(p)}{t}\right)$$

$$= +\lim_{t \to 0} \frac{R(t)}{t} \cdot \left[f(p + t \cdot e_i) - f(p)\right]$$

Como f e g são diferenciáveis, por conseguinte:

$$\lim_{t \to 0} \frac{R(t)}{t} = 0$$

e segue que:

$$\frac{\partial(g \circ f)}{\partial x_i}(p) = \sum_{i=1}^{m} \frac{\partial g}{\partial y_k}(f(p)) \cdot \frac{\partial f_k}{\partial x_i}(p)$$

### Exemplo 2.3.6

Considere h: $\mathbb{R}^2 \to \mathbb{R}$, tal que:

$$h(x, y) = e^{x^2 + y^2}$$

Então:
$$h(x, y) = (g \circ f)(x, y)$$

em que:
$$g(x) = e^x \text{ e } f(x, y) = x^2 + y^2$$

Portanto, temos:
$$\frac{\partial h}{\partial x}(x, y) = g'(f(x, y))\frac{\partial f}{\partial x}(x, y)$$

Ou seja:
$$\frac{\partial h}{\partial x}(x, y) = 2x \cdot e^{x^2+y^2}$$

De mesmo modo, temos:
$$\frac{\partial h}{\partial y}(x, y) = 2y \cdot e^{x^2+y^2}$$

Como uma aplicação da Regra da Cadeia, faremos o resultado a seguir, conhecido como *Teorema do Valor Médio*.

### Teorema 2.3.2 (Valor Médio)

Seja $f: U \subseteq \mathbb{R}^n \to \mathbb{R}$, em que U é um conjunto aberto. Se o segmento que liga $p \in U$ e $p + h \in U$ está contido em U, então existe $c \in (0, 1)$, tal que:

$$f(p + h) - f(p) = \sum_{i=1}^{n} \frac{\partial f}{\partial x_i}(p + c \cdot h) \cdot h_i$$

em que $h = (h_1, \ldots, h_n)$.

### Demonstração

Seja $\alpha: I \to \mathbb{R}^n$ uma curva diferenciável da forma $\alpha(t) = p + t \cdot h$. Então, $\alpha(0) = p$ e $\alpha'(0) = h$. Pelo Teorema do Valor Médio para uma variável real, temos que existe $c \in (0, 1)$, tal que:

$$f(p + h) - f(p) = (f \circ \alpha)(1) - (f \circ \alpha)(0) = (f)'(c)$$

Porém, pela Regra da Cadeia, segue que:

$$(f \circ \alpha)'(c) = \sum_{i=1}^{n} \frac{\partial f}{\partial x_i}(p + c \cdot h) \cdot h_i$$

Vamos, agora, começar a responder alguns questionamentos naturais a respeito da diferenciabilidade de uma função real definida em $\mathbb{R}^n$. Listamos, a seguir, algumas dessas perguntas:

1. A diferenciabilidade de uma função garante a continuidade da função?
2. A continuidade de uma função em $\mathbb{R}^n$ garante a diferenciabilidade dessa função?
3. A existência de todas as derivadas parciais de uma função real definida em $\mathbb{R}^n$ garante a diferenciabilidade dessa função?

Uma resposta à pergunta 1 vem do teorema a seguir.

## Teorema 2.3.3

Sejam U um conjunto aberto em $\mathbb{R}^n$ e $f: U \to \mathbb{R}$ uma função diferenciável em U. Então, f é contínua em U.

### Demonstração

Sejam um ponto $p \in U$ e $h \in U$, tais que $p + h \in U$. Queremos mostrar que:

$$\lim_{h \to 0} f(p + h) = f(p)$$

Mas isso se traduz em verificar que:

$$\lim_{h \to 0} f(p + h) - f(p) = 0$$

Note que:

$$\lim_{h \to 0} f(p + h) - f(p) = \lim_{h \to 0} \|h\| \cdot \left[ \frac{f(p + h) - f(p) - \sum_{i=1}^{n} f_{x_i}(p) \cdot h_i}{\|h\|} \right] + \sum_{i=1}^{n} f_{x_i}(p) \cdot h_i$$

Como f é diferenciável por hipótese, então:

$$\lim_{h \to 0} \frac{f(p + h) - f(p) - \sum_{i=1}^{n} f_{x_i}(p) \cdot h_i}{\|h\|} = 0 \quad \text{e} \quad \lim_{h \to 0} \sum_{i=1}^{n} f_{x_i}(p) \cdot h_i = 0$$

Portanto, f é contínua em p.

A resposta à pergunta 2, vista anteriormente, é negativa, como veremos no próximo exemplo.

### Exemplo 2.3.7

Considere a função módulo em $\mathbb{R}$. Isto é, a função f: $\mathbb{R} \to \mathbb{R}$, tal que:

$$f(x) = |x|$$

Essa é uma função contínua em 0; porém, não é derivável nesse ponto, já que as derivadas laterais dessa função são distintas. Como já observamos, a diferenciabilidade de uma função real, definida na reta, traduz-se como a existência da derivada dessa função.

Vejamos que a pergunta 3 também tem resposta negativa. Para isso, considere o exemplo a seguir.

### Exemplo 2.3.8

Seja f: $\mathbb{R}^2 \to \mathbb{R}$, tal que:

$$f(x, y) = \begin{cases} \dfrac{x \cdot y}{x^2 + y^2}, & (x, y) \neq (0, 0) \\ 0, & (x, y) = (0, 0) \end{cases}$$

Então:

$$\frac{\partial f}{\partial x}(0, 0) = \lim_{h \to 0} \frac{f(h, 0) - f(0, 0)}{h} = 0 \quad \text{e} \quad \frac{\partial f}{\partial y}(0, 0) = \lim_{h \to 0} \frac{f(0, h) - f(0, 0)}{h} = 0$$

Mas:

$$\lim_{t \to 0} f(t, 0) = 0 \quad \text{e} \quad \lim_{t \to 0} f(t, t) = \frac{1}{2}$$

Portanto, f não é contínua e, pela contrapositiva do Teorema 2.3.3, segue que f não é diferenciável em (0, 0). Ou seja, a função f é um exemplo de função em $\mathbb{R}^2$ que admite as duas derivadas parciais; porém, não é diferenciável.

A hipótese extra que precisamos para garantir a diferenciabilidade da função aparece no resultado a seguir.

### Teorema 2.3.4

Seja f: $U \subseteq \mathbb{R}^n \to \mathbb{R}$ uma função que admite todas as derivadas parciais $f_{x_i}: U \subseteq \mathbb{R}^n \to \mathbb{R}$, $i = 1, \ldots, n$ em $p \in U$. Se, para cada $i = 1, \ldots, n$ a função $f_{x_i}: U \subseteq \mathbb{R}^n \to \mathbb{R}$ é contínua no ponto $p \in U$, então f é uma função diferenciável em p.

### Demonstração

Sem perda de generalidade, mostraremos nosso resultado para n = 2. O caso geral segue de modo totalmente análogo. Sejam $(p_1, p_2) \in U$ e $(h_1, h_2) \in U$, tais que $(p_1 + h_1, p_2 + h_2) \in U$.

Pelo Teorema do Valor Médio para funções reais, temos que existem constantes $c_1, c_2 \in (0, 1)$, tais que:

$$f(p_1 + h_1, p_2 + h_2) - f(p_1, p_2 + h_2) = \frac{\partial f}{\partial x}(p_1 + c_1 \cdot h_1, p_2 + h_2) \cdot h_1$$

$$f(p_1, p_2 + h_2) - f(p_1, p_2) = \frac{\partial f}{\partial y}(p_1, p_2 + c_2 \cdot h_2) h_2$$

Reescrevendo $R(h_1, h_2)$, para f obtemos:

$$R(h_1, h_2) = f(p_1 + h_1, p_2 + h_2) - f(p_1, p_2 + h_2) + f(p_1, p_2 + h_2) - f(p_1, p_2)$$
$$- \frac{\partial f}{\partial x}(p_1, p_2) \cdot h_1 - \frac{\partial f}{\partial y}(p_1, p_2) \cdot h_2$$

Logo:

$$\frac{R(h_1 h_2)}{\sqrt{h_1^2 + h_2^2}} = \left[\frac{\partial f}{\partial x}(p_1 + c_1 \cdot h_1, p_2 + h_2) - \frac{\partial f}{\partial x}(p_1, p_2)\right] \cdot \frac{h_1}{\sqrt{h_1^2 + h_2^2}}$$
$$+ \left[\frac{\partial f}{\partial y}(p_1, p_2 + c_2 \cdot h_2) - \frac{\partial f}{\partial y}(p_1, p_2)\right] \cdot \frac{h_2}{\sqrt{h_1^2 + h_2^2}}$$

Como $\left|\frac{h_1}{\sqrt{h_1^2 + h_2^2}}\right| < 1, \left|\frac{h_2}{\sqrt{h_1^2 + h_2^2}}\right| < 1$ e as derivadas parciais de f são contínuas por hipótese, segue que:

$$\lim_{(h_1, h_2) \to (0,0)} \frac{R(h_1, h_2)}{\sqrt{h_1^2 + h_2^2}} = 0$$

Portanto, f é uma função diferenciável.

..................................................................................................

Considere $f: U \subseteq \mathbb{R}^n \to \mathbb{R}$ uma função diferenciável. Como já vimos, na direção dos vetores da base canônica $B = \{e_1, ..., e_n\}$ de $\mathbb{R}^n$ temos as derivadas parciais de f:

$$\frac{\partial f}{\partial x_i}(x) = \lim_{h \to 0} \frac{f(x + h \cdot e_i) - f(x)}{h}$$

Usando a mesma ideia, podemos calcular a derivada da função f na direção de qualquer vetor $v \in \mathbb{R}^n$.

### Definição 2.3.3

Sejam f: $U \subseteq \mathbb{R}^n \to \mathbb{R}$ uma função, $p \in U$ e um vetor $v \in U$, tais que $p + v \in U$. A *derivada direcional* de f em p, na direção do vetor $v \in U$, é dada por:

$$\frac{\partial f}{\partial v}(p) = \lim_{t \to 0} \frac{f(p + h \cdot v) - f(p)}{h}$$

### Exemplo 2.3.9

Sejam U um conjunto aberto em $\mathbb{R}^n$ e f: $U \to \mathbb{R}$ uma função diferenciável. Então:

$$\frac{\partial f}{\partial x_i}(x) = \frac{\partial f}{\partial e_i}(x)$$

Ou seja, derivadas parciais são derivadas direcionais nas direções canônicas.

### Exemplo 2.3.10

Seja f: $\mathbb{R}^2 \to \mathbb{R}^2$ dada por $f(x, y) = 2xy^2$. Se $v = (1, 2)$ e $p = (1, 0)$, então:

$$\frac{\partial f}{\partial v}(1, 0) = \lim_{h \to 0} \frac{f\big((1, 0) + h \cdot (1, 2)\big) - f(1, 0)}{h}$$

$$= \lim_{h \to 0} \frac{2(1 + h)(2h)}{h} = 2$$

### Exemplo 2.3.11

Voltemos à função f: $\mathbb{R}^2 \to \mathbb{R}$, tal que:

$$f(x, y) = \begin{cases} \dfrac{x \cdot y}{x^2 + y^2}, & (x, y) \neq (0, 0) \\ 0, & (x, y) = (0, 0) \end{cases}$$

Como já vimos, as derivadas parciais dessa função existem. Vejamos que, na verdade, a derivada direcional da função f na origem (0, 0) existe na direção de qualquer vetor $v \in U$.

De fato, seja $v = (v_1, v_2) \in U$, então:

$$\frac{\partial f}{\partial v}(0, 0) = \lim_{h \to 0} \frac{f\big((0, 0) + h \cdot (v_1, v_2)\big) - f(0, 0)}{h}$$

Com base nisso, podemos concluir que:

$$\frac{\partial f}{\partial v}(0, 0) = \begin{cases} \dfrac{v_1 \cdot v_2}{v_1^2 + v_2^2}, & (v_1, v_2) \neq (0, 0) \\ 0, & (v_1, v_2) = (0, 0) \end{cases}$$

Ou seja, temos a existência de todas as derivadas direcionais em (0, 0). Porém, como já vimos, a função não é diferenciável em (0, 0).

### Observação 2.3.2

Nos mesmos moldes do Teorema 2.3.3, temos que uma função é diferenciável se todas as suas derivadas direcionais, em todas as direções, existem e são contínuas.

Estamos, agora, interessados no seguinte problema: Dada uma função diferenciável $f: U \subseteq \mathbb{R}^n \to \mathbb{R}$, queremos entender qual a direção em que f tem maior crescimento. Para isso, considere a definição a seguir.

### Definição 2.3.4

Sejam U um conjunto aberto em $\mathbb{R}^n$ e $f: U \to \mathbb{R}$ uma função diferenciável. O *vetor gradiente* de f em um ponto $p \in U$ é dado por:

$$\nabla f(p) = \left( \frac{\partial f}{\partial x_1}(p), \ldots, \frac{\partial f}{\partial x_n}(p) \right)$$

### Observação 2.3.3

Se $B = \{e_1, \ldots, e_n\}$ é a base canônica de $\mathbb{R}^n$, então:

$$\frac{\partial f}{\partial x_i}(p) = \langle \nabla f(p), e_i \rangle.$$

### Exemplo 2.3.12

Considere $f: \mathbb{R}^2 \to \mathbb{R}$, definida por $f(x, y) = 2x + 2y$. Então, em qualquer ponto $(p_1, p_2) \in \mathbb{R}^2$, temos que:

$$\nabla f(p_1, p_2) = (2, 2)$$

### Exemplo 2.3.13

Seja $f: \mathbb{R}^3 \to \mathbb{R}$, tal que $f(x, y, z) = x^2 + 4y^2 + z^3$, então:

$$\nabla f(x, y, z) = (2x, 8y, 3z^2)$$

Segue que:

$$\nabla f(1, 1, 2) = (1, 8, 12)$$

Como agora temos o conceito de *vetor gradiente*, podemos relacionar a derivada direcional de uma função com o seu vetor gradiente, de modo que, em muitos casos, o cálculo da derivada direcional de uma função diferenciável fica mais simples.

### Proposição 2.3.2

Sejam U um conjunto aberto em $\mathbb{R}^n$ e f: U $\to$ $\mathbb{R}$ uma função que admite derivada direcional em um ponto p $\in$ U, na direção do vetor v $\in$ U. Então:

$$\frac{\partial f}{\partial v}(p) = \langle \nabla f(p), v \rangle$$

### Demonstração

Defina a seguinte curva: $\alpha: \mathbb{R} \to \mathbb{R}^n$, tal que:

$$\alpha(t) = f(p + t + v)$$

Pela Regra da Cadeia:

$$\alpha'(0) = \langle \nabla f(p), v \rangle$$

Porém, por definição:

$$\alpha'(0) = \lim_{h \to 0} \frac{\alpha(h) - \alpha(0)}{h}$$
$$= \lim_{h \to 0} \frac{f(p + h \cdot v) - f(p)}{h}$$
$$= \frac{\partial f}{\partial v}(p)$$

Portanto:

$$\frac{\partial f}{\partial v}(p) = \langle \nabla f(p), v \rangle$$

### Exemplo 2.3.14

Considere f: $\mathbb{R}^3 \to \mathbb{R}$ dada por f(x, y, z) = 3xy + z. Então, a derivada direcional da função f no ponto p = (1, 0, 1), na direção do vetor v = (2, 1, $-$ 2), é:

$$\frac{\partial f}{\partial v}(1, 0, 1) = \nabla f(1, 0, 1), (2, 1, -2)$$

Como $\nabla f(1, 0, 1) = (0, 3, 1)$, então:

$$\frac{\partial f}{\partial v}(1, 0, 1) = 1$$

Com base nesse novo ponto de vista sobre derivadas direcionais, podemos demonstrar a proposição a seguir.

## Proposição 2.3.3

Sejam U um conjunto aberto em $\mathbb{R}^n$ e f: $U \to \mathbb{R}$ uma função diferenciável, tal que, para $p \in U$ temos que $\nabla f(p) \neq 0$. Então, o gradiente de f aponta na direção em que f é crescente e na qual o crescimento é mais rápido.

### Demonstração

Basta notar que a igualdade seguinte assume valor máximo quando $\theta = 0$, ou seja, segue que v é um múltiplo de $\nabla f(p)$:

$$\langle \nabla f(p), v \rangle = \|\nabla f(p)\| \cdot \|v\| \cdot \cos(\theta)$$

Tomando $v = \dfrac{\nabla f(p)}{\|\nabla f(p)\|}$, temos que:

$$\frac{\partial f}{\partial v}(p) = \langle \nabla f(p), v \rangle = \|\nabla f(p)\|$$

Para finalizar esta seção, vamos considerar que as funções agora são da forma f: $U \to \mathbb{R}^m$, em que U é um conjunto aberto em $\mathbb{R}^n$. Seguindo as ideias apresentadas anteriormente, vamos generalizar todos os conceitos apresentados até aqui que envolvam diferenciabilidade.

## Definição 2.3.5

Sejam U um conjunto aberto em $\mathbb{R}^n$ e f: $U \to \mathbb{R}^m$ uma função. Dizemos que f é uma *função diferenciável* em um ponto $p \in \mathbb{R}^n$ se, para $h \in U$, tal que $p + h \in U$, existe uma matriz T com entradas reais de ordem m × n, tal que:

$$\lim_{h \to 0} \frac{R(h)}{\|h\|} = \lim_{h \to 0} \frac{f(p+h) - f(p) - T(h)}{\|h\|} = 0$$

Nesse caso, dizemos que T é a *derivada* de f no ponto p e denotamos T = f'(p).

## Exemplo 2.3.15

Perceba que qualquer transformação linear T: $\mathbb{R}^n \to \mathbb{R}^m$ é diferenciável, pois:

$$\lim_{h \to 0} \frac{T(x+h) - T(x) - T(h)}{\|h\|} = 0$$

Ou seja, T' = T.

A partir de agora queremos fazer duas coisas: entender como é essa matriz T que aparece na definição 2.3.5, a qual será uma generalização do vetor gradiente para funções reais; e como é a derivada direcional nesse contexto. Todavia, antes temos o teorema a seguir.

## Teorema 2.3.5

Sejam U um conjunto aberto em $\mathbb{R}^n$ e f: U $\to \mathbb{R}^m$ uma função, tal que $f(x) = (f_1(x), \ldots, f_m(x))$. Então, f é uma função diferenciável em p $\in$ U se, e somente se, cada função coordenada $f_i: U \subseteq \mathbb{R}^n \to \mathbb{R}$, i = 1, ..., m é diferenciável no ponto p.

### Demonstração

Seja T uma matriz qualquer:

$$T = \begin{bmatrix} T_1 \\ \vdots \\ T_m \end{bmatrix}$$

Seja L:

$$L = \frac{f(p+h) - f(p) - T \cdot h}{\|h\|}$$

Segue que $\lim_{h \to 0} L = 0$ se, e somente se, para cada i = 1, ..., m:

$$\lim_{h \to 0} \frac{f_i(p+h) - f_i(p) - T_i \cdot h}{\|h\|} = 0$$

Ou seja, f é diferenciável em p se cada uma de suas funções coordenadas é diferenciável em p.

Com base nesse resultado, vamos apresentar, a seguir, mais exemplos.

### Exemplo 2.3.16

Considere f: $\mathbb{R}^2 \to \mathbb{R}^3$, tal que:

$$f(x, y) = \left(e^{x+y}, x^3, \cos(xy^2)\right)$$

Como cada função coordenada de f é uma função diferenciável em $\mathbb{R}$, segue do Teorema 2.3.5 que a função f é diferenciável.

### Exemplo 2.3.17

Seja f: $\mathbb{R}^3 \to \mathbb{R}^2$, tal que:

$$f(x, y, z) = (2x + 2y, x + 3z)$$

Note que cada entrada de f é um polinômio, então, f é uma função diferenciável.

Podemos, agora, realizar uma discussão a respeito das generalizações que estamos interessados em apresentar, pois, como vimos, a diferenciabilidade de uma função f: $U \subseteq \mathbb{R}^n \to \mathbb{R}^m$ depende da diferenciabilidade das funções coordenadas de f.

### Definição 2.3.6

Seja f: $U \subseteq \mathbb{R}^n \to \mathbb{R}^m$ uma função diferenciável, em que:

$$f(x) = \left(f_1(x), \ldots, f_m(x)\right)$$

Então, a *matriz jacobiana* de f em um ponto $p \in U$ é:

$$Jf(p) = \begin{bmatrix} \nabla f_1(p) \\ \vdots \\ \nabla f_m(p) \end{bmatrix}$$

### Notação 2.3.2

Se a matriz Jf(p) é quadrada, chamamos seu determinante de *jacobiano*.

### Exemplo 2.3.18

Se a função f: $\mathbb{R}^n \to \mathbb{R}$ é diferenciável, então:

$$Jf(p) = \nabla f(p)$$

### Exemplo 2.3.19

Voltemos à função f: $\mathbb{R}^2 \to \mathbb{R}^3$, tal que:

$$f(x, y) = \left(e^{x+y}, x^3, \operatorname{sen}(xy^2)\right)$$

Então:

$$Jf(x, y) = \begin{bmatrix} e^{x+y} & e^{x+y} \\ 3x^2 & 0 \\ y^2 \cos(xy^2) & 2xy \cos(xy^2) \end{bmatrix}$$

### Exemplo 2.3.20

Seja f: $\mathbb{R}^2 \to \mathbb{R}^2$, tal que:

$$f(x, y) = (2x + 2y, x + 3y)$$

Então:

$$Jf(x, y) = \begin{bmatrix} 2 & 2 \\ 1 & 3 \end{bmatrix}$$

### Exemplo 2.3.21

Considere f: $\mathbb{R}^2 \to \mathbb{R}^4$, em que:

$$f(x, y) = (x + y, x^2 + y^2, x + 2xy, 4x)$$

Como cada função coordenada é um polinômio, segue do Teorema 2.3.5 que f é diferenciável em todo $\mathbb{R}^2$. Além disso:

$$Jf(x, y) = \begin{bmatrix} 1 & 1 \\ 2x & 2y \\ 1+2y & 2x \\ 4 & 0 \end{bmatrix}$$

### Definição 2.3.7

A *derivada direcional* de uma função f: $U \subseteq \mathbb{R}^n \to \mathbb{R}^m$ em um ponto $p \in U$, na direção do vetor $v \in U$, em que $p + v \in U$, é:

$$\frac{\partial f}{\partial v}(p) = \lim_{h \to 0} \frac{f(p + h \cdot v) - f(p)}{h}$$

### Exemplo 2.3.22

Seja f: $\mathbb{R}^2 \to \mathbb{R}^2$, tal que $f(x, y) = (2x, y)$. Então, a derivada direcional da função f no ponto (0, 2), na direção do vetor (1, 1), é:

$$\frac{\partial f}{\partial (1,1)}(p) = \lim_{h \to 0} \frac{f((0,2) + h \cdot (1,1)) - f(0,2)}{h}$$

$$= \left( \lim_{h \to 0} \frac{2h}{h}, \lim_{h \to 0} \frac{h}{h} \right) = (2,1)$$

Por último, discutiremos sobre as propriedades da derivação de funções do tipo f: U $\subseteq \mathbb{R}^n \to \mathbb{R}^m$.

## Proposição 2.3.4

Sejam U um conjunto aberto em $\mathbb{R}^n$ e f, g: U $\to \mathbb{R}^m$ funções diferenciáveis em um ponto $p \in U$ e $k \in \mathbb{R}$. Então, valem as seguintes propriedades:

1. $(f + g)'(p) = f'(p) + g'(p)$
2. $(k \cdot f)'(p) = k \cdot f'(p)$

### Demonstração

Para o item 1, note que, no ponto p, se consideramos:

$$L = \lim_{h \to 0} \frac{(f+g)(p+h) - (f+g)(p) - [f'(p) + g'(p)](h)}{\|h\|}, \text{ teremos:}$$

$$L = \lim_{h \to 0} \frac{f(p+h) - f(p) - f'(p)(h)}{\|h\|} + \lim_{h \to 0} \frac{g(p+h) - g(p) - g'(p)(h)}{\|h\|}$$

Como f e g são diferenciáveis em p, segue que L = 0 e, portanto:

$(f + g)'(p) = f'(p) + g'(p)$

Note que, para o item 2, basta ver que:

$$\lim_{h \to 0} \frac{(k \cdot f)(p+h) - (k \cdot f)(p) - k \cdot f'(p)(h)}{\|h\|} = 0$$

Por último, a propriedade que mostraremos é a Regra da Cadeia para o caso de funções com valores em $\mathbb{R}^m$.

## Teorema 2.3.6

Sejam U um conjunto aberto em $\mathbb{R}^n$, V um conjunto aberto em $\mathbb{R}^m$ e f: U $\to \mathbb{R}^m$ e g: V $\to \mathbb{R}^p$ duas funções, tais que Im(f) $\subseteq$ Dom(g). Suponha que f e g são diferenciáveis m $p \in U$ e $f(p) \in V$, respectivamente. Então, a função $g \circ f$: U $\to \mathbb{R}^p$ é diferenciável em p e sua derivada satisfaz:

$(g \circ f)'(p) = g'(f(p)) \cdot f'(p)$

■ Demonstração

Precisamos verificar que:

$$\lim_{h \to 0} \frac{(g \circ f)(p+h) - (g \circ f)(p) - g'(f(p)) \cdot f'(p)(h)}{\|h\|} = 0$$

Mas:

$$R_1(h) = f(p+h) - f(p) - f'(p) \cdot h$$

$$R_2(k) = g(q+k) - g(q) - g'(q) \cdot k$$

Ou seja:

$$g(f(p+h)) = g(f(p) + f'(p) \cdot h + R_1(h))$$

Chame de $q = f(p)$ e $k = f'(p) \cdot h + R_1(h)$, então:

$$g(f(p+h)) = g(q+k)$$

Isto é:

$$g(f(p+h)) = g(f(p)) - g'(f(p)) \cdot [f'(p) \cdot h + R_1(h)] + R_2(k)$$

Como f é diferenciável em p e g é diferenciável em f(p) e $k \to 0$ quando $h \to 0$, segue que:

$$\lim_{h \to 0} \frac{R_1(h)}{\|h\|} = \lim_{k \to 0} \frac{R_2(k)}{\|k\|} = 0$$

Portanto:

$$\lim_{h \to 0} \frac{(g \circ f)(p+h) - (g \circ f)(p) - g'(f(p)) \cdot f'(p)(h)}{\|h\|} = 0$$

■

## Exemplo 2.3.23

Sejam f: $\mathbb{R} \to \mathbb{R}^2$, tal que $f(x) = (e^x, \text{sen}(x))$, e g: $\mathbb{R}^2 \to \mathbb{R}^2$, tal que $g(x, y) = (2x, 3y)$. Então:

$$(g \circ f)(x) = (2e^x, 3\,\text{sen}(x))$$

Pela Regra da Cadeia:

$$(g \circ f)'(x) = \begin{bmatrix} 2 & 0 \\ 0 & 3 \end{bmatrix} \begin{bmatrix} e^x \\ \cos(x) \end{bmatrix} = (2e^x, 3\cos(x))$$

## 2.4 Funções de classe $C^1$

Nesta seção, apresentaremos o conceito de funções de classe $C^1$. Esse conceito é o que nos permite saber quantas vezes podemos derivar uma função.

Veremos como esse conceito relaciona-se com a diferenciabilidade de uma função, além de definir funções de classes $C^n$. Trataremos, mais à frente, da importância desses conceitos quando apresentarmos o Teorema de Schwarz e o Polinômio de Taylor para n variáveis.

### Definição 2.4.1

Sejam U um conjunto aberto em $\mathbb{R}^n$ e f: $U \to \mathbb{R}$ uma função, tal que todas as suas derivadas parciais existam. Dizemos que f é uma *função de classe $C^1$* se, para todo $i = 1, \ldots, n$, a função seguinte é contínua:

$$\frac{\partial f}{\partial x_i} : U \to \mathbb{R}$$

### Observação 2.4.1

Pela Proposição 1.8.4 (vista no Capítulo 1), temos que f: $U \subseteq \mathbb{R}^n \to \mathbb{R}^m$ é uma função de classe $C^1$ se, e somente se, cada função coordenada de f é de classe $C^1$. Nesse caso, temos que, se $f(x) = (f_1(x), \ldots, f_m(x))$, então as funções seguintes são contínuas, com $j = 1, \ldots, m$ e $i = 1, \ldots, n$:

$$\frac{\partial f_j}{\partial x_i} : U \subseteq \mathbb{R}^n \to \mathbb{R}$$

### Exemplo 2.4.1

Seja f: $U \subseteq \mathbb{R}^3 \to \mathbb{R}$, tal que $f(x, y, z) = x + y + z$. Então:

$$\nabla f(x, y, z) = (1, 1, 1)$$

Portanto, f é de classe $C^1$, pois suas derivadas parciais são constantes.

### Exemplo 2.4.2

Considere f: $U \subseteq \mathbb{R}^2 \to \mathbb{R}^3$, dada por $f(x, y) = (xy, x + y, e^{x^2+y^2})$, cuja matriz jacobiana é:

$$Jf(x, y) = \begin{bmatrix} y & x \\ 1 & 1 \\ 2xe^{x^2+y^2} & 2ye^{x^2+y^2} \end{bmatrix}$$

Portanto, a função f é de classe $C^1$.

Temos o teorema a seguir, que é uma consequência do Teorema do Valor Médio em $\mathbb{R}$. Esse resultado nos garante a diferenciabilidade de funções de classe $C^1$. Antes da sua demonstração, devemos observar o seguinte aspecto: como sabemos, uma função f: $\mathbb{R}^n \to \mathbb{R}^m$, tal que $f(x) = (f_1(x), \ldots, f_m(x))$, é de classe $C^1$ se, e somente se, cada função $f_i: \mathbb{R}^n \to \mathbb{R}$, i = 1, $\ldots$, m, é uma função de classe $C^1$. Logo, a estratégia que usaremos na demonstração é mostrar o resultado para funções com contradomínio em $\mathbb{R}$, pois, como já vimos, a função f: $\mathbb{R}^n \to \mathbb{R}^m$ é diferenciável se, e somente se, cada função coordenada $f_i: \mathbb{R}^n \to \mathbb{R}$ é diferenciável.

## Teorema 2.4.1

Sejam U um conjunto aberto em $\mathbb{R}^n$ e f: U $\to \mathbb{R}$ uma função de classe $C^1$, então, f é uma função diferenciável.

### Demonstração

Suponha, sem perda de generalidade, que f: $U \subseteq \mathbb{R}^2 \to \mathbb{R}$. Vamos mostrar que, se $(p_1, p_2) \in U$ e $(h_1, h_2) \in U$, tais que $(p_1, p_2) + (h_1, h_2) \in U$:

$$\lim_{(h_1,h_2) \to (0,0)} \frac{f((p_1, p_2) + (h_1, h_2)) - f(p_1, p_2) - f_x(p_1, p_2) \cdot h_1 - f_y(p_1, p_2) \cdot h_2}{\sqrt{h_1^2 + h_2^2}} = 0$$

Mas:

$$\lim_{(h_1,h_2) \to (0,0)} \frac{f((p_1, p_2) + (h_1, h_2)) - f(p_1, p_2) - f_x(p_1, p_2) \cdot h_1 - f_y(p_1, p_2) \cdot h_2}{\sqrt{h_1^2 + h_2^2}} =$$

$$= \lim_{(h_1,h_2) \to (0,0)} \frac{f(p_1 + h_1, p_2 + h_2) - f(p_1, p_2 + h_2) + f(p_1, p_2 + h_2) - f(p_1, p_2)}{\sqrt{h_1^2 + h_2^2}}$$

$$+ \frac{\left(-f_x(p_1, p_2) \cdot h_1 - f_y(p_1, p_2) \cdot h_2\right)}{\sqrt{h_1^2 + h_2^2}}$$

Pelo Teorema do Valor Médio para funções reais definidas em $\mathbb{R}$, existem constantes $c_1, c_2 \in (0, 1)$, tais que:

$$\frac{f(p_1 + h_1, p_2 + h_2) - f(p_1, p_2 + h_2)}{h_1} = f_x(p_1 + c_1 \cdot h_1, p_2)$$

e

$$\frac{f(p_1, p_2 + h_2) - f(p_1, p_2)}{h_2} = f_y(p_1, p_2 + c_2 \cdot h_2)$$

Por conseguinte, nosso limite se reescreve como:

$$\lim_{(h_1,h_2)\to(0,0)} \frac{\left(f_x(p_1+c_1\cdot h_1, p_2) - f_x(p_1,p_2)\right)\cdot h_1 + \left(f_y(p_1, p_2+c_2\cdot h_2) - f_y(p_1,p_2)\right)\cdot h_2}{\sqrt{h_1^2+h_2^2}}$$

Como $\dfrac{h_1}{\sqrt{h_1^2+h_2^2}}$ e $\dfrac{h_2}{\sqrt{h_1^2+h_2^2}}$ são limitados e as derivadas parciais de f são funções contínuas por hipótese, segue que o limite visto anteriormente é zero e, portanto, a função f é diferenciável.

■

Para fechar esta seção, discutiremos brevemente sobre funções de classe $C^k$, $k \in \mathbb{N}$. Sejam U um conjunto aberto em $\mathbb{R}^n$ e f: U $\to \mathbb{R}$ uma função cujas variáveis denotamos por $x_1, \ldots, x_n$. A *k-ésima derivada parcial*, com $0 \le k \le n$, é dada por:

$$\frac{\partial^k f}{\partial x_{i_1} \partial x_{i_2} \ldots \partial x_{i_k}}(x,y) := \frac{\partial}{\partial x_{i_1}}\left(\frac{\partial^{k-1} f}{\partial x_{i_2} \ldots \partial x_{i_k}}\right)(x,y)$$

Além disso, se $x_{i_l} \ne x_{i_j}$, para $0 \le j, l \le k$, chamamos a *k-ésima derivada parcial* de *derivada mista* da função f.

### Exemplo 2.4.3

Se podemos derivar uma função f: $\mathbb{R}^2 \to \mathbb{R}$ duas vezes, então suas derivadas mistas de 2ª ordem são dadas por:

$$\frac{\partial^2 f}{\partial x \partial y}(x,y) \text{ e } \frac{\partial^2 f}{\partial y \partial x}(x,y)$$

Com base nessa discussão, temos a definição a seguir.

### Definição 2.4.2

Uma função f: $U \subseteq \mathbb{R}^n \to \mathbb{R}$ é de *classe $C^k$* se todas as suas derivadas parciais até ordem k são funções contínuas.

### Notação 2.4.1

1. Se f é uma função de classe $C^k$, então, $f \in C^k$.
2. Se todas as derivadas de todas as ordens de uma função f são contínuas, dizemos que f é de *classe $C^\infty$*.

### Observação 2.4.2

**1.** De maneira análoga à Observação 2.4.1, temos que uma função f: $U \subseteq \mathbb{R}^n \to \mathbb{R}^m$ é de classe $C^k$ se, e somente se, suas funções coordenadas são de classe $C^k$.

**2.** O Teorema 2.4.1 vale para funções de qualquer classe, isto é, se f: $U \subseteq \mathbb{R}^n \to \mathbb{R}^m$ é uma função de classe $C^k$, então, f é uma função diferenciável.

### Exemplo 2.4.4

Considere uma curva $\alpha$: $[a, b] \to \mathbb{R}^n$, tal que:

$$\alpha(t) = (\alpha_1(t), \ldots, \alpha_n(t))$$

Então, a curva é de classe $C^k$ se, e somente se, a função $\alpha_i$: $[a, b] \to \mathbb{R}$, para $i = 1, \ldots, n$, é de classe $C^k$.

### Exemplo 2.4.5

Podemos voltar à curva $\alpha$: $[0, 2\pi] \to \mathbb{R}^n$, tal que:

$$\alpha(t) = (\cos(t), \operatorname{sen}(t))$$

As funções seno e cosseno são funções de classe $C^\infty$, então, a curva $\alpha$ é de classe $C^\infty$.

### Exemplo 2.4.6

Todo polinômio é uma função de classe $C^\infty$.

### Exemplo 2.4.7

Seja f: $\mathbb{R}^2 \to \mathbb{R}^3$, tal que:

$$f(x, y) = (\operatorname{sen}(x + y), e^y, \cos(xy))$$

Então f é uma função de classe $C^\infty$.

### Exemplo 2.4.8

Seja f: $\mathbb{R}^2 \to \mathbb{R}$, tal que:

$$f(x, y) = |x + y|^{k+1}$$

Sendo $k \in \mathbb{N}$ um número par. Vejamos que f é uma função de classe $C^k$, mas não é de classe $C^{k+1}$. Como f é dada pela seguinte expressão:

$$f(x, y) = \begin{cases} (x + y)^k, & x + y \geq 0 \\ -(x + y)^k, & x + y < 0 \end{cases}$$

então:

$$\frac{\partial f}{\partial x}(x, y) = \begin{cases} k \cdot (x + y)^{k-1}, & x + y \geq 0 \\ -k \cdot (x + y)^{k-1}, & x + y < 0 \end{cases}$$

Logo, temos, pelos limites laterais, que:

$$\frac{\partial f}{\partial x}(0, 0) = 0$$

Temos, também, que:

$$\frac{\partial^2 f}{\partial x^2}(x, y) = \begin{cases} k \cdot (k-1) \cdot (x + y)^{k-2}, & x + y \geq 0 \\ -k \cdot (k-1) \cdot (x + y)^{k-2}, & x + y < 0 \end{cases}$$

Ou seja:

$$\frac{\partial^2 f}{\partial x^2}(0, 0) = 0$$

Continuando com esse processo, temos que:

$$\frac{\partial^{k-1} f}{\partial x^{k-1}}(x, y) = \begin{cases} k! \cdot (x + y), & x + y \geq 0 \\ -k! \cdot (x + y), & x + y < 0 \end{cases}$$

e concluímos que:

$$\frac{\partial^{k-1} f}{\partial x^{k-1}}(0, 0) = 0$$

Com isso, depreendemos que a função f é uma função de classe $C^{k-1}$, porém, não é uma função de classe $C^k$, pois:

$$\frac{\partial^k f}{\partial x^k}(x, y) = \begin{cases} k!, & x + y \geq 0 \\ -k!, & x + y < 0 \end{cases}$$

Assim, obtemos que a k-ésima derivada parcial de f na origem não existe.

A próxima classe de exemplos em que estamos interessados é a classe de difeomorfismos de classe $C^k$. Esse objeto será importante especialmente no Capítulo 4, no qual demonstraremos o Teorema da Função Inversa. Além disso, depois, no Capítulo 5, adaptaremos esse conceito para superfícies.

### Definição 2.4.3

Sejam U um subconjunto de $\mathbb{R}^n$ e V um subconjunto de $\mathbb{R}^m$. Um *difeomorfismo de classe $C^k$* f: U → V é uma função inversível de classe $C^k$, tal que sua função inversa $f^{-1}$: V → U é de classe $C^k$.

### Observação 2.4.3

1. Para qualquer $x \in U$ segue da Regra da Cadeia que $[f^{-1}(x)]' = (f')^{-1}(f^{-1}(x))$.
2. Segue facilmente que todo difeomorfismo é também um homeomorfismo. Logo, como já observado anteriormente, podemos pedir na Definição 2.4.3 que as dimensões do domínio e da imagem de f sejam as mesmas.

### Exemplo 2.4.9

A função identidade de $\mathbb{R}^n$ é um difeomorfismo.

### Exemplo 2.4.10

Seja $f: \mathbb{R}^2 \to \mathbb{R}^2$ uma função, tal que:

$$f(x, y) = (x - y, x + y)$$

Como f é uma transformação linear injetora, então f é inversível. Além disso, é um difeomorfismo de classe $C^\infty$, pois sua função inversa é dada pela seguinte expressão:

$$f^{-1}(x, y) = (x + y, x - y)$$

Ambas as funções são de classe $C^\infty$.

### Exemplo 2.4.11

Em geral, temos que uma transformação linear $T: \mathbb{R}^n \to \mathbb{R}^n$ injetora é um difeomorfismo de classe $C^\infty$.

### Exemplo 2.4.12

Seja $\varphi: (0, +\infty) \times (0, 2\pi) \to \mathbb{R}^2 \setminus \{(x, y) \in \to \mathbb{R}^2 | x > 0, y = 0$, tal que $\varphi(R, \theta) = (R \cos(\theta), R \,\text{sen}(\theta))$.

Essa é uma função diferenciável, pois, como já vimos, sua inversa é dada pela função seguinte:

$$\varphi^{-1}: \mathbb{R}^2 \setminus \{(x, y) \in \mathbb{R}^2 \,|\, x > 0, y = 0\} \to (0, \infty) \times (0, 2\pi)$$

tal que:

$$\varphi^{-1}(x, y) = \left(\sqrt{x^2 + y^2}, \text{arctg}\left(\frac{y}{x}\right)\right)$$

que é diferenciável. Portanto, $\varphi$ é um difeomorfismo.

## 2.5 Teorema de Schwarz

Se f: $U \subseteq \mathbb{R}^n \to \mathbb{R}^n$ é uma função diferenciável que admite derivadas de 2ª ordem, como já vimos, as derivadas mistas da função f são dadas por:

$$\frac{\partial^2 f}{\partial x \partial y}(x, y) \text{ e } \frac{\partial^2 f}{\partial y \partial x}(x, y)$$

O Teorema de Schwarz nos responde quando essas derivadas coincidem. Como veremos no próximo exemplo, isso nem sempre acontece.

### Exemplo 2.5.1

Seja f: $\mathbb{R}^2 \to \mathbb{R}$, tal que:

$$f(x, y) = \begin{cases} \dfrac{xy(x^2 - y^2)}{x^2 + y^2}, & (x, y) \neq (0, 0) \\ 0, & (x, y) = (0, 0) \end{cases}$$

Note que $f_x(0, y) = -y$ e $f_y(0, y) = x$, por conseguinte:

$$\begin{cases} \dfrac{\partial^2 f}{\partial x \partial y}(x, y) = -1 \\ \dfrac{\partial^2 f}{\partial y \partial x}(x, y) = 1 \end{cases}$$

Ou seja, as derivadas mistas não coincidem.

Finalmente, apresentamos o resultado que é objetivo desta seção. Nesse resultado, usaremos o *Teorema de Derivação sob o Sinal de Integração*, que será deixado a cargo do leitor.

### Teorema 2.5.1 (Schwarz)

Sejam U um conjunto aberto em $\mathbb{R}^n$ e f: $U \to \mathbb{R}$ uma função de classe $C^2$. Então:

$$\frac{\partial^2 f}{\partial x_i \partial x_j}(x, y) = \frac{\partial^2 f}{\partial x_j \partial x_i}(x, y)$$

### Demonstração

Sem perda de generalidade, considere n = 2. Por meio do Teorema Fundamental do Cálculo para funções de uma variável real, considere a função seguinte:

$$f(x, y) = f(x, b) + \int_b^y \frac{\partial f}{\partial y}(x, t) dt$$

Pelo Teorema da Derivação sob o Sinal de Integração, temos que:

$$\frac{\partial f}{\partial x}(x, y) = \frac{\partial f}{\partial x}(x, b) + \int_b^y \frac{\partial^2 f}{\partial x \partial y}(x, t)dt$$

Derivando a expressão vista anteriormente em relação à variável y, obtemos:

$$\frac{\partial^2 f}{\partial y \partial x}(x, y) = \frac{\partial^2 f}{\partial x \partial y}(x, y)$$

■

### Exemplo 2.5.2
Pelo Teorema de Schwarz, temos que não é de classe $C^2$ a função $f: \mathbb{R}^2 \to \mathbb{R}$, tal que:

$$f(x, y) = \begin{cases} \dfrac{xy(x^2 - y^2)}{x^2 + y^2}, & (x, y) \neq (0, 0) \\ 0, & (x, y) = (0, 0) \end{cases}$$

### Exemplo 2.5.3
Seja $f: \mathbb{R}^2 \to \mathbb{R}$, tal que $f(x, y) = x^2 y$. Então:

$$\frac{\partial^2 f}{\partial x \partial y}(x, y) = 2xy = \frac{\partial^2 f}{\partial y \partial x}(x, y)$$

### Exemplo 2.5.4
Seja $f: \mathbb{R}^2 \to \mathbb{R}$, tal que:

$$f(x, y) = \text{sen}(x + y)$$

Como essa é uma função de classe $C^\infty$, então:

$$\frac{\partial^2 f}{\partial x \partial y}(x, y) = -\text{sen}(x + y) = \frac{\partial^2 f}{\partial y \partial x}(x, y)$$

### Observação 2.5.1
Note que, aplicando Teorema de Schwarz para funções de classe $C^k$, temos automaticamente o corolário a seguir.

### Corolário 2.5.1

Sejam U um conjunto aberto em $\mathbb{R}^n$ e f: U $\to$ $\mathbb{R}$ uma função de classe $C^k$. Então, todas as derivadas parciais até ordem k da função f comutam.

## 2.6 A Fórmula de Taylor

A próxima aplicação que faremos do conceito de diferenciabilidade é o polinômio de Taylor. O polinômio de Taylor de grau k de uma função é uma maneira de reescrever uma função de classe $C^k$ como um polinômio que depende das derivadas parciais dessa função.

Considere o resultado preliminar seguinte envolvendo o polinômio de Taylor de ordem 2 de uma função de classe $C^2$.

### Lema 2.6.1

Sejam $r > 0$ e a bola aberta $B = B(0, r)$ de raio r e centro $0 \in \mathbb{R}^n$. Seja R: B $\to$ $\mathbb{R}$ uma função de classe $C^2$. Se

$$R(0) = \frac{\partial R}{\partial x_i}(0) = \frac{\partial^2 R}{\partial x_i x_j}(0) = 0, \text{ então:}$$

$$\lim_{h \to 0} \frac{R(h)}{\|h\|^2} = 0$$

#### Demonstração

Como R é uma função de classe $C^2$, então é de classe $C^1$ e, portanto, é uma função diferenciável. Como suas derivadas parciais de ordem 1 e 2 se anulam por hipótese em h(0), então, para todo $h = (h_1, \ldots, h_n) \in B$, segue da definição de diferenciabilidade que:

$$\lim_{h \to 0} \frac{R(h)}{\|h\|} = 0$$

Pelo Teorema do Valor Médio real, existe um $c \in (0, 1)$, tal que:

$$R(h) = \sum_{i=1}^{n} R_{x_i}(\theta \cdot h) \cdot h_i$$

Desse modo:

$$\frac{R(h)}{\|h\|^2} = \sum_{i=1}^{n} \frac{R_{x_i}(\theta \cdot h)}{\|\theta \cdot h\|} \cdot \frac{h_i}{\|h\|}$$

Pela mesma argumentação feita anteriormente, pois cada função $R_{x_i}: B \to \mathbb{R}$ é diferenciável, segue novamente da definição de diferenciabilidade que:

$$\lim_{h \to 0} \frac{R_{x_i}(\theta \cdot h)}{\|\theta \cdot h\|} = 0$$

Como cada $\dfrac{h_i}{\|h_i\|}$ é limitado, segue que:

$$\lim_{h \to 0} \frac{R(h)}{\|h\|} = 0$$

■

Podemos, então, demonstrar o teorema final dessa seção, a seguir.

## Teorema 2.6.1 (Fórmula de Taylor)

Sejam U um conjunto aberto em $\mathbb{R}^n$ e f: U $\to$ $\mathbb{R}$ uma função de classe $C^2$. Seja p $\in$ U, para cada h = $(h_1, \ldots, h_n)$ $\in$ U, de modo que p + h $\in$ U, temos a seguinte expressão envolvendo a função f:

$$f(p + h) = f(p) + \sum_{i=1}^{n} f_{x_i}(p) \cdot h_i + \frac{1}{2} \cdot \sum_{i,j=1}^{n} f_{x_i x_j}(p) \cdot h_i h_j + R(h)$$

Sendo:

$$f_{x_i x_j}(p) = \frac{\partial^2 f}{\partial x_i \partial x_j}(p)$$

Então:

$$\lim_{h \to 0} \frac{R(h)}{\|h\|^2} = 0$$

### Demonstração

Pelo Lema 2.6.1, basta verificar que R(0) = 0 e que as derivadas parciais de 1ª e 2ª ordem de R se anulam em 0. De fato, como R satisfaz o descrito a seguir, então claramente R(0) = 0.

$$f(p + h) = f(p) + \sum_{i=1}^{n} f_{x_i}(p) \cdot h_i + \frac{1}{2} \cdot \sum_{i,j=1}^{n} f_{x_i x_j}(p) \cdot h_i h_j + R(h)$$

Derivando a expressão vista anteriormente, obtemos:

$$\frac{\partial R}{\partial x_k}(h) = \frac{\partial f}{\partial x_k}(p + h) - \frac{\partial f}{\partial x_k}(p) - \frac{1}{2} \cdot \sum_{i,j=1}^{n} f_{x_i x_j}(p) \cdot h_k$$

Logo, para todo k = 1, ..., n, temos que:

$$\frac{\partial R}{\partial x_k}(0) = 0$$

Derivando novamente a expressão vista anteriormente, obtemos:

$$\frac{\partial^2 R}{\partial x_l \partial x_k}(h) = \frac{\partial^2 f}{\partial x_l \partial x_k}(p+h) - \frac{\partial^2 f}{\partial x_l \partial x_k}(p)$$

Além de que:

$$\frac{\partial^2 R}{\partial x_l \partial x_k}(0) = 0$$

Pelo Lema 2.6.1, temos o desejado.

## 2.7 A desigualdade do valor médio

A última seção deste capítulo aborda a desigualdade do valor médio. Faremos primeiramente o caso para caminhos diferenciáveis e usaremos esse resultado para demonstrar o caso para funções diferenciáveis reais em $\mathbb{R}^n$.

### Teorema 2.7.1 (Desigualdade do Valor Médio para curvas)

Sejam $\alpha: [a, b] \to \mathbb{R}^n$ uma curva diferenciável em $(a, b)$ e um número real $M > 0$, tal que $\|\alpha'(t)\| \leq M$, para todo $t \in (a, b)$. Então:

$$\|\alpha(b) - \alpha(a)\| \leq M \cdot (b - a)$$

### Demonstração

Defina $\varphi: [a, b] \to \mathbb{R}$ dada por

$$\varphi(t) = \langle \alpha(t), \alpha(b) - \alpha(a) \rangle$$

Pelo Teorema do Valor Médio em $\mathbb{R}$ existe $c \in (a, b)$, tal que:

$$\frac{\varphi(b) - \varphi(a)}{b - a} = \varphi'(c)$$

Logo:

$$\|\alpha(b) - \alpha(a)\|^2 = \langle \alpha'(c), \alpha(b) - \alpha(a) \rangle (b - a)$$

Então:

$$\|\alpha(b) - \alpha(a)\|^2 \leq \|\alpha'(c)\| \cdot \|\alpha(b) - \alpha(a)\| \cdot \|b - a\|$$

Portanto:

$$\|\alpha(b) - \alpha(a)\| \leq M \cdot (b - a)$$

Finalizamos este capítulo com a Desigualdade do Valor Médio.

### Teorema 2.7.2 (Desigualdade do Valor Médio)

Sejam U um conjunto aberto em $\mathbb{R}^n$ e $f: U \to \mathbb{R}^m$ diferenciável em todos os pontos do segmento $[p, p + h]$ de U. Se, para todo $t \in [0, 1]$, tem-se que:

$$\|f'(p + t \cdot h)\| \leq M$$

Então:

$$\|f(p + h) - f(p)\| \leq M \cdot \|h\|$$

### Demonstração

Considere a curva $\varphi: [0, 1] \to \mathbb{R}^m$ dada por:

$$\varphi(t) = f(p + t \cdot h)$$

Como $\varphi$ é uma composta de funções diferenciáveis, então é uma curva diferenciável. Pela Regra da Cadeia, segue que:

$$\varphi'(t) = f'(p + t \cdot h) \cdot h$$

Como $\|f'(p + t \cdot h)\| \leq M$, por hipótese:

$$\|\varphi'(t)\| = \|f'(p + t \cdot h)\| \cdot \|h\| \leq M \cdot \|h\|$$

Ou seja, a derivada da curva $\varphi$ é limitada e, pela Desigualdade do Valor Médio:

$$\|\varphi(1) - \varphi(0)\| \leq M \, \|h\|$$

Como $\varphi(1) = f(p + h)$ e $\varphi(0) = f(p)$, então:

$$\|f(p + h) - f(p)\| \leq M \cdot \|h\|$$

Foi explorado neste capítulo o conceito central da Análise no $\mathbb{R}^n$: a diferenciabilidade. Entendemos como esse conceito, introduzido na reta, apresenta-se e vimos alguns resultados fundamentais para desenvolver a teoria sobre tais tipos de funções.

## SÍNTESE

Neste capítulo, verificamos a diferenciabilidade de funções definidas em $\mathbb{R}^n$ com imagem em $\mathbb{R}^m$. Para isso, iniciamos com os conceitos de continuidade, derivada e integral de curvas. Depois, mostramos como calcular derivadas parciais e a diferenciabilidade, conceito-chave deste livro, que é uma generalização natural do conceito de derivada na reta.

Vimos, ainda, como a continuidade e a diferenciabilidade de uma função se relacionam. Finalmente, apresentamos alguns resultados a respeito da diferenciabilidade. Demos destaque especial ao polinômio de Taylor, o qual será utilizado no Capítulo 4, na demonstração do Teorema da Função Inversa.

## ATIVIDADES DE AUTOAVALIAÇÃO

1) Sobre curvas em $\mathbb{R}^n$, marque **V** para as proposições verdadeiras e **F** para as falsas. Depois, assinale a alternativa que corresponde à sequência correta.

   ( ) A curva $\alpha: \mathbb{R}\setminus\{0\} \to \mathbb{R}^3$, dada por $\alpha(t) = \left(t, t^2, \dfrac{|t|}{t}\right)$, é contínua.

   ( ) A curva $\alpha: \mathbb{R} \to \mathbb{R}^2$, dada por $\alpha(t) = (t, |t|)$, é diferenciável.

   ( ) $\displaystyle\int_0^{\frac{\pi}{2}} (e^{-t}, \operatorname{sen}(t)) dt = \left(-e^{-\frac{\pi}{2}} + 1, 1\right)$.

   ( ) A partição $P = \left\{0, \dfrac{1}{5}, \dfrac{2}{5}, \dfrac{3}{5}, \dfrac{4}{5}, 1\right\}$ do intervalo $[0, 1]$ é um refinamento da partição $Q = \left\{0, \dfrac{1}{2}, 1\right\}$.

   **a.** V, F, V, F.
   **b.** V, F, V, V.
   **c.** F, V, V, F.
   **d.** V, F, F, V.
   **e.** V, V, V, F.

2) Sobre a diferenciabilidade de funções, marque **V** para as afirmações verdadeiras e **F** para as falsas. Depois, assinale a alternativa que corresponde à sequência correta.

( ) A função f: $\mathbb{R}^2 \to \mathbb{R}$, dada por $f(x, y) = \sqrt{x^2 + y^2}$, não é diferenciável em (0, 0).

( ) A função f: $\mathbb{R}^2 \to \mathbb{R}$, dada por $f(x, y) = \text{sen}(x^2 + y^2)$, não é diferenciável em $\mathbb{R}^2$.

**a.** V, V.
**b.** F, F.
**c.** V, F.
**d.** F, V.

3) Seja f: $\mathbb{R}^2 \setminus \{(0, 0)\} \to \mathbb{R}$. Nesse sentido, marque **V** para as proposições verdadeiras e **F** para as falsas. Depois, assinale a alternativa que corresponde à sequência correta.

( ) Se $f_x = f_y = 0$, então f é uma função constante.

( ) Se $f(x, y) = \begin{cases} x - 1, y < 0 \\ x + 1, y > 0 \end{cases}$, então $f_y \neq 0$.

**a.** V, V.
**b.** F, F.
**c.** V, F.
**d.** F, V.

4) Seja f: $\mathbb{R}^2 \to \mathbb{R}$, tal que $f(x, y) = x^3 + y^3 + xy$. Nas proposições a seguir, marque **V** para as verdadeiras e **F** para as falsas. Depois, assinale a alternativa que corresponde à sequência correta.

( ) O ponto (0, 0) anula $\nabla f$.
( ) O ponto (0, 1) anula $\nabla f$.
( ) O conjunto de pontos da forma $C = \left\{ \left( -\dfrac{1}{9y}, y \right) \middle| y \neq 0 \right\}$ anula $\nabla f$.

**a.** F, F, V.
**b.** V, F, F.
**c.** F, V, V.
**d.** V, V, F.
**e.** V, F, V.

5) Nas proposições a seguir, marque **V** para as verdadeiras e **F** para as falsas. Depois, assinale a alternativa que corresponde à sequência correta.

( ) Seja f: $(1, +\infty) \to \mathbb{R}$ a função, tal que $f(x) = \sqrt{x}$, então, para cada $x, y \in \mathbb{R}$, $|f(x) - f(y)| \leq \dfrac{1}{2} \cdot \|x - y\|$.

( ) Se a derivada da função é limitada, então f é uma função de Lipschitz.

a. V, F.
b. V, V.
c. F, F.
d. F, V.

## Atividades de aprendizagem

1) Sejam $X \in M_n(\mathbb{R})$ e $e^X = Id + X + \dfrac{X^2}{2} + \ldots + \dfrac{X^n}{n} + \ldots$ Defina $\alpha : \mathbb{R} \to \mathbb{R}^{n^2}$, tal que $\alpha(t) = e^{tA}$, em que $A \in M_n(\mathbb{R})$. Mostre que $\alpha'(0) = A$.

2) Seja $\alpha: (-\varepsilon, \varepsilon) \to M_n(\mathbb{R})$ uma curva diferenciável em $t = 0$, tal que $\alpha(0) = Id$ e $\alpha'(0) = A$. Mostre que, se $\alpha(t)$ é uma matriz ortogonal para todo $t \in (-\varepsilon, \varepsilon)$, então a matriz A é uma matriz antissimétrica. Além disso, se $\det(\alpha(t)) = 1$, mostre que o traço de A é nulo.

3) Sejam $A, B \in M_n(\mathbb{R})$, tais que A é uma matriz antissimétrica e B é uma matriz que tem traço nulo. Mostre que, para todo $t \in \mathbb{R}$, $e^{tA}$ é ortogonal e $e^{tB}$ tem determinante 1.

4) Dizemos que uma curva diferenciável $\alpha: I \to \mathbb{R}^n$ é uniformemente diferenciável se, para todo $\varepsilon > 0$, existe $\delta > 0$, tal que, se $|h| < \delta$ e $t + h \in I$, temos que $|\alpha(t + h) - \alpha(t) - \alpha'(t) \cdot h| < \varepsilon \cdot |h|$ para todo $t \in I$. Mostre que toda curva de classe $C^1$ é uniformemente diferenciável.

5) Calcule o comprimento de arco das curvas a seguir:

a. $\alpha: [0, 2\pi] \to \mathbb{R}$, tal que $\alpha(t) = t^2$
b. $\beta: [0, 2\pi] \to \mathbb{R}^2$, tal que $\beta(t) = (\cos(t), \operatorname{sen}(t))$

6) Sejam $\alpha: [a, b] \to \mathbb{R}^n$ e $\beta: [c, d] \to \mathbb{R}^n$ duas curvas de classe $C^1$. Suponha que exista uma função $g: [a, b] \to [c, d]$ de classe $C^1$ crescente em $[a, b]$, tal que $\beta(x) = \alpha(g(x))$.

Mostre que $\alpha$ e $\beta$ têm mesma imagem e o mesmo comprimento de arco.

7) Demonstre as propriedades de derivadas parciais.

8) Seja C um subconjunto conexo em $\mathbb{R}^n$ e $f: C \to \mathbb{R}$ uma função, tal que $\nabla f(x) = 0$ para todo $x \in C$. Mostre que a função f é constante.

9) Seja f: $\mathbb{R}^2 \to \mathbb{R}$, tal que:

$$f(x) = \begin{cases} \dfrac{x^2 y}{x^2 + y^2}, & x < 0 \\ 0, & x \geq 0 \end{cases}$$

Mostre que f não é uma função diferenciável em $(0, 0)$.

10) [Derivação sob sinal da integral] Sejam f: $U \times [a, b] \to \mathbb{R}$ uma função contínua e U um subconjunto aberto de $\mathbb{R}^n$, tal que a função $\dfrac{\partial f}{\partial x_i}$: $U \times [a, b] \to \mathbb{R}$ é contínua. Mostre que

$$\frac{\partial}{\partial x_i} \int_a^b f(x, t) dt = \int_a^b \frac{\partial f}{\partial x_i}(x, t) dt.$$

11) Dizemos que uma função f: $U \subseteq \mathbb{R}^n \to \mathbb{R}$ é harmônica no conjunto aberto U se f é de classe $C^2$ e satisfaz:

$$\frac{\partial^2 f}{\partial x_1^2}(x) + \ldots + \frac{\partial^2 f}{\partial x_n^2}(x) = 0$$

Mostre que as funções a seguir são harmônicas:

**a.** f: $\mathbb{R}^3 \setminus \{0\} \to \mathbb{R}$, tal que $f(x, y, z) = \dfrac{1}{\sqrt{(x, y, z),(x, y, z)}}$

**b.** f: $\mathbb{R}^3 \to \mathbb{R}$, tal que $f(x, y, z) = 2x^2 - y^2 - z^2$

Já vimos que, se uma função diferenciável tem derivadas parciais de ordem 2 contínuas, isto é, uma função de classe $C^2$, então a ordem com que tomamos as derivadas parciais não importa. Fará sentido, então, definirmos a matriz hessiana de uma função de classe $C^2$, colecionando todas as possíveis derivadas de ordem 2, o que gera uma matriz simétrica por definição.

Essa matriz fará o papel da "derivada segunda" da função. Caminharemos, então, para o estudo de extremantes locais, análogo ao caso da Análise na Reta. A noção de ponto crítico será introduzida de maneira análoga à condição "f' = 0", que em mais variáveis significa que o gradiente da função é nulo.

O estudo de pontos críticos em pontos interiores, que envolve máximos e mínimos locais/globais, basear-se-á no estudo de "sinal da derivada segunda", no caso da matriz hessiana. A noção precisa de o que significa uma matriz simétrica ser positiva vem da álgebra linear.

Às vezes, é interessante estudar extremantes de funções sujeitas a determinadas restrições. Isso faz com que os critérios da hessiana não possam ser aplicados, pois os pontos do domínio não serão mais pontos interiores. O método substituto que entra para resolver esse problema é o método de Multiplicadores de Lagrange, o qual fornece uma maneira de encontrar os candidatos a extremantes locais de uma função sujeita a certas restrições, chamadas *hiperfícies*.

# 3

# Otimização

## 3.1 Pontos críticos

Nesta seção, apresentaremos o conceito de extremantes globais e locais, isto é, pontos de máximo e mínimo para uma função diferenciável. Além disso, veremos um critério para o cálculo desses tipos de pontos.

**Definição 3.1.1**

Sejam U um subconjunto de $\mathbb{R}^n$ e f: U $\to$ $\mathbb{R}$ uma função diferenciável. Então:

1. Dizemos que p é um *ponto de máximo local* de f se existe $\delta > 0$, tal que, para todo h $\in$ U, em que p + h $\in$ U:

   $\|h\| < \delta \Rightarrow f(p + h) \leq f(p)$

2. Dizemos que p é um *ponto de máximo global* de f em U se, para todo x $\in$ U, $f(p) \geq f(x)$.

3. Dizemos que p é um *ponto de mínimo local* de f se existe $\delta > 0$, tal que, para todo h $\in$ U, em que p + $\in$ U:

   $\|h\| < \delta \Rightarrow f(p + h) \geq f(p)$

4. Dizemos que p é um *ponto de mínimo global* de f em U se, para todo x $\in$ U, $f(p) \leq f(x)$.

**Exemplo 3.1.1**

Seja f: $\mathbb{R}^3 \to \mathbb{R}$, tal que:

$f(x, y, z) = x^2 + y^2 + z^2$

Então, $f(x, y, z) \geq 0$ para todo $(x, y, z) \in \mathbb{R}^3$. Como $f(0, 0, 0) = 0$, segue que a origem de $\mathbb{R}^3$ é um ponto de mínimo global para a função f.

### Exemplo 3.1.2

Seja $A = \left\{(x, y) \in \mathbb{R}^2 \mid 0 \leq x \leq 2, -2x \leq y \leq \dfrac{1}{2}x\right\}$.

**Figura 3.1** – Conjunto A

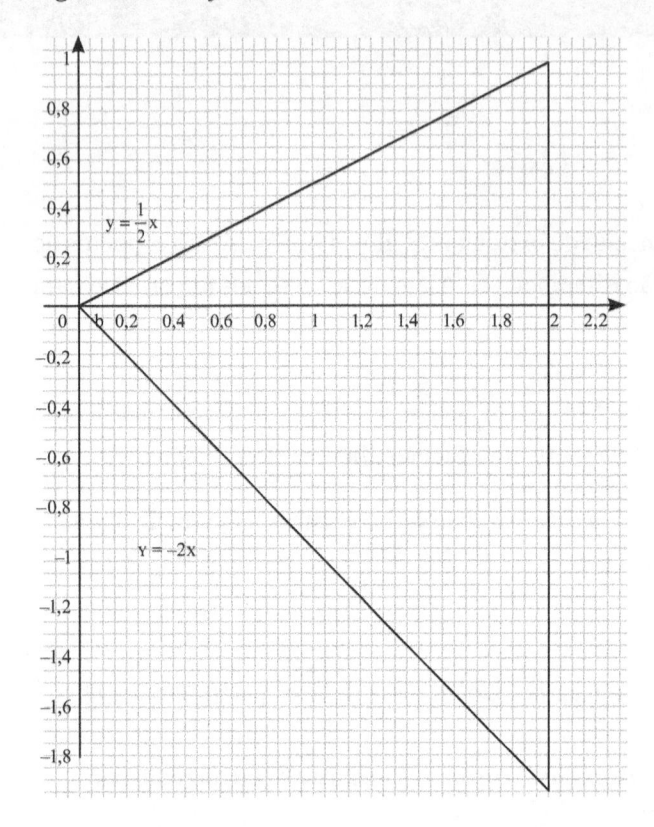

Considere f: $A \to \mathbb{R}$, tal que $f(x, y) = 2x + y$. Pelo Teorema de Weierstrass, sabemos que o mínimo e o máximo dessa função pertencem a f(A). Vamos calcular esses pontos.

Note que $f(2, 1) = 5$ e $f(0, 0) = 0$.

Seja $(x, y) \in A$, então, $2x + y \geq 0$. Como $f(0, 0) = 0$, segue que:

$f(x, y) \geq f(0, 0)$

Ou seja, (0, 0) é ponto de mínimo global para f. Além disso, temos que:

$2x + y \leq 2x + \dfrac{1}{2}x$

Mas $x \leq 2$, então:

$$2x + y \le 2x + \frac{1}{2}x \le 5 = f(2, 1)$$

Portanto, (2, 1) é um ponto de máximo global de f.

Apresentaremos a seguir um critério usando a derivada de uma função diferenciável para encontrar candidatos a extremantes locais.

### Definição 3.1.2

Sejam U um conjunto aberto em $\mathbb{R}^n$ e f: U $\to$ $\mathbb{R}$ uma função diferenciável. Um ponto p $\in$ U é chamado um *ponto crítico* da função f se:

$$\nabla f(p) = (0, \ldots, 0)$$

### Exemplo 3.1.3

Considere f: $\mathbb{R}^2 \to \mathbb{R}$, tal que:

$$f(x, y) = (x^2 - 1) y$$

Então:

$$\nabla f(x, y) = (2xy, y^2 - 1)$$

Note que $\nabla f(x, y) = (0, 0)$ se, e somente se:

$$\begin{cases} 2xy = 0 \\ x^2 - 1 = 0 \end{cases}$$

Logo, $x = \pm 1$ e $y = 0$. Então, os pontos críticos de f são os pontos (1, 0) e (–1, 0).

### Exemplo 3.1.4

Se f: $\mathbb{R}^2 \to \mathbb{R}$ é dada por $f(x, y) = e^{-x^2-y^2}$, então seu vetor gradiente é dado por:

$$\nabla f(x, y) = (-2x \cdot e^{-x^2-y^2}, -2y \cdot e^{-x^2-y^2})$$

Logo, (0, 0) é um ponto crítico de f e, mais que isso, é um ponto de máximo global.

### Exemplo 3.1.5

Seja f: $\mathbb{R}^2 \to \mathbb{R}$ dada por:

$$f(x, y, z) = x^3 z + yz^2$$

Temos que:

$$\nabla f(x, y, z) = (3x^3 z, z^2, x^3 + 2yz)$$

Então, $\nabla f(x, y, z) = (0, 0, 0)$ se, e somente se:

$y = -x^3$ e $z = 0$

Podemos, então, definir uma curva $\alpha\colon \mathbb{R} \to \mathbb{R}^3$, dada por $\alpha(t) = (0, t, 0)$, tal que, para todo $t_0 \in \mathbb{R}$, o ponto descrito a seguir é um ponto crítico para a função f:

$P = (0, t_0, 0)$

Nem sempre uma função admite pontos críticos, como é o caso do exemplo mostrado na sequência

### Exemplo 3.1.6
Considere $f\colon \mathbb{R}^3 \to \mathbb{R}$ dada por:

$f(x, y, z) = x + y$

Como $\nabla f(x, y, z) = (1, 1, 0)$, então f não admite pontos críticos.

Conseguimos ver, por esse exemplo, que a existência de pontos críticos não é garantida. Quando existir um ou mais pontos críticos para função, queremos entender o comportamento desses tipos de pontos.

O nosso próximo passo é começar a relacionar os conceitos de extremantes e de pontos críticos de uma função.

### Proposição 3.1.1
Sejam U um conjunto aberto em $\mathbb{R}^n$ e $f\colon U \to \mathbb{R}$ uma função diferenciável. Se $p \in U$ é um ponto de máximo ou de mínimo para a função f, então p é um ponto crítico para a função f.

#### Demonstração
Vamos supor que p seja um ponto de máximo para a função f. O caso em que p é um ponto de mínimo segue de maneira totalmente análoga. Precisamos mostrar que, para todo $i = 1, \ldots, n$, temos que:

$$\frac{\partial f}{\partial x_i}(p) = 0$$

Para isso, considere a função $g\colon \mathbb{R} \to U$, tal que:

$g(t) = f(p + t \cdot e_i)$

em que cada $e_i$, $i = 1, \ldots, n$, é um vetor da base canônica de $\mathbb{R}^n$. Então, como o ponto p é um ponto de máximo de f e $g(0) = f(p)$, segue que 0 é um ponto de máximo de g e, portanto:

$$\frac{\partial f}{\partial x_i}(p) = g'(0) = 0$$

### Exemplo 3.1.7

Como já vimos, a função $f: \mathbb{R}^3 \to \mathbb{R}$, dada por $f(x, y, z) = x^2 + y^2 + z^2$, tem $(0, 0, 0)$ como mínimo e também $\nabla f(0, 0, 0) = (0, 0, 0)$.

### Exemplo 3.1.8

Voltemos ao Exemplo 3.1.2, no qual a função $f(x, y) = 2x + y$ está definida no seguinte subconjunto de $\mathbb{R}^2$:

$$A = \left\{ (x, y) \in \mathbb{R}^2 \,\Big|\, 0 \leq x \leq 2, -2x \leq y \leq \frac{1}{2}x \right\}$$

Como vimos, essa função tem os pontos $(0, 0)$ e $(2, 1)$ como mínimo e máximo global, respectivamente, da função f. Porém, para todo $(x, y) \in \mathbb{R}^2$:

$$\nabla f(x, y) = (2, 1)$$

Ou seja, os extremantes dessa função não são pontos críticos. Porém, isso não contradiz a Proposição 3.1.1, pois o conjunto A é um conjunto compacto.

## 3.2 Derivada segunda e hessiana

O objetivo desta seção é fazer a classificação dos pontos críticos de uma função. Como já percebemos, pela Seção 3.1, a maneira como fazemos para calcular pontos críticos é usar a generalização natural da derivada na reta, que é o vetor gradiente. Então, para a classificação de pontos críticos em $\mathbb{R}^n$, faremos a generalização esperada, que é usar as derivadas de segunda ordem.

### Definição 3.2.1

Sejam U um conjunto aberto em $\mathbb{R}^n$ e $f: U \to \mathbb{R}$ uma função diferenciável que admite todas as derivadas parciais de segunda ordem. Então, a *matriz hessiana* de f é dada por:

$$Hf(x, y) = \left[\frac{\partial^2 f}{\partial x_i \partial x_j}(x, y)\right]_{ij}$$

O determinante da matriz Hf(x, y) é chamado *hessiano*.

## Observação 3.2.1

Pelo Teorema de Schwarz, temos que, se a função é de classe $C^2$, então a matriz hessiana é simétrica, pois as derivadas mistas de segunda ordem coincidem.

## Exemplo 3.2.1

Seja f: $\mathbb{R}^2 \to \mathbb{R}$, tal que $f(x, y) = x^2 + y^2$. Então, para todo $(x, y) \in \mathbb{R}^2$:

$$Hf(x, y) = \begin{bmatrix} 2 & 0 \\ 0 & 2 \end{bmatrix}$$

## Exemplo 3.2.2

Seja f: $\mathbb{R}^3 \to \mathbb{R}$, tal que:

$$f(x, y, z) = x^2 y + 2yz + 3z$$

Então:

$$Hf(x, y, z) = \begin{bmatrix} 2y & 2x & 0 \\ 2x & 0 & 2 \\ 0 & 2 & 0 \end{bmatrix}$$

Vamos, agora, mostrar como usar a matriz hessiana para fazer a classificação dos pontos críticos de uma função diferenciável. Dada uma matriz $\bar{H} \in M_n(\mathbb{R})$, temos a ela associada uma forma quadrática:

$$H: \mathbb{R}^n \to \mathbb{R}$$

Tal que $H(x) = \bar{H}(x), x$, em que:

$$\bar{H} = [h_{ij}]_{1 \le i, j \le n}$$

Se $x = (x_1, \ldots, x_n) \in \mathbb{R}^n$, então:

$$\bar{H}(x) = \left[\sum_{j=1}^{n} h_{ij} \cdot x_j\right]_{1 \le i \le n}$$

Logo:

$$H(x) = \langle \overline{H}(x), x \rangle = \sum_{i,j=1}^{n} h_{ij} \cdot x_i \cdot x_j$$

## Definição 3.2.2

Seja U um subconjunto em $\mathbb{R}^n$. Dizemos que a forma quadrática $H(x) = \langle \overline{H}(x), x \rangle$ é:

1. uma forma quadrática *definida positiva* em U se, para todo $x \in U$, $H(x) > 0$;

2. uma forma quadrática *definida negativa* em U se, para todo $x \in U$, $H(x) < 0$;

3. uma forma quadrática *indefinida* em U se existem pontos $x_1, x_2 \in U$, tais que $H(x_1) > 0$ e $H(x_2) < 0$.

Temos, então, o resultado a seguir envolvendo pontos críticos e a matriz hessiana de uma função.

## Teorema 3.2.1

Sejam U um conjunto aberto em $\mathbb{R}^n$, f: $U \to \mathbb{R}$ uma função de classe $C^2$, $p \in U$ um ponto crítico de f e Hf(x) a matriz hessiana de f. Então:

1. se Hf(p) é definida positiva, então p é um ponto de mínimo local;
2. se Hf(p) é definida negativa, então p é um ponto de máximo local;
3. se Hf(p) é indefinida, então não há o que dizer sobre p.

### Demonstração

Vamos à demonstração do item 1, sendo que o item 2 segue de modo análogo. Seja $h = (h_1, \ldots, h_n) \in U$, de modo que existe um $\delta > 0$, tal que:

$$\|h\| < \delta$$

Note que:

$$\langle Hf(p)(h), h \rangle = \sum_{i,j=1}^{n} \frac{\partial^2 f}{\partial x_i \partial x_j}(p) h_i h_j$$

Ou seja, a Fórmula de Taylor se expressa como:

$$f(p+h) = f(p) + \frac{1}{2} \cdot \langle Hf(p)(h), h \rangle + R(h)$$

Perceba que podemos reescrever essa equação como:

$$f(p+h) = f(p) + \left(\frac{1}{2} \cdot \frac{\langle Hf(p)(h), h\rangle}{\|h\|} + \frac{R(h)}{\|h\|}\right)\|h\|^2$$

Como a matriz Hf(a) é definida positiva, então:

$$\frac{\langle Hf(p)(h), h\rangle}{\|h\|} > 0$$

Além disso, como f é diferenciável em p, então, para todo ε > 0, existe δ > 0, tal que, para ‖h‖ < δ, temos:

$$\left\|\frac{R(h)}{\|h\|^2}\right\| < \varepsilon$$

Obtemos com isso a seguinte igualdade:

$$\frac{\langle Hf(p)(h),h\rangle}{\|h\|} + \frac{R(h)}{\|h\|} > 0$$

Isso nos permite concluir que f(p + h) > f(p).

Para o item 3, como a matriz é indefinida, existem vetores h, k ∈ U, tais que:

$$\begin{cases}\langle Hf(p)(h), h\rangle > 0 \\ \langle Hf(p)(k), k\rangle < 0\end{cases}$$

Ou seja, a conta que fizemos anteriormente nos fornece que:

$$\begin{cases}f(p+h) > f(p) \\ f(p+k) < f(p)\end{cases}$$

Portanto, não temos o que dizer a respeito de p.

Vejamos esse resultado aplicado aos exemplos mostrados na sequência.

## Exemplo 3.2.3

Considere a função f: $\mathbb{R}^2 \to \mathbb{R}$, tal que:

$$f(x, y) = x^3 + y^2 - 3x$$

Como $\nabla f(x, y) = (3x^2 - 3, 2y)$, então f tem (1,0) e (–1,0) como pontos críticos. Vamos classificar esses pontos baseados no resultado anterior. Note que, em qualquer ponto de $\mathbb{R}^2$, a matriz hessiana de f é da forma:

$$Hf(x, y) = \begin{bmatrix} 6x & 0 \\ 0 & 2 \end{bmatrix}$$

Então:

$$Hf(1, 0) = \begin{bmatrix} 6 & 0 \\ 0 & 2 \end{bmatrix}$$

Por conseguinte, para $h = (h_1, h_2) \in \mathbb{R}^2$:

$$\langle Hf(1, 0)(h), h \rangle = 6h_1^2 + 2h_2^2 > 0$$

Portanto, pelo Teorema 3.2.1, segue que (1, 0) é um ponto de mínimo local.

Para o ponto (–1, 0), temos que:

$$Hf(-1, 0) = \begin{bmatrix} -6 & 0 \\ 0 & 2 \end{bmatrix}$$

daí, para $h = (h_1, h_2) \in \mathbb{R}^2$:

$$\langle Hf(-1, 0)(h), h \rangle = -6h_1^2 + 2h_2^2$$

que muda de sinal, pois podemos considerar o vetores $h = (1, 0)$ e $h = (0, 2)$. Como consequência do Teorema 3.2.1, não é possível fazer a classificação do ponto (1, 0).

### Exemplo 3.2.4

Seja f: $\mathbb{R}^2 \to \mathbb{R}$ é dada por:

$$f(x, y, z) = x^3 z + y z^2$$

Como já vimos, essa função tem como vetor gradiente:

$$\nabla f(x, y, z) = (3x^2 z, z^2, x^3 + 2yz)$$

e admite uma curva de pontos críticos da forma:

$$\alpha(t) = (0, t, 0), \quad t \in \mathbb{R}$$

Temos que:

$$Hf(x, y, z) = \begin{bmatrix} 6xz & 0 & 3x^2 \\ 0 & 0 & 2z \\ 3x^2 & 2z & 2y \end{bmatrix}$$

Então, calculando essa matriz na curva α, temos que:

$$Hf(\alpha(t)) = \begin{bmatrix} 0 & 0 & 0 \\ 0 & 0 & 0 \\ 0 & 0 & 2t \end{bmatrix}$$

Ou seja, essa matriz tem hessiano nulo e segue que essa curva α não fornece nenhum ponto de máximo ou de mínimo para a função f.

## 3.3 Hiperfícies

Nesta seção, trataremos um pouco das chamadas *hiperfícies* em $\mathbb{R}^n$, que são a generalização natural das superfícies em $\mathbb{R}^3$ em dimensões maiores, no sentido de que são objetos de codimensão 1, que localmente consistem no gráfico de funções diferenciáveis.

Para ilustrar isso, vamos observar o exemplo a seguir.

### Exemplo 3.3.1

Considere o círculo de centro (0, 0) e raio 1:

$$S^1 = \{(x, y) \in \mathbb{R}^2 | x^2 + y^2 = 1\}$$

Podemos definir os seguintes conjuntos abertos em $\mathbb{R}^2$:

$$U_{1,+} = \{(x, y) \in \mathbb{R}^2 | x > 0\}$$

$$U_{1,-} = \{(x, y) \in \mathbb{R}^2 | x < 0\}$$

$$U_{2,+} = \{(x, y) \in \mathbb{R}^2 | y > 0\}$$

$$U_{2,-} = \{(x, y) \in \mathbb{R}^2 | x < 0\}$$

Vamos tomar o conjunto $U_{1,+}$ (veja a Figura 3.2, a seguir). Nesse conjunto, temos que $(x, y) \in U_{1,+} \cap S^1$ se, e somente se:

$$x = \sqrt{1 - y^2}$$

em que f: V → $\mathbb{R}$, tal que $f(y) = \sqrt{1 - y^2}$, é uma função de classe $C^\infty$ e $V = \{y \in \mathbb{R} \,\|\|y\| < 1\}$. Como podemos fazer o mesmo com os outros abertos definidos anteriormente, temos que, localmente, o círculo $S^1$ pode ser escrito como o gráfico de uma função $C^\infty$, isto é, para todo ponto $p \in S^1$, existe uma vizinhança U de p, tal que:

$$S^1 \cap U = Graf(f)$$

com f: V → $\mathbb{R}$ sendo uma função definida em um conjunto aberto V em $\mathbb{R}$.

**Figura 3.2** – Vizinhança $U_{1,+}$

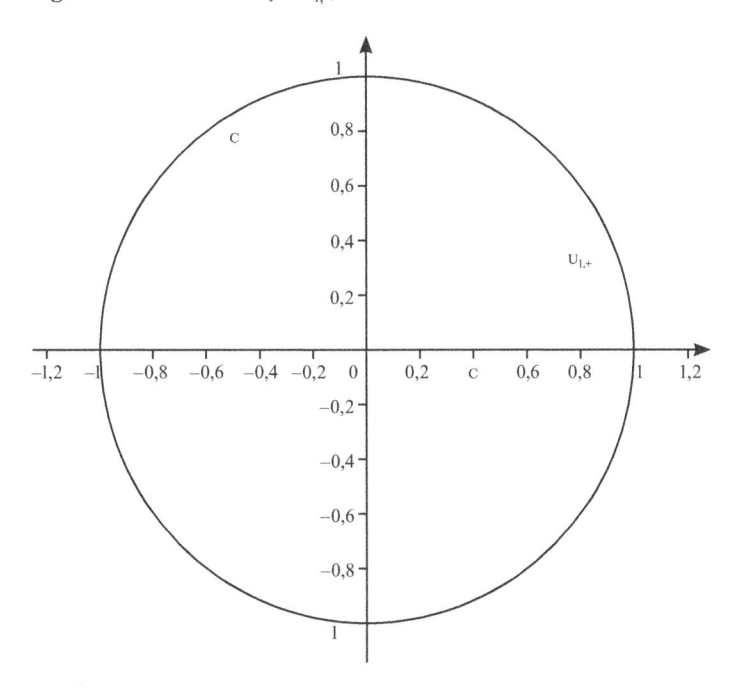

Esse exemplo motiva a definição a seguir.

### Definição 3.3.1

Dizemos que um subconjunto H de $\mathbb{R}^n$ é, localmente, uma *hiperfície de classe $C^k$* em $\mathbb{R}^n$ se, para todo ponto $p \in H$, existirem um conjunto aberto V em $\mathbb{R}^n$ e uma função f: $U \to \mathbb{R}$ de classe $C^k$, em que U é um conjunto aberto em $\mathbb{R}^{n-1}$, tais que $p \in V$ e:

$$H \cap U = \text{Graf}(f)$$

Ou seja, o conjunto $S^1$ é uma hiperfície de $\mathbb{R}^n$ de classe $C^\infty$. Geralmente, temos o exemplo mostrado a seguir.

### Exemplo 3.3.2

Considere em $\mathbb{R}^n$ o conjunto:

$$S^{n-1} = \{(x_1, \ldots, x_n) \in \mathbb{R}^n \mid x_1^2 + \ldots + x_n^2 = 1\}$$

Do mesmo modo que fizemos com $S^1$, vamos definir os conjuntos abertos a seguir:

$U_{i,+} = \{(x_1, \ldots, x_n) \in \mathbb{R}^n \mid x_i > 0\}$

$U_{i,-} = \{(x_1, \ldots, x_n) \in \mathbb{R}^n \mid x_i < 0\}$

No conjunto $U_{i,+}$, temos que $(x_1, ..., x_n) \in U_{i,+} \cap S^1$, se, e somente se:

$$x_i = \sqrt{1 - \left(x_1^2 + ... + x_{i-1}^2 + x_{i+1}^2 + ... x_n^2\right)}$$

Ou seja, localmente, a esfera $S^n$ pode ser escrita como o gráfico de uma função $C^\infty$, isto é, para todo ponto $p \in S^n$, existe uma vizinhança U de p, tal que:

$S^n \cap U = \text{Graf}(f)$.

Com f: V→ $\mathbb{R}$ sendo uma função definida no conjunto seguinte aberto em $\mathbb{R}^{n-1}$:

$$V = \left\{(x_1, ..., \hat{x}_i, ..., x_n) \in \mathbb{R}^{n-1} \mid x_1^2 + ... + x_{i-1}^2 + x_{i+1}^2 + ... x_n^2 < 1\right\}$$

## Exemplo 3.3.3

Em $\mathbb{R}^2$, considere a elipse de vértices a e b dada pela equação:

$$\frac{x^2}{a^2} + \frac{y^2}{b^2} = 1$$

Então, a elipse é uma hiperfície de classe $C^\infty$ em $\mathbb{R}^2$. Para verificar isso, construiremos vizinhanças do mesmo modo que no Exemplo 3.3.1 e as funções serão da forma f: $U \subseteq \mathbb{R}$, tal que:

$$f(x) = \pm\frac{a}{b}\sqrt{1 - x^2}$$

Nosso próximo resultado nos fornece uma maneira de construir mais exemplos de hiperfícies. Além disso, é uma proposição fundamental para a demonstração do método de Multiplicadores de Lagrange, que será apresentado na Seção 3.4. Vamos à definição.

## Definição 3.3.2

Sejam U um subconjunto em $\mathbb{R}^n$ e f: U → $\mathbb{R}$ uma função diferenciável. Dizemos que $c \in \mathbb{R}$ é um *valor regular* de f se, para todo $p \in f^{-1}(c)$:

$\nabla f(p) \neq (0, ..., 0)$

Para demonstrar a próxima proposição, faremos uso do Teorema da Função Implícita, que será demonstrado no Capítulo 4. Porém, basicamente, o que esse teorema nos fornece é: se a derivada parcial $f_{x_i}$ de uma função de classe $C^k$, digamos f: $U \subseteq \mathbb{R}^n \to \mathbb{R}$, não se anula em um ponto do domínio de f, então, ao redor desse ponto, podemos deixar a coordenada $x_i$ em função de todas as outras coordenadas da função f.

## Proposição 3.3.1

Sejam U um conjunto aberto em $\mathbb{R}^n$ e f: $U \to \mathbb{R}$ uma função de classe $C^k$. Suponha que $c \in \mathbb{R}$ é um valor regular da função f. Então, o conjunto $f^{-1}(c)$ é uma hiperfície de $\mathbb{R}^n$ de classe $C^k$.

### Demonstração

Como c é um valor da função f, então, para todo $p \in f^{-1}(c)$:

$$\nabla f(p) \neq (0, \ldots, 0)$$

Suponha, sem perda de generalidade, que:

$$\frac{\partial f}{\partial x_n}(p) \neq 0$$

Então, pelo Teorema da Função Implícita, segue que existe um conjunto aberto V em $\mathbb{R}^{n-1}$, uma função $\xi: V \to \mathbb{R}$ e U um conjunto aberto em $\mathbb{R}^n$ que contém p, tais que:

$$x_n = \xi(x_1, \ldots, x_{n-1})$$

Portanto, para todo $(x_1, \ldots, x_n) \in U$, temos que:

$$f(x_1, \ldots, x_n) = f(x_1, \ldots, x_{n-1}, \xi(x_1, \ldots, x_{n-1}))$$

Ou seja, mostramos que, localmente, o conjunto $f^{-1}(c)$ é um gráfico de uma função.

## Notação 3.3.1

Se H é uma hiperfície dada como a pré-imagem de valor regular, dizemos que H é uma *hiperfície de nível*.

## Exemplo 3.3.4

Podemos entender $S^{n-1}$ como hiperfície dessa maneira, pois, para $\varphi: \mathbb{R}^2 \to \mathbb{R}$, tal que:

$$\varphi(x_1, \ldots, x_n) = x_1^2 + \ldots + x_n^2 - 1$$

Tem como vetor gradiente:

$$\nabla \varphi(x_1, \ldots, x_n) = 2x_1 + \ldots + 2x_n$$

Note que $\nabla \varphi(x_1, \ldots, x_n) = (0, \ldots, 0)$, se, e somente se, $(x_1, \ldots, x_n) = (0, \ldots, 0)$. Como $(0, \ldots, 0) \notin \varphi^{-1}(1)$, segue que $1 \in \mathbb{R}$ é um valor regular de $\varphi$. Como $\varphi^{-1}(1) = S^{n-1}$, pela proposição anterior, $S^{n-1}$ é uma hiperfície de classe $C^\infty$.

Veremos, com a próxima definição, uma maneira de calcular a dimensão de uma hiperfície. Note que, dada uma curva qualquer $\alpha: I \to \mathbb{R}^n$, passando por um ponto $p \in \mathbb{R}^n$, temos associado a $\alpha$ um vetor:

$$v = \alpha'(0)$$

Queremos verificar como é o conjunto de vetores dados como derivadas de caminhos passando por um ponto fixado em uma hiperfície em $\mathbb{R}^n$.

### Definição 3.3.3

Seja H uma hiperfície em $\mathbb{R}^n$. O *espaço tangente* de H no ponto $p \in H$ é definido como o conjunto:

$$T_pH := \{v \mid v = \alpha'(0)\}$$

em que $\alpha: I \to H$ varia no conjunto de curvas diferenciáveis que passam pelo ponto p em $t = 0$.

Nosso próximo resultado nos garante que $T_pH$ é um espaço vetorial e, com isso, temos como calcular a dimensão de $T_pH$.

### Proposição 3.3.2

Seja H uma hiperfície de classe $C^k$ em $\mathbb{R}^n$. Então, para todo $p \in H$, $T_pH$ é um subespaço vetorial de $\mathbb{R}^n$ de dimensão $n - 1$.

#### Demonstração

Seja H uma hiperfície de $\mathbb{R}^n$ e $v \in T_pH$. Como H é uma hiperfície, então existe uma função $f: V \subseteq \mathbb{R}^{n-1} \to \mathbb{R}$, tal que:

$$H \cap U = \text{Graf}(f)$$

Considere $\alpha:[0, 1] \to H \cap U$ uma curva, tal que $\alpha(0) = p$ e $v = \alpha'(0)$. Então:

$$\alpha(t) = (x_1(t), \ldots, x_{n-1}(t), f(x_1(t), \ldots, x_{n-1(t)}))$$

Pela Regra da Cadeia, temos que:

$$v = \alpha'(0) = \left(x'_1(0), \ldots, x'_{n-1}(0), \sum_{i=1}^{n} \frac{\partial \xi}{\partial x_i} \cdot x'_i(0)\right)$$

Logo, cada $v$ é gerado por $n - 1$ vetores linearmente independentes da forma:

$$v_i = \left(e_i, \frac{\partial \xi}{\partial x_i}\right)$$

em que cada $e_i$, $i = 1, \ldots, n-1$, é um vetor da base canônica de $\mathbb{R}^n$. Portanto, $T_pH$ é um subespaço vetorial de $\mathbb{R}^n$ de dimensão $n - 1$.

### Exemplo 3.3.5

Vamos voltar ao círculo $S^1$, que é uma hiperfície de $\mathbb{R}^2$ dada como valor regular da função $\varphi: \mathbb{R}^2 \to \mathbb{R}$, tal que:

$$\varphi(x, y) = x^2 + y^2$$

Isto é, $\varphi^{-1}(0) = S^1$. Seja $\alpha: I \to S^1$ uma curva, digamos, $\alpha(t) = (\cos(t), \text{sen}(t))$, então, $\alpha(0) = (1, 0)$ e $\alpha'(0) = (0, 1)$. Logo:

$$T_{(1, 0)}S^1 = \mathbb{R}$$

Em geral, em qualquer ponto $p \in S^1$, temos que:

$$T_pS^1 = \mathbb{R}$$

### Exemplo 3.3.6

Seguindo as mesmas ideias do Exemplo 3.3.5, temos que:

$$T_pS^n = \mathbb{R}^n$$

Por último, temos a seguinte proposição a respeito de hiperfícies dadas como a pré-imagem de valor regular, que relaciona o espaço tangente à hiperfície com o vetor gradiente da função que define a hiperfície.

### Proposição 3.3.3

Seja $H = f^{-1}(c)$ uma hiperfície em $\mathbb{R}^n$, tal que $c \in \mathbb{R}$ é um valor regular da função de classe $C^k f: U \to \mathbb{R}$, em que $U$ é um conjunto aberto em $\mathbb{R}^n$. Se $p \in H$, então $\nabla f(p)$ é ortogonal a $T_pH$.

#### Demonstração

Como $H = f^{-1}(c)$, então, para $p \in H$, temos que:

$$f(p) = c$$

Seja $\alpha: I \to f^{-1}(c)$ uma curva diferenciável, tal que $\alpha(0) = p$ e $\alpha'(0) = v$. Então, pela Regra da Cadeia:

$$0 = (f \circ \alpha)'(0) = \nabla(p) \cdot v$$

Como $v \in T_pH$, segue que $\nabla f(p)$ é ortogonal a $T_pH$.

## 3.4 Multiplicador de Lagrange

O objetivo desta seção é calcular pontos críticos de funções restritas a hiperfícies. Aqui usaremos os fatos demonstrados na Seção 3.3, que garantem que a pré-imagem de um valor regular é uma hiperfície e que o vetor gradiente da função que determina a hiperfície é ortogonal a essa hiperfície.

### Teorema 3.4.1 (Multiplicador de Lagrange)

Sejam U um subconjunto de $\mathbb{R}^n$ e f: $U \to \mathbb{R}$ e $\varphi$: $U \to \mathbb{R}$ duas funções de classe $C^k$. Suponha que $c \in \mathbb{R}$ é um valor regular de $\varphi$. Então, $p \in H := \varphi^{-1}(c)$ é um ponto crítico de f se, e somente se, existir uma constante não nula $a \in \mathbb{R}$, tal que $\nabla f(p) = a \cdot \nabla \varphi(p)$.

### Demonstração

Seja $p \in M$ um ponto crítico de f. Como H é uma hiperfície de nível, então isso é equivalente a $\nabla f(p)$ ser ortogonal a H. Todavia, $\nabla \varphi(p)$ também é ortogonal a H; logo, $\nabla f(p)$ é múltiplo de $\nabla \varphi(p)$.

### Notação 3.4.1

Ao método apresentado anteriormente, chamamos de *método do multiplicador de Lagrange*.

### Observação 3.4.1

Podemos reinterpretar o Teorema 3.4.1 da seguinte forma: p é um ponto crítico de uma função f: $U \subseteq \mathbb{R}^n \to \mathbb{R}$ de classe $C^k$, restrita a uma hiperfície da forma $\varphi^{-1}(c)$, em que c é um valor regular de uma função $\varphi: U \subseteq \mathbb{R}^n \to \mathbb{R}$ de classe $C^k$, se, e somente se, p for solução do seguinte sistema:

$$\begin{cases} \nabla f(p) = a \cdot \nabla \varphi(p) \\ \varphi(p) = c \end{cases}$$

## Exemplo 3.4.1

Dada f: $\mathbb{R}^2 \to \mathbb{R}$ por $f(x, y) = 3x + 2y$ e $\varphi(x, y) = x^2 + y^2$, queremos encontrar pontos críticos de f restrita a $S^1$, isto é:

$$B = \{(x, y) \in \mathbb{R}^2 \mid \varphi(x, y) = 1\}$$

Ou seja, vamos resolver o sistema:

$$\begin{cases} \nabla f(p) = a \cdot \nabla \varphi(p) \\ \varphi(p) = 1 \end{cases}$$

Por conseguinte:

$$\begin{cases} (3, 2) = a \cdot (2x, 2y) \\ x^2 + y^2 = 1 \end{cases}$$

Obtemos, com isso, o seguinte par de soluções:

$$\left( \frac{3\sqrt{13}}{13}, \frac{2\sqrt{13}}{13} \right) \text{ e } \left( -\frac{3\sqrt{13}}{13}, -\frac{2\sqrt{13}}{13} \right)$$

## Exemplo 3.4.2

Seja A: $\mathbb{R}^n \to \mathbb{R}^n$ um operador autoadjunto cuja forma quadrática é associada à função:

$$A(x) = \langle \overline{A}(x), x \rangle$$

em que $\overline{A} = [a_{ij}]_{1 \leq i,j \leq n} \in M_n(\mathbb{R})$. Então, como sabemos, se $x = (x_1, \ldots, x_n) \in \mathbb{R}^n$:

$$A(x) = \sum_{i,j=1}^{n} a_{ij} \cdot x_i \cdot x_j$$

Vamos encontrar os pontos críticos de A restrita ao círculo $S^1$. Considere a função $\varphi: \mathbb{R}^n \to \mathbb{R}$, tal que:

$$\varphi(x_1, \ldots, x_n) = x_1^2 + \ldots + x_n^2 - 1$$

Como $\nabla \varphi(x) = (2x_1, \ldots, 2x_n)$, então 1 é o valor regular dessa função. Além disso:

$$\frac{\partial A}{\partial x_i}(x) = 2 \cdot \sum_{j=1}^{n} a_{ij} \cdot x_j$$

Pelo método de multiplicador de Lagrange, temos que resolver o seguinte sistema:

$$\overline{A}(x) = \lambda \cdot x$$

Ou seja, os pontos críticos de A restrita a $S^1$ são autovetores de norma 1 do operador A. Como $S^1$ é um conjunto compacto, segue que A(x) restrita a $S^1$ assume valores máximo e mínimo, ou seja, o sistema $\overline{A}(x) = \lambda \cdot x$ admite, pelo menos, duas soluções. A consequência do que acabamos de provar é que qualquer operador autoadjunto possui, pelo menos, dois autovetores de norma 1.

Podemos também pensar nesse método para uma função f: $U \subseteq \mathbb{R}^n \to \mathbb{R}^m$. Aqui, não temos apenas 1, mas m multiplicadores de Lagrange. A demonstração será deixada a cargo do leitor.

### Teorema 3.4.2 (Multiplicadores de Lagrange)

Sejam U um subconjunto em $\mathbb{R}^n$ e f: $U \to \mathbb{R}^m$ e $\varphi_i$: $U \to \mathbb{R}^m$ funções de classe $C^k$, com i = 1, ..., m. Suponha que $c \in \mathbb{R}$ é um valor regular de alguma função $\varphi_i$. Então, $p \in H := \varphi_i^{-1}(c)$ é um ponto crítico de f se, e somente se, existirem constantes não nulas $a_1, ..., a_m \in \mathbb{R}$, tais que $\nabla f(p) = \sum_{i=0}^{m} a_i \cdot \nabla \varphi_i(p)$.

Neste capítulo, preocupamo-nos em dar condições para quando uma função diferenciável pode ser maximizada e minimizada localmente, entendendo as diferenças de métodos e hipóteses pedidos quando o domínio da função é um conjunto aberto ou um conjunto compacto.

### Síntese

Neste capítulo, abordamos como tratar o problema de máximos e mínimos de funções definidas em um subconjunto U de $\mathbb{R}^n$, cuja imagem está contida em $\mathbb{R}^m$. Primeiramente, apresentamos o conceito de pontos críticos em conjuntos abertos. Vimos que resolver o problema de máximos e mínimos em conjuntos abertos é o mesmo que encontrar pontos críticos e usamos a matriz hessiana para poder classificá-los. Se restringirmos a função a um conjunto compacto, então usamos outro método, conhecido como multiplicadores de Lagrange.

### Atividades de autoavaliação

1) Seja f: $A \subset \mathbb{R}^2 \to \mathbb{R}$ dada por $f(x, y) = 2x^2 + y^2$ e $A = \{(x, y) \in \mathbb{R}^2 \mid x^2 + y^2 \leq 1\}$. Nas proposições a seguir, marque **V** para as verdadeiras e **F** para as falsas. Depois, assinale a alternativa que corresponde à sequência correta.

( ) (0, 0) é um ponto crítico de f.
( ) (1, 0) e (–1, 0) são pontos de máximo global de f.
( ) (0, 1) e (0, –1) são pontos de mínimo global de f.

a. F, F, V.
b. V, V, V.
c. V, F, V.
d. V, V, F.
e. V, F, F.

2) Sobre a função f: $\mathbb{R}^2 \to \mathbb{R}$, marque **V** para as proposições verdadeiras e **F** para as falsas. Depois, assinale a alternativa que corresponde à sequência correta.

( ) $f(x, y) = x^2 + x + y^2$ tem $\left(-\dfrac{1}{2}, 0\right)$ como ponto crítico.

( ) $f(x, y) = e^{x^2+2y}$ tem $(1, 0)$ como ponto crítico.

( ) $f(x, y) = \operatorname{sen}(x) \cdot \cos(x) + y$ tem $(0, 0)$ como ponto crítico.

( ) $f(x, y) = \operatorname{sen}(x) + \cos(x) + y$ tem $\left(\dfrac{\pi}{2}, 0\right)$ como ponto crítico.

a. V, V, F, F.
b. V, F, V, F.
c. V, F, F, V.
d. F, F, V, F.
e. V, V, V, F.

3) Para a função f: $\mathbb{R}^2 \to \mathbb{R}$, dada por $f(x, y) = x^2 + y^2 - 2y$, marque **V** para as afirmações verdadeiras e **F** para as falsas. Depois, assinale a alternativa que corresponde à sequência correta.

( ) $\nabla f(x, y) = (2x, 2y - 2)$.

( ) $(0, 1)$ é um ponto crítico de f.

( ) $Hf(x, y) = \begin{bmatrix} 2 & 0 \\ 0 & 2 \end{bmatrix}$.

( ) $(0, 1)$ é um ponto de máximo local.

a. V, V, V, F.
b. V, F, V, F.
c. F, F, V, F.
d. V, V, F, F.
e. V, F, V, V.

4) A respeito de hiperfícies, marque **V** para as proposições verdadeiras e **F** para as falsas. Depois, assinale a alternativa que corresponde à sequência correta.

( ) O paraboloide é uma hiperfície de $\mathbb{R}^3$.
( ) Defina o toro $\mathbb{T}$ como o produto de dois círculos $S_1$, $S_2$ centrados em $(0, 0)$ de $R_1$ e $R_2$, respectivamente. Então, $\mathbb{T}$ é uma hiperfície de $\mathbb{R}^3$.
( ) $\mathbb{D}^2 = \{(x, y) \in \mathbb{R}^2 \mid 1 \leq x^2 + y^2 \leq 2\}$.

a. V, F, F.
b. V, V, V.
c. V, V, F.
d. F, V, F.
e. V, F, V.

5) Nas proposições a seguir, marque **V** para as verdadeiras e **F** para as falsas. Depois, assinale a alternativa que corresponde à sequência correta.

( ) Dentre todos os triângulos com o mesmo perímetro 2p, o de maior área é o equilátero.
( ) Dentre todos os paralelepípedos retângulos de mesmo volume V, o de maior área é o cubo.
( ) Seja qual for a função diferenciável f: $\mathbb{R}^2 \to \mathbb{R}$, a restrição de f ao conjunto $A = \{(x, y) \in \mathbb{R}^2 \mid y = x^3\}$ possui máximo e mínimo, pois basta resolver o sistema obtido por meio do método de Multiplicadores de Lagrange.

a. V, F, V.
b. F, V, V.
c. V, F, F.
d. F, V, F.
e. V, V, F.

## Atividades de aprendizagem

1) Classifique os pontos críticos das funções a seguir:

a. f: $\mathbb{R}^2 \to \mathbb{R}$, tal que $f(x, y) = 2x^2 + y^2 - 2xy + x - y$.
b. f: $\mathbb{R}^2 \to \mathbb{R}$, tal que $f(x, y) = \operatorname{sen}(x + y)$.
c. f: $\mathbb{R}^2 \to \mathbb{R}$, tal que $f(x, y) = x^4 + y^4 + 4x + 4y$.
d. f: $\mathbb{R}^3 \to \mathbb{R}$, tal que $f(x, y, z) = x^2 - y^2 + z^2$.

2) Sejam $\varphi:(a, b) \to \mathbb{R}$ uma função derivável e $f: (a, b) \times (a, b) \to \mathbb{R}$, tal que:

$$f(x, y) = \int_x^y \varphi(t)dt$$

Calcule e classifique todos os pontos críticos de $f$, se houver. Refaça o exercício no caso em que $\varphi(t) = 3t^2 - 1$ e esboce as curvas de nível de $\varphi$.

3) Seja $f: U \subseteq \mathbb{R}^2 \to \mathbb{R}$ uma função harmônica. Suponha que o hessiano de $f$ é não nulo nos pontos críticos de $f$. Mostre que $f$ não possui máximos nem mínimos locais.

4) Sejam $(a_1, b_1), \ldots, (a_n, b_n)$ n pares de pontos, sendo $n \geq 3$. Nem sempre existirá uma reta $f(x) = ax + b$, cujo gráfico passe por esses pontos. Podemos determinar a reta $f$ como o mínimo do seguinte problema:

$$E(a, b) = \sum_{i=1}^{n}\left(f(a_i) - b_i\right)^2$$

Determine $a$ e $b$ para que $E$ seja mínimo. Chamamos esse método de *mínimos quadrados*.

5) Seja $f: U \subseteq \mathbb{R}^n \to \mathbb{R}$ uma função diferenciável. Dizemos que $p \in U$ é um ponto de sela se $\nabla f(p) = 0$, mas $p$ não é ponto de máximo nem de mínimo de $f$. Mostre que o único ponto crítico da função $f(x, y) = x^2 - y^2$ é um ponto de sela.

6) Mostre que o conjunto $A = \left\{(x, y, z) \in \mathbb{R}^3 \,\middle|\, z^2 + \left(\sqrt{x^2 + y^2} - 2\right)^2 = 1\right\}$ é uma hiperfície de classe $C^\infty$.

7) Dentre os pontos do elipsoide $E = \left\{(x, y, z) \in \mathbb{R}^3 \,\middle|\, \dfrac{x^2}{a^2} + \dfrac{y^2}{b^2} + \dfrac{z^2}{c^2} = 1\right\}$, encontre os mais próximos da origem $(0, 0, 0)$.

Neste capítulo, veremos os teoremas mais importantes da Análise no $\mathbb{R}^n$: o Teorema da Função Inversa e o Teorema da Função Implícita. Esses teoremas servem como ferramenta-base para muitas outras áreas da matemática, como geometria diferencial, otimização, equações diferenciais etc.

Basicamente, o Teorema da Função Inversa diz que é possível resolver certas equações, pelo menos localmente, desde que um certo determinante seja não nulo, o que é um critério relativamente fácil de testar. O teorema se torna, então, uma das maneiras mais usadas para garantir que uma dada transformação seja uma mudança de variáveis. Isso dará suporte mais tarde, por exemplo, para o Teorema de Mudança de Variáveis em integrais múltiplas. O Teorema da Função Implícita será uma versão parcial do Teorema da Função Inversa, fornecendo um critério para garantir que, em uma equação, seja possível escrever um conjunto de variáveis em função de outro conjunto de variáveis.

Num certo sentido, ambos os teoremas são iguais, apenas mudando a formulação – e, de fato, é possível escolher com qual teorema começar: se começamos mostrando o Teorema da Função Inversa, é possível, com base nele, mostrar o Teorema das Funções Implícitas, e vice-versa. Neste texto, escolhemos iniciar com o Teorema da Função Inversa.

# 4
# A derivada como aplicação linear

## 4.1 A diferencial de uma função diferenciável

Nesta seção, apresentaremos o que é a diferencial de uma função diferenciável. Considere uma função f: $\mathbb{R} \to \mathbb{R}$, cuja integral em um intervalo [a, b] é dada por:

$$I = \int_a^b f(x)dx$$

Note que, na integral, introduzimos o objeto dx. Aqui, queremos entender o que é esse objeto.

### Definição 4.1.1

Sejam U um conjunto aberto em $\mathbb{R}^n$ e f: $U \to \mathbb{R}$ uma função diferenciável. A *diferencial* df(p): $\mathbb{R}^n \to \mathbb{R}$ da função f, em um ponto $p \in U$ e um vetor $v \in \mathbb{R}^n$, é dada por:

$$df(p)(v) = \frac{\partial f}{\partial v}(p) = \langle \nabla f(p), v \rangle$$

Dadas as coordenadas em $\mathbb{R}^n$, queremos entender como expressar a diferencial de uma função nelas. Em geral, a notação usada para a base de um espaço tangente em um ponto $p \in \mathbb{R}^n$ é a seguinte:

$$B = \left\{ \left.\frac{\partial}{\partial x_1}\right|_p, ..., \left.\frac{\partial}{\partial x_n}\right|_p \right\}$$

Como observaremos, seguindo as mesmas ideias do capítulo anterior, o espaço tangente $T_p \mathbb{R}^n$ em um ponto $p \in \mathbb{R}^n$ admite uma estrutura de espaço vetorial. Logo, podemos considerar seu espaço dual $(T_p \mathbb{R}^n)^*$ e denotamos sua base como o conjunto:

$$B^* = \{dx_1, ..., dx_n\}$$

Isto é, cada $dx_i$, $i = 1, ..., n$ é um funcional linear definido em $\mathbb{R}^n$.

### Definição 4.1.2

Uma *1-forma* $\omega$ em $\mathbb{R}^n$ é uma expressão da forma:

$$\omega(x) = f_1(x)dx_1 + \ldots + f_n(x)dx_n$$

em que cada $f_i: \mathbb{R}^n \to \mathbb{R}$ é uma função. Denotamos por $\Omega^1(\mathbb{R}^n)$ o espaço desses objetos.

### Exemplo 4.1.1

Seja $f: \mathbb{R}^n \to \mathbb{R}$, tal que $f(x_1, \ldots, x_i, \ldots, x_n) = x_i$. Então:

$$\nabla f(x) = (0, \ldots, 0, 1, 0, \ldots, 0)$$

Logo, para todo $v = (v_1, \ldots, v_n) \in \mathbb{R}^n$:

$$dx_i(v) = \langle (0, \ldots, 0, 1, 0, \ldots, 0), (v_1, \ldots, v_i, \ldots, v_n) \rangle = v_i$$

### Exemplo 4.1.2

Em $\mathbb{R}^n$, temos a 1-forma:

$$\omega(x, y) = 2dx + 3dy$$

### Exemplo 4.1.3

Uma 1-forma em $\mathbb{R}^4$ é dada pela expressão:

$$\omega(x, y, z, w) = (2z + y)dy + (z + w^2)dw$$

### Exemplo 4.1.4

Sejam U um conjunto aberto em $\mathbb{R}^n$ e $f: U \to \mathbb{R}$ uma função diferenciável, então, podemos escrever a seguinte 1-forma em $\mathbb{R}^n$:

$$\omega(x) = \frac{\partial f}{\partial x_1}(x)dx_1 + \ldots + \frac{\partial f}{\partial x_n}(x)dx_n$$

Por exemplo, suponha que $f: \mathbb{R}^3 \to \mathbb{R}$ é tal que $f(x, y, z) = 2xy + z$. Então, nesse caso, temos que:

$$\omega(x, y, z) = 2ydx + 2xdy + dz$$

Ou seja, temos como fabricar exemplos de 1-formas diferenciais com base em funções diferenciáveis. O Exemplo 4.1.4 faz parte da proposição a seguir.

## Proposição 4.1.1

Sejam U um subconjunto aberto em $\mathbb{R}^n$ e f: U $\to$ $\mathbb{R}$ uma função diferenciável. A diferencial df é da forma:

$$df(x) = \frac{\partial f}{\partial x_1}(x)dx_1 + \ldots + \frac{\partial f}{\partial x_n}(x)dx_n$$

### Demonstração

Como vimos no Exemplo 4.1.1, para todo $v = (v_1, \ldots, v_n) \in \mathbb{R}^n$, temos que:

$$dx_i(v) = v_i$$

Então, para todo $x \in \mathbb{R}^n$:

$$df(x)(v) = \langle \nabla f(p), v \rangle$$

$$= \frac{\partial f}{\partial x_1}(x) \cdot v_1 + \ldots + \frac{\partial f}{\partial x_n}(x) \cdot v_n$$

$$= \frac{\partial f}{\partial x_1}(x) \cdot dx_1(v) + \cdots + \frac{\partial f}{\partial x_n}(x) \cdot dx_n(v)$$

Ou seja, para todo $v \in \mathbb{R}^n$:

$$df(x)(v) = \left( \frac{\partial f}{\partial x_1}(x) \cdot dx_1 + \ldots + \frac{\partial f}{\partial x_n}(x) \cdot dx_n \right)(v)$$

Portanto:

$$df(x) = \frac{\partial f}{\partial x_1}(x) \cdot dx_1 + \ldots + \frac{\partial f}{\partial x_n}(x) \cdot dx_n$$

## Exemplo 4.1.5

Como já vimos, se f: $\mathbb{R}^3 \to \mathbb{R}$ é tal que $f(x, y, z) = 2xy + z$, então:

$$df(x, y, z) = 2y\,dx + 2x\,dy + dz$$

### Exemplo 4.1.6

Seja f: $\mathbb{R}^3 \to \mathbb{R}$ uma função dada pela expressão:

$$f(x, y, z) = x^3 + 2xy + yz$$

Então:

$$df(x, y, z) = (3x^2 + 2y)dx + (2x + z)dy + ydz$$

A partir da próxima proposição, temos uma lista de propriedades que diferenciais de funções satisfazem.

### Proposição 4.1.2

Sejam U um conjunto aberto em $\mathbb{R}^n$, f, g: $U \to \mathbb{R}$ duas funções diferenciáveis e $c \in \mathbb{R}$ uma constante, então:

1. $d(f(x) + g(x)) = df(x) + dg(x)$
2. $d(f(x) \cdot g(x)) = df(x) \cdot g(x) + f(x) \cdot dg(x)$
3. $d(c \cdot f(x)) = c \cdot df(x)$

### Demonstração

Vamos demonstrar o item 1. Como veremos, o item 1 seguirá do fato de que a derivada parcial da soma é a soma das derivadas parciais. Ou seja, todos os itens seguem das propriedades operatórias de derivadas parciais. Seja $v \in \mathbb{R}^n$, sem perda de generalidade, façamos o resultado para n = 2:

$$d(f(x) + g(x))(v) = \frac{\partial(f + g)}{\partial x}(x, y) \cdot dx(v) + \frac{\partial(f + g)}{\partial y}(x, y) \cdot dy(v)$$

$$= \left(\frac{\partial f}{\partial x} + \frac{\partial g}{\partial x}\right)(x, y) \cdot dx(v) + \left(\frac{\partial f}{\partial y} + \frac{\partial g}{\partial y}\right)(x, y) \cdot dy(v)$$

$$= (df(x) + dg(x))(v)$$

Portanto, temos que $d(f(x) + g(x)) = df(x) + dg(x)$.

## 4.2 Teorema da Função Inversa

Nesta seção, faremos o primeiro dos dois resultados considerados fundamentais na Análise no $\mathbb{R}^n$. Basicamente, o que esse resultado nos garante é que, se a derivada de uma função de classe $C^k$ não se anula em algum ponto de seu domínio, então ao redor desse ponto a função admite uma inversa também de classe $C^k$.

Para fazer essa demonstração, precisamos de alguns resultados preliminares. Para o primeiro deles, considere a definição a seguir.

### Definição 4.2.1

Sejam U um subconjunto em $\mathbb{R}^n$ e f: $U \to \mathbb{R}^m$ uma função. Dizemos que f é uma *contração* em $\mathbb{R}^n$ se existe uma constante real $0 < c < 1$, tal que, para cada $x, y \in U$:

$$\|f(x) - f(y)\| \leq c \cdot \|x - y\|$$

### Exemplo 4.2.1

Para qualquer que seja $0 < c < 1$, considere f: $\mathbb{R}^n \to \mathbb{R}^m$ uma função dada por:

$$f(x) = c \cdot x$$

Então, f é uma contração. De fato, sejam $x, y \in \mathbb{R}^n$, segue que:

$$\|f(x) - f(y)\| = \|c \cdot x - c \cdot y\| = c \cdot \|x - y\|$$

### Exemplo 4.2.2

Considere a norma em $M_n(\mathbb{R})$ dada por:

$$\|A\|_\infty := \max_{0 \leq i \leq n} \sum_{j=1}^{n} |a_{ij}|$$

Seja T: $\mathbb{R}^n \to \mathbb{R}^m$ uma transformação linear cuja matriz associada denotamos por A. Então, T é uma contração se, e somente se, a norma de A for uma constante real c, tal que $0 < c < 1$.

Um fato importante sobre contrações é que toda contração é uma função contínua. Esse é o tema da próxima proposição.

### Proposição 4.2.1

Sejam U um subconjunto em $\mathbb{R}^n$ e f: $U \to \mathbb{R}^m$ uma contração. Então, f é uma função contínua em U.

#### Demonstração

Como f é uma contração, então existe $c \in \mathbb{R}$, tal que, para todo $x, y \in U$:

$$\|f(x) - f(y)\| \leq c \cdot \|x - y\|$$

Vejamos que f é uma função contínua. De fato, para todo $\varepsilon > 0$, tome $\delta = \dfrac{\varepsilon}{c}$. Por conseguinte, se $\|x - y\| < \delta$, temos que:

$$\|f(x) - f(y)\| \leq c \cdot \|x - y\| < c \cdot \frac{\varepsilon}{c} = \varepsilon$$

Portanto, f é contínua em U.

Queremos, a partir de agora, caminhar no sentido de apresentar uma demonstração para o Teorema da Função Inversa. Para isso, precisamos antes apresentar dois resultados preliminares. O primeiro deles é o Teorema do Ponto Fixo de Banach para contrações definidas em conjuntos fechados.

## Teorema 4.2.1 (Ponto Fixo de Banach)

Seja $f: V \to V$ uma contração, em que V é um conjunto fechado de $\mathbb{R}^n$. Então, existe $x \in V$, tal que:

$$f(x) = x$$

### Demonstração

Seja $p \in V$ e considere a sequência:

$$x_{k+1} = f^{k+1}(p)$$

Veja que a sequência $(x_k)_{k \in \mathbb{N}}$ é uma sequência de Cauchy em V. Aqui, usaremos o fato de que f é uma contração. De fato, note que:

$$\|x_{k+j} - x_k\| = \|x_{k+j} + x_{k+j-1} - x_{k+j-1} + \ldots + x_{k+1} - x_{k+1} + x_k\|$$

e, pela desigualdade triangular, segue que:

$$\|x_{k+j} - x_k\| \leq \|x_{k+j} - x_{k+j-1}\| + \ldots + \|x_{k+1} - x_k\|$$

Ou seja:

$$\|x_{k+j} - x_k\| \leq \| f^{k+j-1}(x_1) - f^{k+j-1}(p) \| + \ldots + \|f^k(x_1) - f^k(p)\|$$

Como f é uma contração, existe $c \in \mathbb{R}$, $0 < c < 1$, tal que, para todo $l \in \mathbb{N}$:

$$\|f^l(x_1) - f^l(p)\| \leq c^l \cdot \|x_1 - p\|$$

Logo:

$$\|x_{k+j} - x_k\| \leq (c^{k+j-1} + \ldots + c^k) \cdot \|x_1 - p\|$$

Além disso:

$$(c^{k+j-1} + \cdots + c^k) = \frac{c^k}{1-c}$$

Então:

$$\|x_{k+j} - x_k\| \le \frac{c^k}{(1-c)} \cdot \|x_1 - p\|$$

Como:

$$\lim_{k\to\infty} \frac{c^k}{(1-c)} \|x_1 - p\| = 0$$

então, para todo $\varepsilon > 0$, existe $N \in \mathbb{N}$, tais que, para todo $k > N$:

$$\|x_{k+j} - x_k\| < \varepsilon$$

Portanto, a sequência definida anteriormente é uma sequência de Cauchy em V e, com isso, temos que é uma sequência convergente. Como V é um conjunto fechado, se $L \in \mathbb{R}^n$ é tal que:

$$\lim_{k\to\infty} x_k = L$$

então $L \in V$. Pela continuidade da função f, temos que:

$$\lim_{k\to\infty} f(x_k) = f\left(\lim_{k\to\infty} x_k\right) = f(L)$$

Porém, por outro lado:

$$\lim_{k\to\infty} f(x_k) = \lim_{k\to\infty} x_{k+1} = L$$

Pela unicidade do limite, segue que:

$$f(L) = L$$

## Observação 4.2.1

O Teorema do Ponto Fixo de Banach vale, em geral, para espaços métricos, isto é, para um conjunto qualquer munido de uma métrica.

O segundo resultado preliminar que apresentaremos para fazer a demonstração do Teorema da Função Inversa é o Teorema da Perturbação da Identidade. O que esse resultado nos mostra é que, ao somarmos à função identidade uma contração definida em um conjunto aberto, a função que resulta dessa soma é um homeomorfismo nesse conjunto.

### Teorema 4.2.2 (Perturbação da Identidade)

Sejam U um conjunto aberto em $\mathbb{R}^n$, f: U $\to$ $\mathbb{R}^n$ uma contração e I: U $\to$ U a função identidade em U. Então, a função g: U $\to$ $\mathbb{R}^n$, definida a seguir, é um homeomorfismo entre U e g(U).

$$g(x) := (f + I)(x)$$

Além disso, g(U) é um conjunto aberto.

### Demonstração

O primeiro passo da demonstração é verificar que a função g: U $\to$ $\mathbb{R}^n$ é injetora, pois, claramente, g: U $\to$ g(U) é sobrejetora. Sejam x, y $\in$ U, tais que g(x) = g(y), então:

$$\|g(x) - g(y)\| = \|(f(x) + (x) - (f(y) + y)\| \geq \|x - y\| - \|f(x) - f(y)\|$$

Como a função f é uma contração por hipótese, existe c $\in$ $\mathbb{R}$, em que 0 < c < 1, tal que:

$$\|f(x) - f(y)\| \leq c \cdot \|x - y\|$$

então:

$$\|x - y\| - \|f(x) - f(y)\| \geq (1 - c) \cdot \|x - y\|$$

Portanto:

$$\|g(x) - g(y)\| \geq (1 - c) \cdot \|x - y\|$$

Como g(x) = g(y), então, $\|g(x) - g(y)\| = 0$ e, portanto, x = y. Ou seja, a função g é injetora. Como g: U $\to$ g(U) é sobrejetora, podemos concluir que a função g é bijetora. Além disso, g é uma função contínua, pois é soma de duas funções contínuas.

Veja que a função $g^{-1}$: g(U) $\to$ U é uma função contínua. De fato, sejam z, w $\in$ g(U), então existem x, y $\in$ U, tais que:

$$z = g(x) \text{ e } w = g(y)$$

Como a função g satisfaz:

$$\|g(x) - g(y)\| \geq (1 - c) \cdot \|x - y\|$$

então:

$$\|g^{-1}(z) - g^{-1}(w)\| \leq \frac{1}{(1-c)} \cdot \|z - w\|$$

Usando a mesma argumentação da demonstração da Proposição 4.3.1, segue que $g^{-1}$: $g(U) \to U$ é contínua. Ou seja, concluímos que a função $g: U \to g(U)$ é um homeomorfismo.

Por último, vamos verificar que $g(U)$ é um conjunto aberto em $\mathbb{R}^n$. Seja $y_0 \in g(U)$, verificaremos que existe uma constante $r > 0$, tal que:

$$B(y_0, r) \subset g(U)$$

Seja $y \in B(y_0, r)$. Defina a seguinte função auxiliar: $\overline{B}(x_0, \delta) \subset U$, em que $g(p) = y_0$ e $\varphi: \overline{B}(x_0, \delta) \to \mathbb{R}^n$, tal que:

$$\varphi(x) = y - f(x)$$

A primeira observação que fazemos é que a função $\varphi$ é uma contração. De fato: se $x_1, x_2 \in \overline{B}(x_0, \delta)$, então:

$$\|\varphi(x_1) - \varphi(x_2)\| = \|(y - f(x_1)) - (y - f(x_2))\|$$
$$= \|f(x_1) - f(x_2)\|$$
$$\leq c \cdot \|x_1 - x_2\|$$

Ou seja, temos uma contração $\varphi: \overline{B}(x_0, \delta) \to \mathbb{R}^n$ definida no conjunto fechado $\overline{B}(x_0, \delta)$. Pelo Teorema do Ponto Fixo de Banach, existe um ponto $p \in \overline{B}(x_0, \delta)$, tal que:

$$\varphi(p) = p$$

Reescrevendo, temos que:

$$p = \varphi(p) = y - f(p)$$

Ou seja, $y = p + f(p) = g(p)$; com isso, temos que $y \in g(U)$. Como inicialmente tomamos $y \in B(y_0, r)$, então $B(y_0, r) \subset g(U)$. Disso segue que $g(U)$ é um conjunto aberto.

## Notação 4.2.1

Uma função $f: U \subseteq \mathbb{R}^n \to \mathbb{R}^m$ que preserva conjuntos abertos (fechados) – isto é, a imagem de um conjunto aberto (fechado) pela função f é um conjunto aberto (fechado) – é chamada *aplicação aberta (fechada)*.

Agora, podemos demonstrar o resultado que é o principal objetivo desta seção.

### Teorema 4.2.3 (Teorema da Função Inversa)

Seja f: U → $\mathbb{R}^n$ uma função de classe $C^k$, definida no conjunto aberto U em $\mathbb{R}^n$, tal que, para p ∈ U, det Jf(p) ≠ 0. Então, existem vizinhanças V ⊆ U de p e W ⊂ $\mathbb{R}^n$ de f(p), tais que f: V → W é um difeomorfismo.

### Demonstração

A primeira observação que faremos é a seguinte: considere J := Jf(p) a matriz jacobiana de f no ponto p. Como o determinante de J é não nulo por hipótese, então J é uma matriz inversível, cuja inversa denotaremos por $J^{-1}$.

Seja Φ: $\mathbb{R}^n$ → $\mathbb{R}$ uma função, tal que:

$$\Phi(x) = \det(Jf(x))$$

Note que essa é uma função contínua, pois o determinante é um polinômio cujas variáveis são as entradas da matriz Jf(x). Então, existe uma vizinhança Z de p tal que, para todo x ∈ Z:

$$\det(Jf(x)) \neq 0$$

Pela Fórmula de Taylor, para todo x ∈ Z:

$$f(x) = f(p) + J(x - p) + R(x)$$

em que:

$$\lim_{x \to p} \frac{R(x)}{\|x - p\|} = 0$$

Como J · (x − p) + R(x) = J(x) − J(p) + J[($J^{-1}$ R)(x)], então:

$$f(x) = f(p) + J(x) - J(p) + J[(J^{-1}R)(x)]$$
$$= J[x + (J^{-1} R)(x)] + (f(p) - J(p))$$
$$= J[x + (J^{-1} R)(x)] + c_0$$

em que $c_0$ = f(p) − J(p). Note que:

$$(J^{-1} R)' (p) = 0$$

De fato, pela Fórmula de Taylor, temos que:

$$f'(p) = J(p) + R'(p)$$

Como f'(p) = J(p), então:

R'(p) = 0

Além disso, $(J^{-1} R)'(p) = J^{-1} R'(p)$, ou seja:

$(J^{-1} R)'(p) = 0$

Como $J^{-1} R$ é uma função contínua, para $\varepsilon = \frac{1}{2}$, existe B(p, δ) ⊂ U, tal que, para x ∈ B(p, δ):

$$\left\| (J^{-1}R)'(x) \right\| \leq \frac{1}{2}$$

Pela desigualdade do valor médio, para cada x, y ∈ B(p, δ):

$$\left\| (J^{-1} \circ R)(x) - (J^{-1} \circ R)(y) \right\| \leq \frac{1}{2} \cdot \|x - y\|$$

Portanto, $(J^{-1} R)$ é uma contração. Pelo Teorema da Perturbação da Identidade, existe uma vizinhança Y de p, tal que a função h: Y → h(Y), dada por $h(x) = x + J^{-1} R(x)$, é um homeomorfismo e o conjunto $h(Y)$ é um conjunto aberto. Portanto, a função f: Y → f(Y), dada pela expressão $f(x) = J[x + (J^{-1} R)(x)] + c_0$, é um homeomorfismo. Com isso, temos a existência de uma função inversa contínua:

$f^{-1}$: f(Y) → Y

Vamos verificar que a função $f^{-1}$ também é uma função de classe $C^k$. Basta, para isso, verificar a diferenciabilidade da função $f^{-1}$. Sejam p, h ∈ Y, tais que p + h ∈ Y, vamos considerar q, k ∈ f(Y), tais que:

f(p) = q e f(p + h) = q + k

então:

k = q + k − q = f(p + h) − f(p)

Seja:

$R_1(h) = f(p + h) − f(p) − f'(p) \cdot h$

então:

$f(p + h) − f(p) = f'(p) \cdot h + R_1(h)$

Ou seja:

$k = f'(p) \cdot h + R_1(h)$

em que:

$$\lim_{h\to 0}\frac{R_1(h)}{\|h\|}=0$$

Pela mesma análise, temos que:

$$\begin{aligned}h &= p+h-p\\ &= f^{-1}(f(p+h))-f^{-1}(f(p))\\ &= f^{-1}(q+k)-f^{-1}(q)\\ &= [f^{-1}(q)]'(k)+R_2(k)\end{aligned}$$

Para chegar à diferenciabilidade da função $f^{-1}$, basta verificar que:

$$\lim_{k\to 0}\frac{R_2(k)}{\|k\|}=0$$

De fato:

$$h=[f^{-1}(q)]'(f'(p)\cdot h+R_1(h))+R_2(k)$$

Ou seja:

$$h=h+[f^{-1}(q)]'(R_1(h))+R_2(k)$$

Logo:

$$R_2(k)=-[f^{-1}(q)]'(R_1(h))$$

Como $k = f(p+h) - f(p)$, então $k \to 0$ quando $h \to 0$. Por conseguinte:

$$\frac{R_2(k)}{\|k\|}=-\left[f^{-1}(q)\right]'\cdot\frac{(R_1(h))}{\|h\|}\frac{\|h\|}{\|k\|}=-\left[f^{-1}(q)\right]'\cdot\frac{(R_1(h))}{\|h\|}\frac{\|h\|}{\|f(p+h)-f(p)\|}$$

Como $\|f(p+h)-f(p)\|\le c\cdot\|h\|$, para $c\in\mathbb{R}$, segue que:

$$\lim_{k\to 0}\frac{R_2(k)}{\|k\|}=0$$

Portanto, a inversa que construímos é uma função diferenciável.

## 4.3 Teorema da Função Implícita

O segundo resultado fundamental da Análise no $\mathbb{R}^n$ é o Teorema da Função Implícita, o qual nos garante que dado um ponto p do domínio de uma função f, de modo que esse ponto pertença a um conjunto de nível de f e o jacobiano de f em p seja não nulo, então conseguimos encontrar uma vizinhança de p, tal que uma das variáveis da função f pode ser escrita em função de todas as outras variáveis de f. Para motivar nosso resultado, considere o exemplo a seguir.

### Exemplo 4.3.1

Considere $f: \mathbb{R}^2 \to \mathbb{R}$ dada por $f(x, y) = x^2 + y^2$ e o conjunto de nível:

$$f^{-1}(1) = \{(x, y) \in \mathbb{R}^2 | x^2 + y^2 = 1\}$$

Como já vimos:

$$S^1 = f^{-1}(1)$$

Além disso, se, por exemplo, $(x, y) \in S^1$, tal que $y > 0$, conseguimos encontrar uma vizinhança U de $(x, y)$, dada por:

$$U = \{(x, y) \in \mathbb{R}^2 | y > 0\}$$

e uma função $\xi: V \to \mathbb{R}$, tal que $\xi(x) = y = \sqrt{1-x^2}$, em que $V = \{x \in \mathbb{R} \,|\, -1 < x < 1\}$. Ou seja:

$$f|_U(x, y) = f\left(x, \sqrt{1-x^2}\right)$$

Além disso:

$$Jf(x, y) = \begin{bmatrix} 2x & 0 \\ 0 & 2y \end{bmatrix}$$

então, para todo ponto $(x, y) \in U$, temos que $\det Jf(x, y) \neq 0$.

Vamos usar essas informações para calcular a derivada da variável $y = \xi(x)$. Para isso, considere a curva $\alpha: I \to U \subset S^1$, tal que $\alpha(x) = (x, y(x))$. Então:

$$f(\alpha(x)) = 1$$

Pela Regra da Cadeia, $(f(\alpha(x)))'(t) = 0$ se, e somente se, $\nabla f(x, \alpha(x)) \cdot \alpha'(x) = 0$. Ou seja, obtemos a equação:

$$\frac{\partial f}{\partial x} \cdot x'(x) + \frac{\partial f}{\partial y} \cdot y'(x) = 0$$

Portanto:

$$y'(x) = -\frac{f_x(x, y(x))}{f_y(x, y(x))} \cdot x'(x) = -\frac{x}{\sqrt{1-x^2}}$$

Esse exemplo faz parte do teorema mostrado a seguir.

## Teorema 4.3.1 (Teorema da Função Implícita)

Sejam f: $U \to \mathbb{R}^k$ uma função de classe $C^k$, $k \geq 1$ e U um conjunto aberto de $\mathbb{R}^n \times \mathbb{R}^m$, tais que, para algum $(p, q) \in U$:

$f(p, q) = c$ e $\det[Jf(p, q)] \neq 0$

Então, existem conjuntos abertos $V \subseteq \mathbb{R}^n$ e $W \subseteq \mathbb{R}^m$, tais que $(p, q) \in V \times W$ e, para todo $x \in V$, existe um único y: $V \to W$, tal que $y = y(x)$, uma função de classe $C^k$, tal que:

$f(x, y(x)) = c$

Além disso:

$$\frac{\partial y}{\partial x_i}(x) = -\frac{\frac{\partial f}{\partial x_i}(x, y(x))}{\frac{\partial f}{\partial y}(x, y(x))}$$

### Demonstração

Defina a seguinte função: F: $U \to \mathbb{R}^n \times \mathbb{R}^k$, tal que:

$F(x, y) = (x, f(x, y))$

Então, $F(p, q) = (p, f(p, q)) = (p, c)$ e $JF(p, q) = \begin{bmatrix} I_n & 0 \\ D_x f & D_y f \end{bmatrix}$, que claramente tem determinante não nulo. Pelo Teorema da Função Inversa, existem um conjunto aberto $V \times W$ em U contendo o (p, q) e um conjunto aberto $Z \subseteq \mathbb{R}^n \times \mathbb{R}^k$ contendo o ponto (p, c), tais que F: $V \times W \to Z$ é um difeomorfismo de classe $C^k$. Além disso, $F^{-1}(Z) = \{(x, y) \in U \times V \mid y = y(x, c)\}$.

Portanto, segue o resultado.

## Observação 4.3.1

Perceba que, no Exemplo 4.3.1, seguimos o roteiro apresentado na demonstração do Teorema da Função Implícita.

## 4.4 Aplicações e exemplos diversos

Para encerrar a discussão sobre funções diferenciáveis, faremos, nesta seção, um compilado de exemplos, os quais aplicam os resultados apresentados nas seções e capítulos anteriores.

### Exemplo 4.4.1

Seja g: $U \subset \mathbb{R} \to \mathbb{R}$ uma função derivável em $p \in U$ e defina f: $U \times \mathbb{R} \to \mathbb{R}$ dada por:

$$f(x, y) := g(x)$$

então, f é diferenciável em (p, y). Para verificar isso, vamos calcular:

$$L = \lim_{(h_1, h_2) \to (0,0)} \frac{f(p + h_1, y + h_2) - f(p, y) - ah_1 - bh_2}{\sqrt{h_1^2 + h_2^2}}$$

Por conseguinte:

$$L = \lim_{(h_1, h_2) \to (0,0)} \frac{g(p + h_1) - g(p)}{\sqrt{h_1^2 + h_2^2}} - \frac{-ah_1 - bh_2}{\sqrt{h_1^2 + h_2^2}}$$

Como g é derivável em p, então:

$$g'(p) = \lim_{h_1 \to 0} \frac{g(p + h_1) - g(p)}{h_1}$$

Logo:

$$L = \begin{cases} \lim_{h_1 \to 0} \frac{g(p + h_1) - g(p)}{|h|}, & h_2 = 0 \\ \lim_{h_2 \to 0} \frac{-bh_2}{|h_2|}, & h_1 = 0 \end{cases}$$

e segue a = g'(p) e b = 0, isto é:

$$f'(p, y)(h_1, h_2) = g'(p)(h_1)$$

### Exemplo 4.4.2

Seja f: $U \to \mathbb{R}$ uma função diferenciável em um conjunto aberto U em $\mathbb{R}^n$. Como sabemos, para $p \in U$, a matriz df(p) é uma transformação linear, então temos uma matriz $J_1$ associada à df(p). Suponha que $J_2$ é outra matriz associada à derivada de f em p. Vejamos, então, que $J_1 = J_2$. De fato, sejam $p \in I$ e $h \in U$, tais que $p + h \in U$, então, para i = 1, 2:

$$\lim_{h \to 0} \frac{f(p+h) - f(p) - J_j(h)}{\|h\|} = 0$$

Desse modo:

$$\lim_{h \to 0} \frac{J_1(h) - J_2(h)}{\|h\|} = 0$$

então:

$$\lim_{h \to 0} (J_1 - J_2) \frac{(h)}{\|h\|} = 0$$

Se considerarmos a base canônica de $\mathbb{R}^n$: $B = \{e_1, \ldots, e_n\}$, então, para cada $j = 1, \ldots, n$:

$$\lim_{h \to 0} (J_1 - J_2)(e_j) = 0$$

Portanto, concluímos que $J_1 = J_2$.

### Exemplo 4.4.3

Seja $B: \mathbb{R}^n \times \mathbb{R}^m \to \mathbb{R}^p$ uma aplicação bilinear, vamos calcular sua derivada. De fato, temos que:

$$\lim_{(h_1, h_2) \to (0,0)} \frac{B(p_1 + h_1, p_2 + h_2) - B(p_1, p_2) - [B(p_1, p_2)]'(h_1, h_2)}{\|(h_1, h_2)\|} = 0$$

se, e somente se:

$$\lim_{(h_1, h_2) \to (0,0)} \frac{B(p_1, h_2) + B(h_1, p_2) - [B(p_1, p_2)]'(h_1, h_2) - B(h_1, h_2)}{\|(h_1, h_2)\|} = 0$$

Como $\lim_{(h_1, h_2) \to (0,0)} \frac{B(h_1, h_2)}{\|(h_1, h_2)\|} = 0$, obtemos:

$$[B(p_1, p_2)]'(h_1, h_2) = B(p_1, h_2) + B(h_1, p_2)$$

Portanto:

$$B'(x, y) = B(\cdot, y) + B(x, \cdot)$$

### Exemplo 4.4.4

Seja $p(x) = ax^2 - bx + c$ um polinômio com duas raízes reais distintas $r_1$ e $r_2$ e suponha que $a, b, c \in \mathbb{R}$. Usaremos o Teorema da Função Inversa para mostrar que existe um polinômio $s(x) = a_0 x^2 + b_0 x + c_0$ suficientemente próximo de p(x) que também admite duas raízes reais distintas. Para isso, considere $F: \mathbb{R}^2 \to \mathbb{R}^2$ dada por:

$$F(x, y) = (x + y, xy)$$

então:

$$F(r_1, r_2) = \left(\frac{b}{a}, \frac{c}{a}\right) \text{ e } JF(r_1, r_2) = \begin{bmatrix} 1 & 1 \\ r_2 & r_1 \end{bmatrix}$$

Como $r_1 \neq r_2$ por hipótese, então det $JF(r_1, r_2) \neq 0$. Pelo Teorema da Função Inversa, existem vizinhanças U de $(r_1, r_2)$ e V de $\left(\frac{b}{a}, \frac{c}{a}\right)$, tais que $F: U \to V$ é um difeomorfismo de classe $C^\infty$. Por conseguinte, para todo $(b', c') \in V$, o polinômio $r'(x) = x^2 - b'x + c'$ tem duas raízes reais dadas por $F^{-1}(b', c')$. Diminuindo U, se necessário, obtemos raízes reais distintas entre si. Daí $s(x) = a_0 x^2 - b_0 x + c_0$, em que $b_0 = \frac{b'}{a}$ e $c_0 = \frac{c'}{a}$.

## Exemplo 4.4.5

Como já sabemos, a esfera $S^{n-1}$ pode ser dada por $f^{-1}(1)$, em que $f: \mathbb{R}^n \to \mathbb{R}$ é dada por $f(x) = \langle x, x \rangle$. Além disso, para cada ponto $x \in S^{n-1}$, tal que $x_n > 0$, conseguimos encontrar uma vizinhança U de x, digamos:

$$U = \{(x_1, \ldots, x_n) \in \mathbb{R}^n \mid x_n > 0\}$$

e uma função $\xi: V \to \mathbb{R}$, tal que:

$$x_n = \xi(x_1, \ldots, x_{n-1}) = \sqrt{1 - x_1^2 - \ldots - x_{n-1}^2}$$

em que:

$$V = \left\{ x \in \mathbb{R} \mid -1 < x_1^2 + \ldots + x_{n-1}^2 < 1 \right\}$$

Ou seja:

$$f|_U (x) = f\left((x_1, \ldots, x_{n-1}), \sqrt{1 - x_1^2 - \ldots - x_{n-1}^2}\right)$$

Além disso:

$$\frac{\partial x_n}{\partial x_i}(x) = -\frac{\dfrac{\partial f}{\partial x_i}(x, y(x))}{\dfrac{\partial f}{\partial x_n}(x, y(x))} = -\frac{x_i}{\sqrt{1 - x_1^2 - \ldots - x_{n-1}^2}}$$

É importante observar que cada coordenada $x_i$ do ponto x e as vizinhanças serão da forma:

- $U_{i,+} = \{(x_1, ..., x_n) \in \mathbb{R}^n \mid x_i > 0\}$
- $U_{i,-} = \{(x_1, ..., x_n) \in \mathbb{R}^n \mid x_i < 0\}$

O objetivo desse capítulo foi entender, que sob certas hipóteses, podemos resolver determinadas equações, que nos permitem escrever um conjunto de variáveis de uma função diferenciável de acordo com as outras variáveis dessa função.

## Síntese

Neste capítulo, tratamos do Teorema da Função Inversa e do Teorema da Função Implícita. O primeiro nos garante que, se o jacobiano de uma função f: $U \subseteq \mathbb{R}^n \to \mathbb{R}^m$ de classe $C^k$ é não nulo em um determinado ponto, é possível encontrar uma inversa para f ao redor desse ponto. Já o Teorema da Função Implícita nos garante que é possível escrever uma das variáveis de f em função das outras.

Finalizamos este capítulo apresentando alguns exemplos interessantes, os quais envolveram a diferenciabilidade e esses dois resultados aqui apresentados.

## Atividades de autoavaliação

1) Sobre 1-formas em $\mathbb{R}^n$, marque **V** para as proposições verdadeiras e **F** para as falsas. Depois, assinale a alternativa que corresponde à sequência correta.

( ) Se $f(x, y, z) = x^2 + 2xyz + yz$, então:

$df(x, y) = (2x + 2zy)dx + (2xz + z)dy + (2xy + y)dz$

( ) Se $f(x,y) = e^{x^2+y^2}$, então:

$df(x, y) = e^{x^2}dx + e^{y^2}dy$

( ) Se $f(x, y, z) = \operatorname{sen}(x + y) - z$, então:

$df(x, y) = \cos(x + y)dx + \cos(x + y)dy + dz$

( ) Se $f(x, y) = \dfrac{x^2}{x + 1}$, então:

$df(x, y) = 2xdy$

a. F, V, F, V.
   b. V, F, F, V.
   c. V, F, F, F.
   d. V, F, V, F.
   e. V, V, F, V.

2) Seja f: $U \subseteq \mathbb{R}^n \to \mathbb{R}^m$ uma função diferenciável. Se $\omega$ é uma 1-forma em $\mathbb{R}^n$, então definimos o *pullback* de $\omega$ por f:

$$(f^*\omega)(x)(v_1, \ldots, v_n) = \omega(f(x))(f'(x) \cdot v_1, \ldots, f'(x) \cdot v_n)$$

A respeito do *pullback* de uma 1-forma, se $\omega$ e $\overline{\omega}$ são duas 1-formas de $\mathbb{R}^n$ e $c \in \mathbb{R}$, marque **V** para verdadeiro e **F** para falso nas proposições a seguir. Depois, assinale a alternativa que corresponde à sequência correta.

( ) $f^*(\omega + \overline{\omega}) = f^*\omega + f^*\overline{\omega}$

( ) $f^*(c \cdot \omega) = c \cdot f^*\omega$

( ) Se g: $V \subseteq \mathbb{R}^m \to \mathbb{R}^n$, então $(g \circ f)^*(\omega) = g^*(f^*\omega)$

   a. F, V, F.
   b. V, V, V.
   c. V, V, F.
   d. V, F, V.
   e. F, V, V.

3) Sobre contrações, marque **V** para verdadeiro e **F** para falso nas proposições a seguir. Depois, assinale a alternativa que corresponde à sequência correta. Seja $x = (x_1, \ldots, x_n)$ um ponto em $\mathbb{R}^n$:

( ) $f(x) = \dfrac{x + \sqrt{x^2 + 1}}{2}$ é uma contração em $\mathbb{R}^n$.

( ) $f(x_1, \ldots, x_n) = M \cdot (x_1, \ldots, x_n)$ admite ponto fixo, mas não é uma contração em $\mathbb{R}^n$.

( ) $f(x) = \sqrt{x}$ é uma contração em $\mathbb{R}^n$ se $x \in (1, +\infty)$.

   a. F, V, V.
   b. V, F, V.
   c. F, F, V.
   d. F, V, F.
   e. V, V, F.

4) Sobre aplicações abertas e fechadas, marque com **V** as proposições verdadeiras e com **F** as falsas. Depois, assinale a alternativa que corresponde à sequência correta:

( ) Seja f: $U \subset \mathbb{R}^n \to \mathbb{R}^m$ uma função aberta e contínua. Então, f é uma função injetiva.

( ) Seja f: $U \subset \mathbb{R}^n \to \mathbb{R}^m$ uma injetiva. Então, f é uma aplicação aberta se, e somente se, é uma aplicação fechada.

( ) Sejam f: $K \subset \mathbb{R}^n \to \mathbb{R}^m$ uma função contínua, injetiva e K um conjunto compacto. Então, f é um homeomorfismo.

a. F, F, F.
b. F, V, F.
c. V, V, V.
d. F, V, V.
e. F, F, V.

5) A respeito dos Teoremas da Função Inversa e da Função Implícita, marque com **V** as proposições verdadeiras e com **F** as falsas. Depois, assinale a alternativa que corresponde à sequência correta.

( ) A função p: $(0, +\infty) \to \times (0, 2\pi)$, dada por $p(r, \theta) = (r \cdot \cos(\theta), r \cdot \operatorname{sen}(\theta))$, é um difeomorfismo local.

( ) Seja f: $U \to \mathbb{R}$ uma função contínua em um aberto $U \subseteq \mathbb{R}^2$, tal que: $(x^2 + y^4) \cdot f(x, y) + (f(x, y))^3 = 1$, para todo $(x, y) \in U$. Então, $f \in C^\infty$.

( ) Se F: $M_n(\mathbb{R}) \to M_n(\mathbb{R})$ é dada por $F(X) = X^2$, então $Id \in M_n(\mathbb{R})$ é um valor regular de F.

a. F, F, F.
b. V, V, F.
c. V, V, V.
d. V, F, V.
e. F, V, V.

## Atividades de aprendizagem

1) Sejam U um conjunto aberto em $\mathbb{R}^n$ e f: $U \to \mathbb{R}^m$ uma função de classe $C^1$, tal que $\det(Jf(x)) \neq 0$ para todo $x \in U$. Mostre que f é uma aplicação aberta.

2) Seja f: $M_n(\mathbb{R}) \to M_n(\mathbb{R})$, tal que $f(X) = X^2$. Mostre que, para todo $Y \in M_n(\mathbb{R})$ suficiente próximo da matriz identidade Id, existe $X \in M_n(\mathbb{R})$, tal que $X^2 = Y$.

3) Sejam f: $\mathbb{R}^2 \to \mathbb{R}$ de classe $C^1$, com $f_y \neq 0$ em todos os pontos de $\mathbb{R}^2$, e $\xi: I \to \mathbb{R}$, tal que $f(x, \xi(x)) = 0$ para todo $x \in I$. Prove que $\xi$ é de classe $C^1$.

4) Sejam U um conjunto aberto em $\mathbb{R}^2$ e f: U $\to$ $\mathbb{R}$ uma função contínua, tal que $(x^4 + y^4)f(x, y) + f(x, y)^3 = 1$ para todo $(x, y) \in U$. Mostre que f é de classe $C^\infty$.

5) Seja f: U $\to$ $\mathbb{R}$ uma função de classe $C^1$ em um aberto U de $\mathbb{R}^n$. Suponha que f não admite pontos críticos em U; então, para todo aberto $A \subset U$, prove que f(A) é aberto.

Este capítulo serve como uma introdução ao ambiente da geometria diferencial ou, ainda, ao cálculo em variedades diferenciáveis. O objetivo é introduzir as ideias de como fazer cálculo em objetos não planos, como esferas, toros, gráficos de funções diferenciáveis, quádricas, entre outros. Porém, isso será feito usando aquilo que já sabemos sobre o cálculo no objeto plano $\mathbb{R}^n$.

A ideia é que, mesmo que o objeto seja curvo, se, ao menos localmente, ele puder ser transformado em algo plano, podemos fazer cálculo no objeto plano e, depois, voltar ao objeto curvo usando as chamadas *parametrizações*. Iniciaremos, então, com a definição do objeto de estudo do capítulo, que são as chamadas *superfícies* e suas parametrizações, apresentando alguns exemplos.

Definiremos o conceito de superfície orientável e provaremos proposições sobre esse conceito. Ele aparecerá em estudos futuros, quando o leitor estiver interessado em aprender como fazer integração em superfícies.

Finalmente, trataremos do conceito de função diferenciável em uma superfície e faremos propriedades análogas àquelas já vistas em $\mathbb{R}^n$.

# 5
# Superfícies diferenciáveis

## 5.1 Parametrizações

Para começar a entender os tipos de objetos que estudaremos neste capítulo, vamos introduzir uma noção que nos ajudará a compreender esses novos objetos. Esta será, basicamente, uma seção de exemplos.

### Definição 5.1.1

Sejam M um subconjunto de $\mathbb{R}^n$ e U um conjunto aberto em M. Uma *parametrização* de M é um homeomorfismo:

$$\varphi: U \to \varphi(U) \subseteq \mathbb{R}^n$$

Ao par (U, $\varphi$), damos o nome de *carta coordenada* de M.

### Notação 5.1.1

**1.** Se (U, $\varphi$) é uma carta que contém um ponto p $\in$ M, dizemos que a carta está *centrada* em p. Além disso, se para todo p $\in$ M podemos encontrar uma carta (U, $\varphi$) centrada em p, dizemos que o conjunto de todas as cartas de M é um *atlas* para M e o denotamos por:

$$\mathcal{A} = \{(U, \varphi)\}$$

**2.** Seja p $\in$ U $\subseteq$ M, como $\varphi(x) = (x_1, \ldots, x_n)$, então:

$$\varphi(p) = (x_1(p), \ldots, x_n(p))$$

E dizemos que $(x_1, \ldots, x_n)$ são as *coordenadas* do ponto p no conjunto aberto U.

### Exemplo 5.1.1

Em $\mathbb{R}^n$, podemos colocar, pelo menos, dois tipos de atlas. O primeiro é:

$$\mathcal{A}_1 = \{(\mathbb{R}^n, I_{\mathbb{R}^n})\}$$

Este consiste apenas da carta $\{\mathbb{R}^n, I_{\mathbb{R}^n}\}$, em que $I_{\mathbb{R}^n} : \mathbb{R}^n \to \mathbb{R}^n$ é tal que:

$$I_{\mathbb{R}^n}(x) = x$$

O segundo atlas é o conjunto:

$$\mathcal{A}_2 = \{(U, I_U)\}$$

tal que, para todo $x \in \mathbb{R}^n$, temos que U é um conjunto aberto em $\mathbb{R}^n$ que contém o ponto x.

### Exemplo 5.1.2

Sejam V um conjunto aberto em $\mathbb{R}^n$ e $\mathcal{A}_2 = \{(U, I_U)\}$ o atlas para $\mathbb{R}^n$ dado no exemplo anterior. Então, o conjunto seguinte é um atlas para V:

$$\mathcal{A} = \{(U \cap V, I_{U \cap V})\}$$

### Exemplo 5.1.3

Sejam U um conjunto aberto em $\mathbb{R}^n$ e f: $U \to \mathbb{R}^m$ uma função contínua. O gráfico de f é o conjunto dado por:

$$\text{Graf}(f) = \{(x, f(x)) | x \in U\}$$

Uma parametrização para o gráfico de f é a função $\varphi$: Graf(f) $\to \mathbb{R}^n$, tal que:

$$\varphi(x, f(x)) = x$$

Como $\varphi^{-1}$: $\varphi(U) \to U$ é dada por $\varphi^{-1}(x) = (x, f(x))$, segue que $\varphi$ é um homeomorfismo e, portanto, $(U, \varphi)$ é uma carta coordenada para Graf(f).

### Exemplo 5.1.4

Considere $S^{n-1} \subseteq \mathbb{R}^n$ a esfera de dimensão $n - 1$. Como já vimos, esse conjunto pode ser entendido como o conjunto de nível $f^{-1}(1)$ da função f: $\mathbb{R}^n \to \mathbb{R}^n$, dada por:

$$f(x_1, \ldots, x_n) = x_1^2 + \ldots + x_n^2$$

Como já vimos, se consideramos os conjuntos abertos em $\mathbb{R}^n$:

$$U_i^+ = \{(x_1, \ldots, x_n) | x_i > 0\}$$

$$U_i^- = \{(x_1, \ldots, x_n) | x_i < 0\}$$

sejam, para $i = 1, \ldots, n$:

$$V_i = U_i^+ \cap S^{n-1}$$
$$W_i = U_i^- \cap S^{n-1}$$

então:

$$S^{n-1} = \bigcup_{i=1}^{n} (V_i \cup W_i)$$

Sejam as parametrizações para $S^{n-1}$:

1. $\varphi_i : V_i \to \mathbb{R}^n$, tal que:

$$\varphi_i(x_1, \ldots, \widehat{x_i}, \ldots, x_n) = \sqrt{1 - \left(x_1^2 + \ldots + x_{i-1}^2 + x_{i+1}^2 + \ldots, x_n^2\right)}$$

2. $\psi_i : W_i \to \mathbb{R}^n$, tal que:

$$\psi_i(x_1, \ldots, \widehat{x_i}, \ldots, x_n) = -\sqrt{1 - (x_1^2 + \ldots + x_{i-1}^2 + x_{i+1}^2 + \ldots + x_n^2)}$$

Portanto: $\mathcal{A} = \{(V_i, \varphi_i), (W_i, \psi_i) | i \in \mathbb{N}\}$ é um atlas para $S^{n-1}$.

## Exemplo 5.1.5

Sejam $M \subseteq \mathbb{R}^m$ e $N \subseteq \mathbb{R}^n$ dois subconjuntos. Sejam $\mathcal{A}_M = \{(U, \varphi)\}$ um atlas para $M$ e $\mathcal{A}_N = \{(V, \psi)\}$ um atlas para $N$. Então, a função produto:

$$\varphi \times \psi : U \times V \to \mathbb{R}^m \times \mathbb{R}^n$$

dada por:

$$(\varphi \times \psi)(x, y) = (\varphi(x), \psi(y))$$

fornece uma carta para o produto $M \times N$, chamada *carta produto*. De fato, claramente $\varphi \times \psi$ é uma função contínua, cuja inversa é a função:

$$(\varphi \times \psi)^{-1} : (\varphi \times \psi)(U \times V) \to U \times V$$

tal que:

$$(\varphi \times \psi)^{-1}(x, y) = (\varphi^{-1}(x), \psi^{-1}(y))$$

também é uma função contínua.

Portanto, $\mathcal{A} = \{(U \times V, \varphi \times \psi)\}$ é um atlas para $M \times N$.

### Exemplo 5.1.6

Do mesmo modo, temos que $\mathcal{A} = \{(U_1 \times \ldots \times U_k, \varphi_1 \times \ldots \times \varphi_k)\}$ é um atlas para $M_1 \times \ldots \times M_k$, em que $\mathcal{A}_i = \{(U_i, \varphi_i)\}$ é um atlas para $M_i$, com $i = 1, \ldots, k$.

### Exemplo 5.1.7

Como consequência do Exemplo 5.1.6, temos que o toro $\mathbb{T}^2 = S^1 \times S^1$ admite um atlas.

## 5.2 Superfícies diferenciáveis

Nesta seção, usaremos a noção de parametrização para definir o conceito de superfície. Além disso, veremos, posteriormente, que, em superfícies diferenciáveis, as parametrizações são funções diferenciáveis.

### Definição 5.2.1

Um conjunto M em $\mathbb{R}^n$ é chamado de *superfície* em $\mathbb{R}^n$ se, em cada ponto $p \in M$, temos uma carta $(U, \varphi)$ para M centrada em p.

### Notação 5.2.1

Temos, então, um atlas:

$$\mathcal{A} = \{(U, \varphi)\}$$

Para M e, nesse caso, dizemos que $\mathcal{A}$ induz uma estrutura de superfície em M.

### Observação 5.2.1

Se pensarmos em um espaço topológico qualquer, a definição de superfície é mais exigente. Além de pedir a existência de um atlas para a superfície, também é requerido que o espaço topológico seja –2º contável, Hausdorff e localmente euclidiano, condições que são, no caso em que $M \subseteq \mathbb{R}^n$, automaticamente satisfeitas.

Os exemplos da Seção 5.1 são todos de superfícies em $\mathbb{R}^n$. Vejamos mais um exemplo na sequência.

### Exemplo 5.2.1

Considere em $\mathbb{R}$ a parametrização $\varphi: \mathbb{R} \to \mathbb{R}$ dada por:

$$\varphi(x) = x^3$$

Essa é uma função contínua, pois é um polinômio, cuja inversa é dada pela função $\varphi^{-1}: \mathbb{R} \to \mathbb{R}$, tal que $\varphi^{-1}(x) = \sqrt[3]{x}$, que também é uma função contínua. Ou seja, temos uma única carta $(\mathbb{R}, \varphi)$ para $\mathbb{R}$; logo, seu atlas é da forma $\mathcal{A} = \{(\mathbb{R}, \varphi)\}$ e A define uma estrutura de superfície para $\mathbb{R}$.

Nosso próximo passo é entender como a continuidade e a diferenciabilidade se encaixam nesse contexto. Lembre-se de que sabemos derivar funções em $\mathbb{R}^n$ com várias variáveis reais. A partir da definição a seguir, conseguiremos entender como definir tais conceitos para superfícies.

### Definição 5.2.2

Sejam M uma superfície de $\mathbb{R}^n$ e $\mathcal{A}$ um atlas para M. Dizemos que M é uma *superfície de classe $C^k$* se, para qualquer par de cartas $(U, \varphi)$, $(V, \psi)$ em $\mathcal{A}$, tais que $U \cap V \neq \emptyset$, a função seguinte é de classe $C^k$:

$$\psi \circ \varphi^{-1}: \varphi(U \cap V) \to \psi(U \cap V)$$

Observe a Figura 5.1 a seguir.

**Figura 5.1** – Superfície em $\mathbb{R}^n$

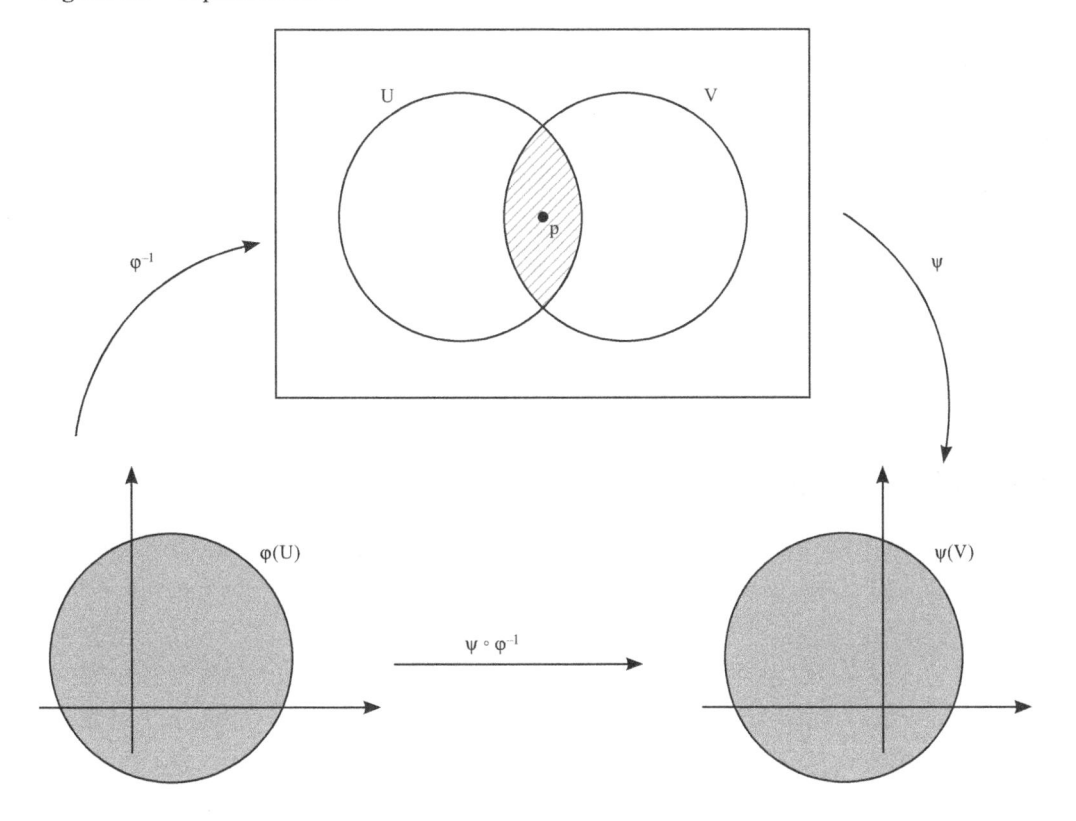

### Notação 5.2.2

A função $\psi \circ \varphi^{-1}: \varphi(U \cap V) \to \psi(U \cap V)$ é chamada *função de transição*.

Na sequência, confira os próximos três exemplos.

### Exemplo 5.2.2

O conjunto $\mathbb{R}^n$ munido do atlas $\{(\mathbb{R}^n, I_{\mathbb{R}^n})\}$ é uma superfície de classe $C^\infty$. Como consequência, temos que qualquer conjunto aberto V em $\mathbb{R}^n$ é uma superfície de classe $C^\infty$.

### Exemplo 5.2.3

Temos que o atlas definido em $S^1$, no Exemplo 5.1.4, induz uma estrutura de superfície diferenciável em $\mathbb{R}^2$, pois, por exemplo, a função de transição:

$$\psi_1 \circ \varphi_1^{-1} : \varphi(V_1 \cap W_1) \to \psi(V_1 \cap W_1)$$

tem a seguinte expressão:

$$\psi_1 \circ \varphi_1^{-1}(x, y) = \left(x, \sqrt{1 - x^2 - y^2}\right)$$

Como as outras funções têm esse mesmo tipo de expressão, segue que $S^1$ é uma superfície diferenciável. Em geral, usando essa mesma ideia, podemos demonstrar que $S^{n-1}$ é uma superfície diferenciável em $\mathbb{R}^n$.

### Exemplo 5.2.4

O produto de superfícies de classe $C^k$ é uma superfície de classe $C^k$, pois, no atlas $\mathcal{A} = \{(U \times V, \varphi \times \psi)\}$, tal que as parametrizações são dadas por:

$$(\varphi \times \psi)(x, y) = (\varphi(x), \psi(y))$$

então, $M \times N$ é uma superfície de classe $C^k$.

## 5.3 O espaço tangente

A ideia de espaço tangente aqui é a mesma que usamos para hiperfícies e, como lá, usaremos o espaço tangente em cada ponto de uma superfície para calcular sua dimensão.

### Definição 5.3.1

Seja M uma superfície diferenciável em $\mathbb{R}^n$. Definimos o *espaço tangente* a M em p como o conjunto:

$$T_pM = \{v \in \mathbb{R}^n | v = \alpha'(0)\}$$

em que $\alpha: I \to M$ varia no conjunto de curvas diferenciáveis em M.

De maneira análoga ao que foi feito no Capítulo 3, temos o teorema a seguir.

## Teorema 5.3.1

Seja M uma superfície em $\mathbb{R}^n$. Para cada ponto $p \in M$, temos que o espaço tangente $T_pM$ é um subespaço vetorial de $\mathbb{R}^n$ de dimensão menor ou igual a n.

### Demonstração

Basta ver que, se $(u, \varphi)$ é uma carta centrada em $p \in M$ e $\alpha: I \to M$ é uma curva diferenciável em M, tal que $\alpha(0) = p$ e $\alpha'(0) = v \in T_pM$, então, pela Regra da Cadeia:

$$v = \alpha'(0)$$
$$= (\varphi \circ \varphi^{-1}\alpha)'(0)$$
$$= \varphi'(p)(u)$$

Como $\varphi'(p)(u) \in T_p\mathbb{R}^n$, segue o resultado.

Esse teorema nos fornece uma maneira de calcular a dimensão de uma superfície diferenciável.

## Exemplo 5.3.1

Se M é uma superfície diferenciável de dimensão $\bar{m}$ em $\mathbb{R}^m$ e N é uma superfície diferenciável de dimensão $\bar{n}$ de $\mathbb{R}^n$, então, se $(p, q) \in M \times N$:

$$T_{(p,q)}(M \times N) = T_pM \times T_qN$$

e $\dim(M \times N) = \bar{m} + \bar{n}$. De fato, uma curva em $M \times N$ que passa pelo ponto $(p, q)$ da forma:

$$\alpha(t) = (\alpha_M(t), \alpha_N(t))$$

em que $\alpha_M: I \to M$ é uma curva em M e $\alpha_N: I \to N$ é uma curva em N, tais que:

$$\begin{cases} \alpha_M(0) = p, \alpha'_M(0) = v \\ \alpha_N(0) = q, \alpha'_M(0) = w \end{cases}$$

então:

$$\alpha'(0) = (\alpha'_M(0), \alpha'_N(0))$$

Portanto, $\dim(M \times N) = \bar{m} + \bar{n}$.

## 5.4 Superfícies orientáveis

Nesta seção, discutiremos brevemente sobre superfícies orientáveis.

### Definição 5.4.1

Sejam M uma superfície diferenciável de $\mathbb{R}^n$ de dimensão m e $\mathcal{A}$ um atlas de M. Dizemos que M é uma *superfície orientável* se, para quaisquer duas cartas (U, $\varphi$), (V, $\psi$) de $\mathcal{A}$, tais que $U \cap V \neq \emptyset$, a função de transição seguinte tem jacobiano positivo:

$$\psi \circ \varphi^{-1} \colon \varphi(U \cap V) \to (U \cap V)$$

Dizemos, nesse caso, que o atlas $\mathcal{A}$ é *coerente*.

### Exemplo 5.4.1

Se M e N são duas superfícies orientáveis com atlas compatíveis $\mathcal{A}_M$ e $\mathcal{A}_N$, respectivamente, então a superfície produto $M \times N$ é uma superfície orientável. De fato, se (U, $\varphi$) é uma carta centrada em $p \in M$ e (V, $\psi$) é uma carta centrada em $q \in N$, como já vimos, temos que $(U \times V, \varphi \times \psi)$ é uma carta centrada em $(p, q) \in M \times N$.

Sejam $(U_1 \times V_1, \varphi_1 \times \psi_1)$ e $(U_2 \times V_2, \varphi_2 \times \psi_2)$ duas cartas quaisquer em $M \times N$, temos que $(\varphi_2 \times \psi_2)^{-1} \circ (\varphi_1 \times \psi_1) = \left(\varphi_2^{-1} \circ \varphi_1\right) \times \left(\psi_2^{-1} \circ \psi_1\right)$ tem jacobiano positivo e, portanto, $M \times N$ é orientável.

### Exemplo 5.4.2

Dado um aberto V de uma superfície diferenciável M de $\mathbb{R}^n$, se $\mathcal{A} = \{(U, \varphi)\}$ é um atlas coerente para M, então o seguinte é uma atlas coerente para V:

$$\mathcal{A}_v = \{(U \cap V, \varphi|_{U \cap V})\}$$

O próximo critério nos fornece uma maneira de verificar quando uma superfície diferenciável é orientável.

### Teorema 5.4.1

Seja M uma superfície diferenciável de dimensão m de $\mathbb{R}^{m+n}$ que admite n campos linearmente independentes de vetores normais $v_1, \ldots, v_n \colon M \to \mathbb{R}^{m+n}$, então M é orientável.

#### Demonstração

Considere $\mathcal{C} = \{(C_0, \varphi)\}$ o conjunto de todas as cartas, tais que o conjunto $C_0$ é conexo. Vejamos que $\mathcal{C}$ é um atlas para M. Seja $(C_0, \varphi)$ uma parametrização de $\mathcal{C}$, então, para todo $p \in C_0$, os vetores da forma seguinte formam uma base para $T_pM$:

$$\frac{\partial \varphi}{\partial x_1}(p), \ldots, \frac{\partial \varphi}{\partial x_m}(p)$$

então, a matriz, cujas colunas são dadas por:

$$\Phi(p) = \left[ \frac{\partial \varphi}{\partial x_1}(p) \ldots \frac{\partial \varphi}{\partial x_m}(p) \; v_1(p) \ldots v_n(p) \right]$$

tem determinante não nulo, pois os vetores $v_j(p)$, $j = 1, \ldots, n$ são linearmente independentes entre si e normais a cada $\frac{\partial \varphi}{\partial x_i}(p)$, $i = 1, \ldots, m$, por hipótese. Caso $\det\Phi(p) < 0$, basta tomar $\varphi^* : C^*_0 \to M$, tal que:

$$C^*_0 = \{(-x_1, \ldots, x_m) \mid (x_1, \ldots, x_m) \in C_0\} \text{ e } \varphi^*(-x_1, \ldots, x_m) = \varphi(x_1, \ldots, x_m).$$

daí $\varphi^*(C^*_0) = \varphi(C_0)$ e, com isso, temos que $\det\Phi^*(p) > 0$.

Vejamos que o atlas $\mathcal{C}$ é orientável. Seja $\psi : D_0 \to D$ outra parametrização em $\mathcal{C}$, tal que $C_0 \cap D_0 \neq \emptyset$. Daí sua matriz associada é da forma:

$$\Psi(y) = \left[ \frac{\partial \psi}{\partial y_1}(y) \ldots \frac{\partial \psi}{\partial y_m}(y) \; v_1(y) \ldots v_n(y) \right]$$

Seja $A(x)$ a matriz associada ao mapa de transição $\psi \circ \varphi^{-1} : \Phi(C_0 \cap D_0) \to \psi(C_0 \cap D_0)$, então:

$$B(x) = \psi(x) \cdot [\Phi(x)]^{-1}$$

em que:

$$B(x) = \begin{bmatrix} A(x) & 0 \\ 0 & I \end{bmatrix}$$

Como $\det(\psi(x)) > 0$ e $\det([\Phi(x)]^{-1})$, segue que:

$$\det(A(x)) > 0$$

Portanto, o atlas $\mathcal{C}$ é coerente.

∎

Como já sabemos, se $f : U \subseteq \mathbb{R}^n \to \mathbb{R}$ é uma função diferenciável, em que $c \in \mathbb{R}$ é um valor regular de $f$, então, para $p \in f^{-1}(c)$:

$$\nabla f(p) \perp f^{-1}(c)$$

Como consequência imediata do Teorema 5.4.1, temos o corolário a seguir.

### Corolário 5.4.1
A pré-imagem de um valor regular por uma função diferenciável é uma superfície diferenciável orientável.

### Exemplo 5.4.3
Como já vimos, qualquer esfera $S^k \subset \mathbb{R}^n$, em que $k < n$ é dada como a pré-imagem de 1 da função $f: \mathbb{R}^n \to \mathbb{R}$, tal que:

$$f(x_1, \ldots, x_k, \ldots, x_n) = x_1^2 + \ldots + x_k^2$$

Como 1 é valor regular dessa função, então $S^k$ é uma superfície orientável.

### Exemplo 5.4.4
Temos que o elipsoide E dado pela equação:

$$E = \left\{ (x, y, z) \in \mathbb{R}^2 \,\Big|\, \frac{x^2}{a^2} + \frac{y^2}{b^2} + \frac{z^2}{c^2} = 1 \right\}$$

pode ser visto como pré-imagem de valor regular da função $f: \mathbb{R}^3 \to \mathbb{R}$, tal que:

$$f(x, y, z) = \frac{x^2}{a^2} + \frac{y^2}{b^2} + \frac{z^2}{c^2} - 1$$

Como $\nabla f(x, y, z) = \left( \frac{2x}{a^2}, \frac{2y}{b^2}, \frac{2z}{c^2} \right)$, segue que 0 é valor regular de f, e como $f^{-1}(0) = E$, segue que o elipsoide E é uma superfície orientável.

### Exemplo 5.4.5
Considere o paraboloide elíptico dado pela equação:

$$P = \left\{ (x, y, z) \in \mathbb{R}^2 \,\Big|\, \frac{x^2}{a^2} + \frac{y^2}{b^2} = z, a > 0, b > 0 \right\}$$

Então, a função $f: \mathbb{R}^3 \to \mathbb{R}$, dada por:

$$f(x, y, z) = \frac{x^2}{a^2} + \frac{y^2}{b^2} - z$$

tem como vetor gradiente:

$$\nabla f(x, y, z) = \left(\frac{2x}{a^2}, \frac{2y}{b^2}, -1\right)$$

Este não se anula em qualquer ponto em $\mathbb{R}^3$. Como $P = f^{-1}(0)$, então P é orientável.

## 5.5 Aplicações diferenciáveis entre superfícies

Nesta seção, que finaliza este capítulo, apresentaremos a noção de diferenciabilidade em superfícies. Lembre-se de que todos os conceitos aqui tratados dependem do uso de parametrizações.

**Definição 5.5.1**

Sejam M e N duas superfícies diferenciáveis de classe $C^k$ de $\mathbb{R}^m$ e $\mathbb{R}^n$, respectivamente. Uma função f: M → N é de *classe $C^r$* se, para cada carta (U, φ) em M e (V, ψ) em N, temos que a função seguinte é uma função de classe $C^r$:

$$\psi \circ f \circ \varphi^{-1}: \varphi(U) \to \psi$$

Se f for inversível, cuja inversa $f^{-1}$: M → N também é de classe $C^r$, dizemos que f é um *difeomorfismo de classe $C^r$*.

**Figura 5.2** – Função de classe $C^r$ entre superfícies

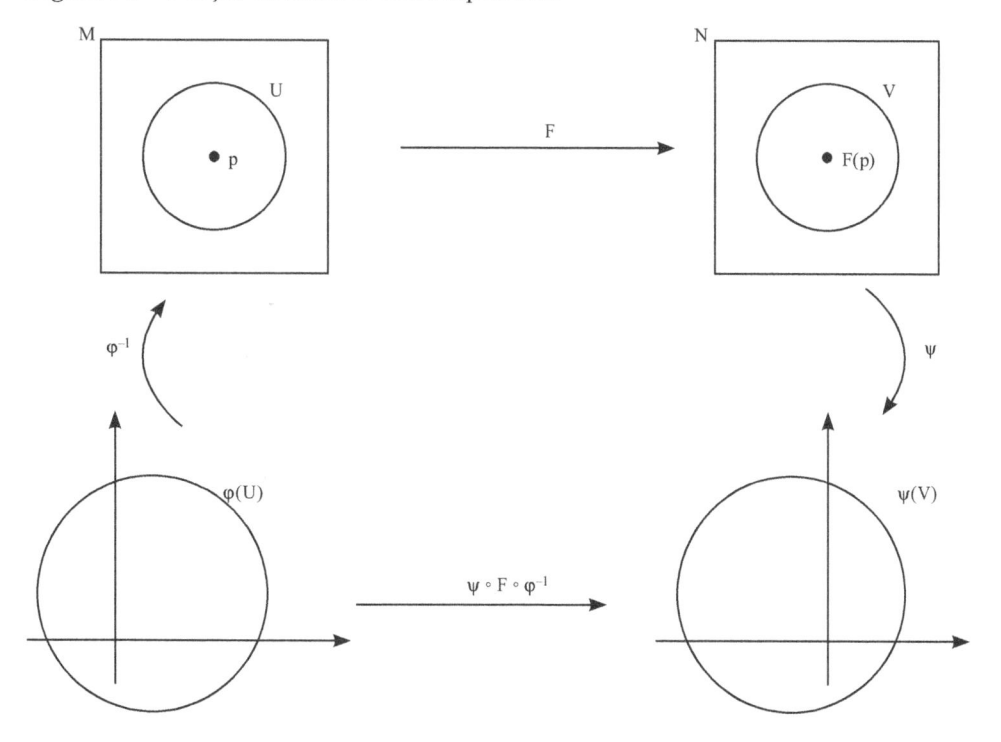

### Observação 5.5.1

Segue automaticamente da Definição 5.5.1 que uma parametrização de uma superfície diferenciável é uma função diferenciável.

Confira, a seguir, quatro exemplos.

### Exemplo 5.5.1

Seja M uma superfície diferenciável de $\mathbb{R}^n$, então, a aplicação identidade I: $M \to M$ é um difeomorfismo de classe $C^\infty$.

### Exemplo 5.5.2

Sejam M, N duas superfícies de classe $C^k$. Como já vimos, $M \times N$ é uma superfície de classe $C^k$. Considere as projeções:

$$\pi_M: M \times N \to M \text{ e } \pi_N: M \times N \to N$$

tais que:

$$\pi_M(x, y) = x \text{ e } \pi_N(x, y) = y$$

Então, $\pi_M: M \times N \to M$ e $\pi_N: M \times N \to N$ são funções diferenciáveis.

### Exemplo 5.5.3

A inclusão de $S^{n-1}$ em $\mathbb{R}^n$ é uma aplicação diferenciável. De fato, como vimos, $S^{n-1}$ é localmente o gráfico de uma função de classe $C^\infty$, f: $U \subset \mathbb{R}^{n-1} \to \mathbb{R}^n$, em que:

$$x_n = f(x_1, ..., x_{n-1})$$

Defina i: $S^{n-1} \to \mathbb{R}^n$ como $i(x_1, ..., x_{n-1}) = \big((x_1, ..., x_{n-1}, f(x_1, ..., x_{n-1})\big)$. Portanto, a inclusão i é uma função de classe $C^\infty$ entre $S^{n-1}$ e $\mathbb{R}^n$.

Para finalizar este capítulo, discutiremos brevemente sobre a derivada de uma função diferenciável entre superfícies.

Sejam f: $M \to N$ uma função de classe $C^k$ e $p \in M$, então a *derivada* de f no ponto p é uma função:

$$Df(p): T_pM \to T_{f(p)}N$$

tal que, para cada $v \in T_pM$, considere a curva diferenciável $\alpha: I \to M$, em que $\alpha(0) = p$ e $\alpha'(0) = v$. Então:

$$Df(p)(v) = (f \circ \alpha)'(p)$$

Perceba que f ∘ α: I → N é uma curva diferenciável em N.

Vamos finalizar esta seção apresentando o exemplo a seguir.

### Exemplo 5.5.4

Sejam M, N duas superfícies de classe $C^k$ e as projeções:

$$\pi_M: M \times N \to M \text{ e } \pi_N: M \times N \to N$$

tais que:

$$\pi_M(x, y) = x \text{ e } \pi_N(x, y) = y$$

Vamos calcular a derivada dessas funções. Seja α: I → M × N uma curva:

$$\alpha(t) = (\alpha_M(t), \alpha_N(t))$$

em que $\alpha_M$: I → M é uma curva em M e $\alpha_N$: I → N é uma curva em N, tais que:

$$\begin{cases} \alpha_M(0) = p, \alpha'_M(0) = v \\ \alpha_N(0) = q, \alpha'_N(0) = w \end{cases}$$

Então:

$$\pi_M(\alpha(t)) = \pi_M(\alpha_M(t), \alpha_N(t)) = \alpha_M(t)$$

Logo:

$$D\pi_M(p, q)(v, u) = \alpha'_M(0) = v$$

Ou seja, $D\pi_M: T_{(p,q)}M \times N \to T_pM$ é a primeira projeção. Do mesmo modo, temos que $D\pi_N: T_{(p,q)}M \times N \to T_qN$ é a segunda projeção.

Como é possível observar neste capítulo, quando tratamos de objetos "tortos" em algum sentido, isto é, de superfícies diferenciáveis, notamos localmente que a análise nesse tipo de objeto ocorre igualmente à Análise no $\mathbb{R}^n$.

### SÍNTESE

Neste capítulo, introduzimos o conceito de superfícies diferenciáveis, ou seja, tivemos um primeiro contato com a geometria diferencial. Vimos o que significa fazer uma parametrização de uma superfície e também que uma superfície é, localmente, a cópia de algum $\mathbb{R}^n$.

Também começamos a mostrar como aplicar os conceitos já desenvolvidos nos capítulos anteriores nesse contexto. Para isso, apresentamos a noção de espaço tangente, de modo que ele possa fazer sentido na derivada de uma função entre superfícies diferenciáveis.

## Atividades de autoavaliação

1) Nas proposições a seguir, marque com **V** as verdadeiras e com **F** as falsas. Depois, assinale a alternativa que corresponde à sequência correta. Considere a faixa de Möebius dada por: $\sigma: [0, 2\pi] \times [-1, 1] \to \mathbb{R}^3$, tal que $\sigma(u, v) = (x, y, z)$. Você pode construí-la do seguinte modo: para cada ângulo $u \in [0, 2\pi]$ fixado, considere o segmento centrado no ponto $P = (\cos(u), \text{sen}(u), 1)$, que está contido no plano formado pelo eixo z e o ponto $(\cos(u), \text{sen}(u), 1)$, que forma um ângulo de $\dfrac{u}{2}$ com o eixo z. Então:

   ( ) $x(u, v) = \left(1 + v\,\text{sen}\left(\dfrac{u}{2}\right)\right)\cos(u)$.

   ( ) $y(u, v) = \left(1 + v\,\text{sen}\left(\dfrac{u}{2}\right)\right)\text{sen}(u)$.

   ( ) $z(u, v) = 1 + v\cos\left(\dfrac{u}{2}\right)$.

   **a.** V, F, V.
   **b.** V, V, V.
   **c.** V, V, F.
   **d.** F, V, F.
   **e.** V, V, V.

2) Seja $\mathbb{R}P(1)$ o espaço projetivo de dimensão 1 definido como o conjunto de todas as retas em $\mathbb{R}^2$ passando pela origem. A respeito de $\mathbb{R}P(1)$, marque com **V** as proposições verdadeiras e com **F** as falsas. Depois, assinale a alternativa que corresponde à sequência correta.

   ( ) $\mathbb{R}P(1)$ admite estrutura de superfície diferenciável.
   ( ) A projeção $\pi: \mathbb{R}^2 \setminus \{0\} \to \mathbb{R}P(1)$, tal que $\pi(x, y) = [x, y]$, não é diferenciável.
   ( ) $\mathbb{R}P(1)$ é difeomorfo a $S^1$.

   **a.** V, V, F.
   **b.** V, F, F.
   **c.** V, F, V.
   **d.** F, F, V.
   **e.** F, V, V.

3) Sobre superfícies e funções diferenciáveis entre superfícies, marque **V** para as proposições verdadeiras e **F** paras as falsas. Depois, assinale a alternativa que corresponde à sequência correta.

( ) Sejam M, N e P superfícies diferenciáveis. Se f: M → N e g: N → P são funções de classe $C^r$, então g ∘ f: M → P é uma função de classe $C^r$.

( ) Sejam N, $M_1$, ..., $M_k$ superfícies diferenciáveis. Então, a função f: N → $M_1$ × ... $M_k$ é de classe $C^r$ se, e somente se, cada função $f_i$: N → $M_l$ for de classe $C^r$, em que $f_i = \pi_i \circ f$, tal que $\pi_i$: $M_1$ × ... × $M_k$ → $M_l$ e i = 1, ..., k.

( ) A função f: $\mathbb{R}$ → $\mathbb{R}$, tal que $f(x) = x^3$, é um difeomorfismo e a estrutura de superfície diferenciável induzida por f é difeomorfa à estrutura ($\mathbb{R}$, I).

   a. F, V, F.
   b. V, F, F.
   c. V, V, V.
   d. V, V, F.
   e. V, F, V.

4) Seja $O_n(\mathbb{R}) = \{A \in GL_n(\mathbb{R}) | AA^T = Id\}$ o conjunto das matrizes ortogonais e F: $GL_n(\mathbb{R}) \to GL_n(\mathbb{R})$, tal que $F(A) = AA^T$. A respeito da função F, marque **V** para as proposições verdadeiras e **F** para as falsas. Depois, assinale a alternativa que corresponde à sequência correta.

( ) $O_n(\mathbb{R}) = F^{-1}(Id)$.
( ) Sejam $X \in O_n(\mathbb{R})$ e $Y \in T_X O(n)$. Então, $DF(X)(Y) = XY^T - X^T Y$.
( ) Id é um valor regular de F, isto é, $O_n(\mathbb{R})$ é uma superfície.

   a. V, F, F.
   b. V, V, F.
   c. V, F, V.
   d. F, V, V.
   e. F, F, V.

5) Sobre espaços tangentes matriciais, marque **V** para as proposições verdadeiras e **F** para as falsas. Depois, assinale a alternativa que corresponde à sequência correta.

( ) $T_X O_n(\mathbb{R}) = M_n(\mathbb{R})$.
( ) $T_X GL_n(\mathbb{R}) = M_n(\mathbb{R})$.
( ) $T_X SL_n(\mathbb{R}) = O_n(\mathbb{R})$, onde $SL_n(\mathbb{R}) = \{A \in GL_n(\mathbb{R}) | \det A = 1\}$.

   a. F, V, F.
   b. F, V, V.

c. V, F, V.
  d. F, F, V.
  e. V, V, F.

## Atividades de aprendizagem

1) Seja V um $\mathbb{R}$-espaço vetorial, munido de uma base $B = \{v_1, ..., v_n\}$. Mostre que V admite uma estrutura de superfície diferenciável.

2) Mostre que o espaço $GL_n(\mathbb{R})$ de matrizes inversíveis é uma superfície.

3) Seja $S^n$ a esfera em $\mathbb{R}^{n+1}$ e denote por *polo norte* o ponto $N = (0, ..., 0, 1)$ e por *polo sul* o ponto $S = (0, ..., 0, -1)$. Considere a projeção estereográfica dada por $\sigma: S^n \setminus \{N\} \to \mathbb{R}^n$,

$$\sigma(x_1, ..., x_{n+1}) = \frac{x_1, ..., x_n}{1 - x_{n+1}}.$$

Temos que $\tilde{\sigma}: S^n \setminus \{N\} \to \mathbb{R}^n$ é tal que $\tilde{\sigma}(x) = -\sigma(x)$.

  a. Mostre que $\sigma$ é bijetora e que $\sigma^{-1}: \mathbb{R}^n \to S^{-1} \setminus \{N\}$ é dada por:

  $$\sigma^{-1}(x) = \frac{(2x_1, ..., 2x_n, \|x\|^2 - 1)}{\|x\|^2 + 1}.$$

  b. Calcule $\tilde{\sigma} \circ \sigma^{-1}$ e verifique que isso induz uma estrutura de superfície de classe $C^\infty$ em $S^n$.

4) Suponha que M é uma superfície de $\mathbb{R}^n$ dada como pré-imagem de valor regular de uma função $f: U \subseteq \mathbb{R}^n \to \mathbb{R}^m$. Mostre que o espaço tangente em qualquer ponto de M é o núcleo da derivada de f naquele ponto.

5) Sejam M e N superfícies e $f: M \to N$ uma função diferenciável. Mostre que f é contínua.

6) Sejam $M \subseteq \mathbb{R}^m$ e $N \subseteq \mathbb{R}^n$ superfícies. Suponha que $f: M \to N$ é um difeomorfismo local e que N é orientável. Mostre que M é orientável.

Neste capítulo, introduzimos o início da teoria de integração de funções de n variáveis. Definiremos, primeiramente, quais os tipos de domínios que as funções devem ter para que seja possível falar de *integrabilidade*. Com base nisso, apresentaremos o conceito de função integrável usando somas de Riemann e provaremos o clássico critério de integrabilidade para funções limitadas a respeito do "tamanho" do conjunto de descontinuidades da função.

Provaremos também o fundamental Teorema de Fubini, o qual, sob certas condições, permite fazer o cálculo da integral de uma função fazendo integrais interadas, reduzindo o problema da integral de uma função de várias variáveis em vários problemas de integrais de funções de uma variável. Finalmente, enunciaremos o Teorema de Mudança de Variáveis na integral, sem demonstração.

# 6
## Integração múltipla

## 6.1 Integrais em retângulos

Nesta seção, daremos condições para que uma função seja integrável em um bloco em $\mathbb{R}^n$. Como já vimos no Capítulo 2, uma partição P de um intervalo [a, b] é um conjunto da forma:

$$P = \{t_0 < t_1 < \ldots < t_k \mid t_0 = a, t_k = b\}$$

### Definição 6.1.1

Sejam $[a_1, b_1], \ldots, [a_n, b_n]$ intervalos. Dizemos que $R = [a_1, b_1] \times \ldots \times [a_n, b_n]$ é um *bloco* em $\mathbb{R}^n$. Uma *partição* P do bloco n-dimensional R é dada por:

$$P = (P_1, \ldots, P_n)$$

em que cada $P_j$ é uma partição do intervalo $[a_j, b_j]$, para todo $j = 0, \ldots, n$.

### Observação 6.1.1

Note que cada divisão formada pela partição nos fornece um sub-bloco.

### Exemplo 6.1.1

Em $\mathbb{R}^2$, no conjunto $[0, 1] \times [1, 2]$, considere a partição $P = (P_1, P_2)$, na qual:

$$P_1 = \left\{0, \frac{1}{5}, \frac{2}{5}, \frac{3}{5}, \frac{4}{5}, 1\right\} \text{ e } P_2 = \left\{1, \frac{3}{2}, 2\right\}$$

Analise a Figura 6.1 a seguir.

**Figura 6.1** – Partição P

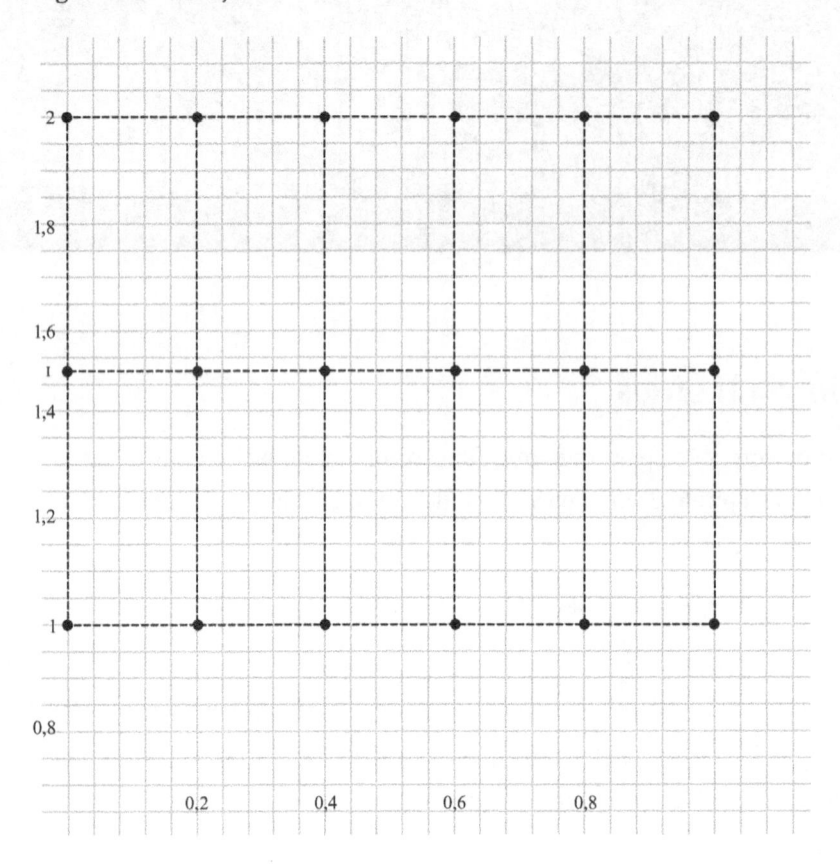

[Figure: grid showing partition points at x ∈ {0, 0.2, 0.4, 0.6, 0.8, 1} and y ∈ {-1, 1.5, 2}]

Vamos introduzir algumas notações. Note que as definições aqui apresentadas se encaixam no contexto de integrais de curvas.

### Definição 6.1.2

Sejam U um conjunto em $\mathbb{R}^n$ e f: U → $\mathbb{R}$ uma função limitada em um bloco R. Para cada sub-bloco S de R, defina:

$$m_s(f) := \inf \{f(x)|\ x \in S\}$$
$$M_s(f) := \sup \{f(x)|\ x \in S\}$$

### Exemplo 6.1.2

Seja f:[2, 5] × [0, 3] → $\mathbb{R}$ a função dada por $f(x, y) = x^2 + y$. Então, f é limitada, já que:

$$4 \leq f(x, y) \leq 28$$

Além disso, para o sub-bloco S = [3, 4] × [1, 2] de [2, 5] × [0, 3], temos que:

$$m_s(f) = 10 \text{ e } M_s(f) = 18$$

### Definição 6.1.3

Seja $R = [a_1, b_1] \times \cdots \times [a_n, b_n]$ um bloco n-dimensional em $\mathbb{R}^n$. O *volume V(R)* de R é definido por:

$$V(R) := (b_1 - a_1) \cdot \ldots \cdot (b_n - a_n)$$

### Exemplo 6.1.3

O volume do bloco $R = [0, 1] \cdot [2, 9] \cdot [3, 5]$ é $V(R) = 14$.

Para finalizar as definições desta seção, temos o conceito a seguir.

### Definição 6.1.4

Seja $f: R \to \mathbb{R}$ uma função limitada, em que R é um bloco em $\mathbb{R}^n$. Então, as *somas superiores* e *inferiores* de f relativas a uma partição P são dadas, respectivamente, por:

$$S_I(f; P) = \sum_S m_S(f) V(S) \text{ e } S_S(f; P) = \sum_S M_S(f) V(S)$$

### Observação 6.1.2

As somas inferiores respeitam refinamentos. Seja P' um refinamento de uma partição P de um bloco R, então:

$$S_I(f; P) \leq S_I(f; P') \text{ e } S_S(f; P') \leq S_S(f; P)$$

Além disso, se Q é outra partição do bloco R, então:

$$S_I(f; Q) \leq S_S(f; P)$$

### Exemplo 6.1.4

Para $f: [2, 5] \to \mathbb{R}$, em que $P = \{2, 3, 4, 5\}$ é uma partição de $[2, 5]$, temos que:

$$S_I(f; P) = 29 \text{ e } S_S(f; P) = 50$$

Com base em tudo que foi discutido até aqui, estamos interessados em definir a integral de uma função $f: R \to \mathbb{R}$ limitada num bloco R em $\mathbb{R}^n$. Para isso, considere as definições a seguir.

### Definição 6.1.5

Sejam R um bloco em $\mathbb{R}^n$ e uma função $f: R \to \mathbb{R}$ limitada. Definimos sua *integral superior* e sua *integral inferior*, respectivamente, como:

$$\int_R^S f(x)dx = \inf_P S_S(f;P) \text{ e } \int_R^I f(x)dx = \sup_P S_I(f;P)$$

em que P varia no conjunto das partições de R.

### Definição 6.1.6

Dizemos que uma função f: R → $\mathbb{R}$ limitada, em que R é um bloco em $\mathbb{R}^n$, é *integrável* em R se as integrais superior e inferior de f coincidem.

Para finalizar esta seção, vamos apresentar uma primeira condição de integrabilidade de uma função real limitada definida em um bloco de $\mathbb{R}^n$.

### Teorema 6.1.1

Seja f: R → $\mathbb{R}^n$ uma função limitada em um bloco R de $\mathbb{R}^n$. Então, f é integrável em R se, e somente se, existir, para todo $\varepsilon > 0$, uma partição P de R, tal que:

$$S_S(f;P) - S_I(f;P) < \varepsilon$$

#### Demonstração

Se vale que $S_S(f;P) - S_I(f;P) < \varepsilon$, então $\inf_P S_S(f;P) = \sup_P S_I(f;P)$.

Ou seja, f é integrável.

Por outro lado, suponha que, para todo $\varepsilon > 0$, existam partições P e P', tais que:

$$S_S(f;P) - S_I(f;P') < \varepsilon$$

Considere Q um refinamento de P e P', então:

$$S_S(f;Q) - S_I(f;P') \leq S_S(f;P') - S_I(f;P) < \varepsilon$$

e segue que f é integrável.

### Exemplo 6.1.5

Seja f: [0, 1] → $\mathbb{R}$, tal que f(x) = x. Vejamos que f é integrável. Para $0 < \varepsilon < 1$, considere a partição P de [0, 1] como:

$$P = \{0, \varepsilon, ..., k \cdot \varepsilon\}$$

então:

$$S_S(f;P) = \sum_{i=1}^{k} i \cdot \varepsilon^2 \text{ e } S_I(f;P) = \sum_{i=0}^{k-1} i \cdot \varepsilon^2$$

Ou seja:

$$S_S(f; P) - (f; P) = \varepsilon^2 < \varepsilon$$

Portanto, $f(x) = x$ é integrável no bloco $[0, 1]$.

## 6.2 Conjuntos de medida nula

Nesta seção, daremos uma condição necessária e suficiente para que uma função limitada seja integrável em um bloco. Além disso, apresentaremos o conceito de funções características, que nos permitirá integrar funções limitadas em conjuntos mais abstratos que blocos.

### Definição 6.2.1

Um conjunto $U \subseteq \mathbb{R}^n$ é dito de *medida nula* se, para cada $\varepsilon > 0$, o conjunto $U$ admite uma cobertura enumerável de blocos fechados $R_1, R_2, \ldots$, tais que:

$$\sum_{i=1}^{+\infty} V(R_i) < \varepsilon$$

### Notação 6.2.1

Se a cobertura encontrada é finita, dizemos que $U$ tem *conteúdo nulo*.

### Exemplo 6.2.1

Considere $\mathbb{Z}$ o conjunto dos números inteiros. Para cada número inteiro $a_i$, considere o bloco:

$$R_i = \left[a_i - \frac{\varepsilon}{3 \cdot 2^i}, a_i + \frac{\varepsilon}{3 \cdot 2^i}\right]$$

Por conseguinte:

$$V(R_i) = 2 \cdot \frac{\varepsilon}{3 \cdot 2^i} < \frac{\varepsilon}{2^i}$$

Logo:

$$\sum_{i=1}^{+\infty} V(R_i) < \sum_{i=1}^{+\infty} \frac{\varepsilon}{2^i} = \varepsilon$$

Portanto, $\mathbb{Z}$ tem medida nula.

### Exemplo 6.2.2

Para qualquer conjunto finito de pontos $\{a_1, ..., a_n\}$ de números reais, basta tomar os blocos $R_i$, $i = 1, ..., n$, centrado em $a_i$, como no Exemplo 6.2.1, e segue que U tem conteúdo nulo.

Vamos agora verificar algumas propriedades a respeito de conjuntos de medida nula.

### Proposição 6.2.1

Seja U um conjunto em $\mathbb{R}^n$. Então, U satisfaz as seguintes propriedades:

1. Seja $V \subset U$. Se U tem medida nula, então V também tem medida nula.
2. Seja $\{U_1, U_2, ...\}$ uma coleção enumerável de conjuntos de medida nula. Se $U = \bigcup_{i=1}^{+\infty} U_i$, então U tem medida nula.
3. Se U é um conjunto compacto e tem medida nula, então U é um conjunto de conteúdo nulo.

### Demonstração

Vamos começar pelo item 1. Seja $\{R_1, R_2, ...\}$ uma cobertura enumerável de blocos de U, tal que:

$$\sum_{i=1}^{+\infty} V(R_i) < \varepsilon$$

então, $\{R_1 \cap V, R_2 \cap V, ...\}$ forma uma cobertura enumerável de V, tal que:

$$\sum_{i=1}^{+\infty} V(R_i \cap V) \leq \sum_{i=1}^{+\infty} V(R_i) < \varepsilon$$

No item 2, temos que, para cada $U_i$ da coleção $\{U_1, U_2, ...\}$ e cada $\varepsilon_i > 0$, existe uma cobertura enumerável $\{R_{i,1}, U_{i,2}, ...\}$ de $U_i$, tal que:

$$\sum_{i=1}^{+\infty} V(R_{i,j}) < \frac{\varepsilon}{2^i}$$

Rearranjando todos os blocos $R_{i,j}$ e renomeando como $R_1, R_2, ...$, temos uma cobertura enumerável de blocos fechados para U, tais que:

$$\sum_{i=1}^{+\infty} V(R_i) < \sum_{i=1}^{+\infty} \frac{\varepsilon}{2^i} = \varepsilon$$

Para o item 3, basta notar que, se $\{R_1, R_2, \ldots\}$ é uma coleção enumerável de blocos que cobre U, de modo que U tem medida nula, então, se denotamos por $\dot{R}_i$ o interior de $R_i$, pela compacidade de U, podemos tomar uma cobertura finita $\{\dot{R}_1, \ldots, \dot{R}_n\}$ para U, tal que:

$$\sum_{i=1}^{n} V(\dot{R}_i) < \varepsilon$$

Portanto, U tem conteúdo nulo.

## Exemplo 6.2.3

Considere $\mathbb{Q}$ o conjunto dos números racionais. Então, $\mathbb{Q}$ é um conjunto de medida nula. De fato, como $\mathbb{Q}$ é um conjunto enumerável, podemos construir a seguinte família enumerável de conjuntos de medida nula para $\mathbb{Q}$.

Para todo $q_i \in \mathbb{Q}$, considere o bloco:

$$R_i = \left[q_i - \frac{\varepsilon}{3}, q_i + \frac{\varepsilon}{3}\right]$$

Como já vimos pelo Exemplo 6.2.1:

$$V(R_i) = \frac{2 \cdot \varepsilon}{3} < \varepsilon$$

Portanto, cada retângulo tem medida nula.

Como $\mathbb{Q} = \bigcup_{i \in \mathbb{N}} R_i$, segue da Proposição 6.2.1 que $\mathbb{Q}$ é um conjunto de medida nula. Ainda pela Proposição 6.2.1, temos que o conjunto dos números naturais $\mathbb{N}$ é um conjunto de medida. Além disso, pela mesma proposição, temos outra maneira de demonstrar que $\mathbb{Z}$ é um conjunto de medida nula.

Por último, vamos mostrar a condição para que uma função limitada definida em um bloco seja integrável. Para isso, considere a definição a seguir.

## Definição 6.2.2

Sejam U um subconjunto $\mathbb{R}^n$ e $f: U \to \mathbb{R}$ uma função limitada. A *oscilação* de f em um ponto $p \in U$ é dada por:

$$\sigma(f, p) := \lim_{\delta \to 0} \left[ M(p, f, \delta) - m(p, f, \delta) \right]$$

em que:

$$\begin{cases} M(p,f,\delta) = \sup\{f(x) \mid x \in U \text{ e} \|x - p\| < \delta\} \\ m(p,f,\delta) = \inf\{f(x) \mid x \in U \text{ e} \|x - p\| < \delta\} \end{cases}$$

### Observação 6.2.1

Um fato que usaremos na demonstração do próximo resultado, e que será deixado como exercício ao leitor, é o seguinte: se $\sigma(f, p) < \varepsilon$, então existe uma partição P de R, tal que:

$$S_S(f; P) - S_I(f; P) < \varepsilon \cdot V(R)$$

### Teorema 6.2.1

Sejam R um bloco em $\mathbb{R}^n$, $f: R \to \mathbb{R}$ uma função e $B_f = \{x \in R \mid f \text{ é descontínua em } x\}$. Então, f é integrável em R se, e somente se, o conjunto $B_f$ tiver medida nula.

■ Demonstração

Vamos começar supondo que o conjunto $B_f$ tem medida nula. Seja $\varepsilon > 0$ e defina o conjunto:

$$B_\varepsilon = \{x \mid \sigma(f, p) \geq \varepsilon\}$$

Note que f é descontínua em $B_\varepsilon$, pois, caso contrário, $\sigma(f, p) < \varepsilon$. Então, $B_\varepsilon \subset B_f$ e, portanto, é um conjunto de medida nula. Além disso, o conjunto $B_\varepsilon$ é compacto, pois é um conjunto fechado, que é limitado por B. Logo, $B_\varepsilon$ tem conteúdo nulo. Podemos, então, tomar para esse mesmo $\varepsilon$ uma cobertura finita de blocos fechados $R_1, \ldots, R_n$ de $B_\varepsilon$, tais que:

$$\sum_{i=1}^{n} V(R_i) < \varepsilon$$

Para esse mesmo $\varepsilon$, considere uma partição P do bloco R, tal que cada sub-bloco S formado pela partição P em R faz parte de um dos dois conjuntos a seguir:

a) $S_1 = \{S \mid S \subseteq R_i, \text{ para algum } i \in \mathbb{N}\}$
b) $S_2 = \{S \mid S \cap B\varepsilon = \varnothing\}$

Como f é uma função limitada, então existe um número real $K > 0$, tal que, para todo $x \in R$:

$$|f(x)| < K$$

Logo:

$$M_S(f) - m_S(f) < K - (-K) = 2 \cdot K$$

Por conseguinte, se $S \in S_1$:

$$\sum_{S \in S_1} \left[M_S(f) - m_s(f)\right] \cdot V(S) < 2 \cdot K \cdot \sum_{S \in S_1} V(S) < 2 \cdot K \cdot \varepsilon$$

Se $S \in S_2$, então $\sigma(f, p) < \varepsilon$, e, para um refinamento qualquer P' de P:

$$\sum_{S \in S_2} \left[M_S(f) - m_s(f)\right] \cdot V(S) < \varepsilon \cdot V(S)$$

Desse modo, como $S_S(f; P') - S_I(f; P') < 2 \cdot K \cdot \varepsilon + \varepsilon \cdot V(S)$, segue, pelo Teorema 6.1.1, que f é integrável em R.

Por outro lado, suponha que f é uma função integrável. Note que:

$$B_f = B_1 \cup B_{\frac{1}{2}} \cup B_{\frac{1}{3}} \cup \cdots$$

Pela integrabilidade de f, para todo $\varepsilon > 0$, existe partição P do bloco R, tal que:

$$S_S(f; P) - S_I(f; P) < \varepsilon$$

Considere $S = \left\{ S \mid S \text{ intersecta } B_{\frac{1}{n}} \right\}$. Então, S é uma cobertura para $B_{\frac{1}{n}}$. Daí:

$$M_S(f) - m_S(f) \geq \frac{1}{n}$$

Então:

$$\frac{1}{n} \cdot \sum_{S \in \mathcal{S}} V(S) \leq \sum_{S \in \mathcal{S}} \left[M_S(f) - m_s(f)\right] \cdot V(S)$$

$$< \sum_{S} \left[M_S(f) - m_s(f)\right] \cdot V(S)$$

$$< \frac{\varepsilon}{n}$$

Portanto:

$$\sum_{S \in \mathcal{S}} V(S) < \varepsilon$$

Ou seja, cada $B_{\frac{1}{n}}$ tem medida nula e segue que $B_f$ tem medida nula.

Note que, com base nesse teorema, podemos ampliar a quantidade de exemplos que temos de funções integráveis.

### Exemplo 6.2.4
Qualquer função contínua e limitada, definida em um bloco de $\mathbb{R}^n$, é uma função integrável.

### Exemplo 6.2.5
Voltemos à função f: $\mathbb{R}^2 \to \mathbb{R}$, tal que:

$$f(x, y) = \begin{cases} \dfrac{x \cdot y}{x^2 + y^2}, & x \neq 0 \\ 0, & x = 0 \end{cases}$$

Como já mostramos, essa função é diferenciável em $\mathbb{R}^2 \setminus (0, 0)$, ou seja, o ponto $(0, 0)$ é o único ponto de descontinuidade da função f. Pelo Teorema 6.2.1, segue que f é integrável para todo bloco R em $\mathbb{R}^2$.

Para finalizar esta seção, trataremos de funções J-mensuráveis. Aqui, a ideia é entender como integrar funções limitadas definidas em subconjuntos limitados de blocos de $\mathbb{R}^n$.

### Definição 6.2.3
Seja $C \subseteq R$ um conjunto limitado em um bloco R em $\mathbb{R}^n$. Dizemos que $\chi_c$: $R \to \mathbb{R}$ é uma *função característica de C* se

$$\chi_C(x) = \begin{cases} 1, & x \in C \\ 0, & x \notin C \end{cases}$$

### Exemplo 6.2.6
Seja $R = [-2, 2] \times [-2, 2]$ um bloco em $\mathbb{R}^2$ e $C = (-1, 1) \times (-1, 1)$. Como C é um conjunto limitado, então podemos definir uma função característica em C.

Nosso próximo teorema nos garante quando uma função característica é integrável. Veremos mais à frente a importância da integrabilidade desses tipos de funções para podermos falar de integração de funções limitadas definidas em conjuntos mais gerais que blocos em $\mathbb{R}^n$.

### Teorema 6.2.2
A função característica de um subconjunto limitado C contido em um bloco R, $\chi_C$: $R \to \mathbb{R}$ é integrável se, e somente se, a fronteira de C tiver medida nula.

### Demonstração

Note que a função característica de C, $\chi_C: R \to \mathbb{R}$ é integrável se, e somente se, o conjunto $B_{\chi C} = \{x \mid \chi_C \text{ for descontínua em } x\}$, que tem medida nula, e $B_{\chi C}$ é exatamente a fronteira do conjunto C.

Com base neste resultado, temos, então, a definição a seguir.

### Definição 6.2.4

Um conjunto C é dito *J-mensurável* se a sua função característica $\chi_C: R \to \mathbb{R}$ é integrável.

Com base naquilo que fizemos aqui, consideramos a seguinte situação: sejam C um conjunto J-mensurável de $\mathbb{R}^n$ e $f: C \to \mathbb{R}$ uma função limitada, tal que seu conjunto dos pontos de descontinuidade tenha medida nula. Para integrar f, a técnica que utilizaremos é a seguinte: seja R um bloco de $\mathbb{R}^n$, tal que $C \subset R$ e defina $g: R \to \mathbb{R}$ por:

$$g(x) = (\chi_C \cdot f)(x)$$

Daí, g é uma função integrável e, como veremos:

$$\int_C f(x)dx = \int_R g(x)dx$$

## 6.3 Propriedades de Integral

Nesta seção, demonstraremos algumas propriedades a respeito de funções integráveis. Confira a seguir.

### Proposição 6.3.1

Sejam $f, g: R \to \mathbb{R}$ duas funções integráveis em um bloco R em $\mathbb{R}^n$ e $k \in \mathbb{R}$. Então:

**1.** A função $f + g: R \to \mathbb{R}$ é integrável e:

$$\int_R [f(x) + g(x)]dx = \int_R f(x)dx + \int_R g(x)dx$$

**2.** A função $k \cdot f: R \to \mathbb{R}$ é integrável e:

$$\int_R [k \cdot f(x)]dx = k \cdot \int_R f(x)dx$$

**3.** A função $f \cdot g: R \to \mathbb{R}$ é integrável.

**4.** Se $|g(x)| \geq k$, então a função $\dfrac{f}{g} : R \to \mathbb{R}$ é integrável.

■ Demonstração

Vamos ao item 1. A primeira observação a ser feita é que:

$$B_{f+g} \subset B_f \cup B_g$$

de fato, seja $x \in B_{f+g}$, então a função $f + g$ é descontínua em x. Logo, f ou g é descontínua em x, pois, caso contrário, $f + g$ seria uma função contínua em x. Portanto, $x \in B_f \cup B_g$. Usando o mesmo argumento, conseguimos concluir que:

**a)** $B_{k \cdot f} = B_f$, $k \neq 0$
**b)** $B_{f \cdot g} \subset B_f \cup B_g$

Logo, a integrabilidade dos itens 2, 3 e 4 está garantida.

Vamos calcular a integral da soma de duas funções integráveis. Para todo $\varepsilon > 0$, seja P uma partição de R, então:

$$S_S(f + g; P) \leq S_S(f; P) + S_S(g; P)$$
$$S_I(f + g; P) \geq S_I(f; P) + S_I(g; P)$$

porém, pela integrabilidade de ambas as funções, temos que:

$$S_S(f + g; P) \leq S_S(f; P) + S_S(g; P) \leq S_I(f; P) + S_I(g; P) \leq S_I(f + g; P)$$

Portanto:

$$\int_R [f(x) + g(x)] dx = \int_R f(x) dx + \int_R g(x) dx$$

O próximo resultado, conhecido como *Teorema de Fubini*, nos permite entender como fazer o cálculo da integral de uma função integrável definida em bloco de $\mathbb{R}^n$. Juntando isso com a noção apresentada na Seção 6.2, temos como calcular a integral de uma função limitada definida em um conjunto limitado qualquer.

■ Teorema 6.3.1 (Fubini)

Sejam $R_1 \subset \mathbb{R}^n$ e $R_2 \subset \mathbb{R}^m$ dois blocos e $f : R_1 \times R_2 : \to \mathbb{R}$ uma função integrável. Considere as seguintes funções: para cada $x \in R_1$, $g_x : R_2 \to \mathbb{R}$, dada por $g_x(y) = f(x, y)$ e:

$$\mathcal{L}(x) = \int_{R_2}^{I} g_x(y) dy = \int_{R_2}^{I} f(x, y) dy$$

$$\mathfrak{U}(x) = \int_{R_2} g_x(y)dy = \int_{R_2} f(x,y)dy$$

Então:

$$\int_{R_1 \times R_2} f(x,y)dxdy = \int_{R_1} \mathfrak{L}(x)dx = \int_{R_1} \mathfrak{U}(x)dx$$

▪ Demonstração

Para todo $\varepsilon > 0$, considere a partição $P = (P_1, P_2)$ de $R = R_1 \times R_2$, tal que, para $i = 1, 2$, temos que $P_i$ é partição de $R_i$, e se $S$ é um sub-bloco de $R$, então $S$ é da forma $S = S_1 \times S_2$, em que $S_i$ é um sub-bloco de $R_i$ pela partição $P_i$. Vamos, primeiramente, estimar $S_I(f; P)$:

$$S_I(f;P) = \sum_S m_S(f)V(S)$$

$$= \sum_{S_1 \times S_2} m_{S_1 \times S_2}(f)V(S_1 \times S_2)$$

$$= \sum_{S_1}\left[\sum_{S_2} m_{S_1 \times S_2}(f)V(S_2)\right]V(S_1)$$

Como $m_{S_1 \times S_2}(f) \leq m_{S_2}(g_x)$, então:

$$\sum_{S_2} m_{S_1 \times S_2}(f)V(S_2) \leq \sum_{S_2} m_{S_2}(g_x)V(S_2) \leq \int_{R_2}^{I} g_x(y)dy = \mathfrak{L}(x)$$

Logo:

$$S_I(f;P) = \sum_{S_1}\left[\sum_{S_2} m_{S_1 \times S_2}(f)V(S_2)\right]V(S_1) \leq S_I(\mathfrak{L}; P_1)$$

De modo análogo, temos que:

$$S_I(f;P) \leq S_I(\mathfrak{L};P_1) \leq S_S(\mathfrak{L};P_1) \leq S_S(\mathfrak{U},P_1) \leq S_S(f;P)$$

E, com isso, temos o resultado.

## 6.4 Somas de Riemann

Como já vimos até agora, podemos integrar funções em blocos. O interesse nesta seção é fazer a integral em espaços diferentes de blocos e entendê-la como o limite de uma soma de Riemann. Para isso, generalizaremos alguns dos conceitos apresentados na Seção 6.2, no início deste capítulo.

## Definição 6.4.1

Seja X um subconjunto J-mensurável em $\mathbb{R}^n$. Uma *decomposição* de X é uma família $D = \{X_1, ..., X_k\}$ de conjuntos J-mensuráveis, tais que:

$$X = \bigcup_{i=1}^{k} X_i$$

de modo que os interiores dos conjuntos $X_i$ não se intersectam. A *norma* de D é:

$$|D| := \max_{1 \leq i \leq k} \{\operatorname{diam}(X_i)\}$$

em que:

$$\operatorname{diam}(X_i) = \text{diâmetro}(X_i) = \sup_{P,Q \in X_i} \{\text{distância}(P, Q)\}$$

Perceba que essa é uma generalização da noção de blocos em $\mathbb{R}^n$, como veremos no exemplo a seguir.

## Exemplo 6.4.1

Considere $R = [a_1, b_1] \times [a_2, b_2]$ um bloco em $\mathbb{R}^2$, munido de uma partição $P = (P_1, P_2)$. Como sabemos, uma partição forma uma coleção de sub-blocos $S_i$, de modo que:

$$R = \bigcup_i S_i$$

Em geral, vemos que isso ocorre também em $\mathbb{R}^n$.

Nosso próximo conceito segue na mesma linha do anterior. Anteriormente foi um conceito definido para retângulos; agora, vamos definir para um conjunto J-mensurável.

## Definição 6.4.2

Sejam $X \subset \mathbb{R}^n$ um conjunto J-mensurável, que admite uma decomposição $D = \{X_1, ..., X_k\}$, e $f: X \to \mathbb{R}$ uma função limitada. Definimos:

$$M_i := \sup \{f(x) \mid x \in X_i\}$$
$$m_i := \inf \{f(x) \mid x \in X_i\}$$

Então, a *soma superior* $S(f; D)$ e a *soma inferior* $s(f; D)$ são dadas por:

$$S_S(f; D) := \sum_{i=1}^{k} M_i \cdot V(X_i)$$

$$S_I(f; D) := \sum_{i=1}^{k} m_i \cdot V(X_i)$$

Nosso próximo resultado relaciona a soma superior (inferior) com a integral superior (inferior) de uma função limitada real definida em conjunto J-mensurável. Vamos, antes, ao lema a seguir.

## Lema 6.4.1

Sejam X um conjunto J-mensurável em $\mathbb{R}^n$ que admite uma decomposição $D = \{X_1, \ldots, X_k\}$ e Y um subconjunto de X, tal que $V(Y) = 0$. Então, para todo $\varepsilon > 0$, existe $\delta > 0$, tal que se $|D| < \delta$, temos que:

$$\sum V(X_i) < \varepsilon$$

em que $X_i \in D$ é tal que $d(X_i, Y) < \delta$.

### Demonstração

A ideia aqui é construir um conjunto de volume menor que $\varepsilon$ que contenha os conjuntos $X_i$. Para isso, para todo $\varepsilon > 0$, como $V(Y) = 0$, podemos cobrir Y com uma quantidade finita de blocos $R_1, \ldots, R_l$, tais que $\sum_{i=1}^{l} V(R_j) < \varepsilon$. Tomado $\delta > 0$ qualquer, temos que:

$$R_j = \prod_{i=1}^{m}[a_i, b_i] \text{ está contido no bloco } R'_j = \prod_{i=1}^{m}[a_i - 2 \cdot \delta, b_i + 2 \cdot \delta]$$

Então:

$$\lim_{\delta \to 0} V(R'_j) = V(R_j)$$

Ou seja:

$$\sum_{i=1}^{l} V(R'_j) < \varepsilon$$

Seja W um conjunto, tal que $\text{diam}(W) < \delta$ e $d(W, Rj) < \delta$, então W é um subconjunto de $R'_j$. Ou seja, se $D = \{X_1, \ldots, X_k\}$ é uma decomposição de X, tal que, se $d(X_i, Y) < \delta$, então:

$$d(X_i, R_j) < \delta$$

Pelo observado anteriormente, temos que $X_i \subset R'_j$. Como $\sum_{i=1}^{l} V(R'_j) < \varepsilon$, segue que:

$$\sum_{i=1}^{l} V(X_i) < \varepsilon$$

Com base nesse lema, podemos demonstrar o resultado a seguir.

## Teorema 6.4.1

Seja f: $X \subset \mathbb{R}^n$ uma função limitada definida em um conjunto J-mensurável X em $\mathbb{R}^n$, então:

$$\int_X^I f(x)dx = \lim_{|D| \to 0} S_I(f;D) \text{ e } \int_X^S f(x)dx = \lim_{|D| \to 0} S_S(f;D)$$

## Demonstração

Suponha, sem perda de generalidade, que existe uma constante $M > 0$, tal que:

$$0 \leq f(x) \leq M$$

pois, como f é limitada, basta somar uma constante para que ela fique positiva. Além disso, temos que, se c é essa constante, então vamos acrescentar apenas o valor $c \cdot V(X)$ na integral superior e no limite, pois:

$$S_S(c \cdot f; D) = \sum_{i=1}^{k} c \cdot M_i \cdot V(X_i)$$

Seja R um bloco em $\mathbb{R}^n$, tal que $X \subset R$. Defina uma extensão $\overline{f} : X \to \mathbb{R}$ de f, tal que:

$$\overline{f}(x) = \begin{cases} f(x), & x \in X \\ 0, & x \notin X \end{cases}$$

Para todo $\varepsilon > 0$, queremos encontrar um $\delta > 0$, tal que, para toda decomposição D de X, tal que $|D| < \delta$, temos que:

$$\left| S_S(f;D) - \int_X^S f(x)dx \right| < \varepsilon$$

Sabemos que existe uma partição $P_0$ de R, tal que:

$$S_S(\overline{f}; P_0) < \int_X^S f(x)dx + \frac{\varepsilon}{2}$$

Considere Y a reunião das faces dos sub-blocos da partição $P_0$, então, $V(Y) = 0$. Pelo Lema 6.4.1, existe $\delta > 0$, tal que, para toda decomposição $D = \{X_1, ..., X_k\}$, com $|D| < \delta$, temos que:

$$\sum V(X_i) < \frac{\varepsilon}{2 \cdot M}$$

Se $d(X_i, Y) < \delta$. Vamos separar os conjuntos $X_i$ da seguinte forma:

**a)** denote por $X_a$, se $d(X_a, Y) < \delta$;
**b)** denote por $X_b$, caso contrário.

Temos, então, que cada $X_b$ pertence ao interior de algum sub-bloco de R, pois, caso contrário, teríamos que $X_b \cap Y \neq \emptyset$, logo, $d(X_b, Y) < \delta$. Além disso, denote:

**a)** $M_a = \sup\{f(x) \mid x \in X_a\}$
**b)** $M_b = \sup\{f(x) \mid x \in X_b\}$

Como temos $f(x) \leq M$, então $M_a \leq M$. Daí:

$$S_S(f;D) = \sum_a M_a \cdot V(X_a) + \sum_b M_b \cdot V(X_b) \leq k \cdot \sum_a V(X_a) + \sum_b M_b \cdot V(X_b)$$

Porém, como já observamos:

$$\sum_a M_a \cdot V(X_a) < \frac{\varepsilon}{K}$$

Além disso:

$$\sum_b M_b \cdot V(X_b) < \int_X^S f(x)dx$$

Juntando todos esses fatos, temos que:

$$S_S(f;D) < \frac{\varepsilon}{2} + \int_X^S f(x)dx$$

Por outro lado, seja Y a reunião de todas as fronteiras dos conjuntos $X_i$ da decomposição $D = \{X_1, ..., X_k\}$ de X. Então, $V(Y) = 0$ e existe $\delta' > 0$, tal que, para toda partição P de R, com $|P| < \delta'$, se $S_i$ denotam os blocos de R, tais que:

$$\sum_i V(S_i) < \frac{\varepsilon}{M}$$

Então, se $\overline{f}: X \to \mathbb{R}$ é uma extensão de f em P do mesmo modo como definimos anteriormente:

$$S_S(\overline{f};P) = \sum_c M_c \cdot V(S_c) + \sum_d M_d \cdot V(S_d)$$

em que os conjuntos $S_c$ denotam os sub-blocos de R que intersectam Y e $S_d$ os que estão no interior dos sub-blocos. Daí:

$$\sum_c M_c \cdot V(S_c) + \sum_d M_d \cdot V(S_d) < K \cdot \frac{\varepsilon}{K} + S_S(f;D)$$

Logo:

$$\overline{\int_X^S} f(x)dx \leq S_S(f;D)$$

E, portanto, segue a igualdade. O caso da integral inferior segue de modo análogo.

Para finalizar esta seção, estamos interessados em entender o que acontece quando a função é integrável em um conjunto J-mensurável. Seja X um conjunto J-mensurável que admite uma decomposição $D = \{X_1, \ldots, X_k\}$. Considere:

$$D^* := (D, \xi)$$

em que:

$$\xi = \{\xi_1, \ldots, \xi_k \mid \xi_i \in X_i, i = 1, \ldots, k\}$$

### Definição 6.4.3

Seja f: X → ℝ uma função limitada. *A soma de Riemann da função f associada a $D^*$ é definida como:*

$$S(f;D^*) := \sum_{i=1}^k f(\xi_i) \cdot V(X_i)$$

Temos, então, o resultado a seguir, que relaciona funções integráveis e somas de Riemann.

### Teorema 6.4.2

Sejam X um subconjunto mensurável em $\mathbb{R}^n$, munido de uma decomposição $D = \{X_1, \ldots, X_k\}$, e f: X → ℝ uma função limitada e integrável. Seja $D^* = (D, \xi)$, tal que:

$$\xi = \{\xi_1, \ldots, \xi_k \mid \xi_i \in X_i, i = 1, \ldots, k\}$$

Então:

$$\int_X f(x)dx = \lim_{|D| \to 0} \sum_{i=1}^k f(\xi_i) \cdot V(X_i)$$

## Demonstração

Como $m_i \leq f(\xi_i) \leq M_i$, então:

$$\sum_{i=1}^{k} m_i \cdot V(X_i) \leq \sum_{i=1}^{k} f(\xi_i) \cdot V(X_i) \leq \sum_{i=1}^{k} M_i \cdot V(X_i)$$

e portanto:

$$S_I(f; D) \leq S(f; D) \leq S_S(f; D)$$

Pelo resultado anterior, temos que:

$$\int_X f(x)dx = \lim_{|D| \to 0} \sum_{i=1}^{k} f(\xi_i) \cdot V(X_i)$$

## 6.5 Mudança de variável

Nesta seção, vamos trazer o Teorema de Mudança de Variável. Apresentaremos aqui uma demonstração para esse resultado em $\mathbb{R}$.

### Teorema 6.5.1

Seja g: $I \to \mathbb{R}$ uma função de classe $C^1$ definida no intervalo I, tal que, para todo $x \in I$, temos que $g'(x) \neq 0$. Seja f: $g(I) \to \mathbb{R}$ uma função contínua, então:

$$\int_{g(I)} f(y)dy = \int_I (f \circ g)(x) \cdot |g'(x)| dy$$

### Demonstração

Como I é um intervalo, digamos I = [a, b], segue da continuidade de g que J := g(I) é um intervalo com fronteira dada pelos pontos g(a), g(b). Pelo Teorema do Valor Intermediário Real, temos que g satisfaz uma das condições a seguir:

**a)** $g'(x) > 0$, e com isso temos que J = [g(a), g(b)]
**b)** $g'(x) < 0$, e daí J = [g(b), g(a)]

Então, g é estritamente crescente ou decrescente e, portanto, g é injetora. Defina F: $J \to \mathbb{R}$, dada por:

$$F(y) := \int_c^y f(t)dt$$

Como f é uma função contínua, segue do Teorema Fundamental do Cálculo que:

$$F'(y) = f(y)$$

Agora, considere $h(x) = F(g(x))$. Pela Regra da Cadeia:

$$h'(x) = F'(g(x)) \cdot g'(x) = f(g(x)) \cdot g'(x)$$

Pela continuidade de h'(x), segue do Teorema Fundamental do Cálculo que:

$$\int_a^b f(g(x)) \cdot g'(x) = h(b) - h(b) = F(g(b)) = f(g(b)) - f(g(a)) = \int_{g(a)}^{g(b)} f(y)dy$$

Se $g'(x) > 0$, então $|g'(x)| = g'(x)$. Caso $g'(x) < 0$, então $|g'(x)| = -g'(x)$, e o resultado segue de mesmo modo, já que $J = [g(a), g(b)]$.

■

## Exemplo 6.5.1

Pelo teorema visto anteriormente, temos que:

$$\int_1^2 \left(x \cdot \sqrt{x^2+1}\right)dx = \int_2^5 \frac{\sqrt{u}}{2}du$$

O resultado que apresentamos faz parte de um resultado mais geral, o qual será apenas enunciado neste texto.

## Teorema 6.5.2 (Mudança de Variável)

Seja g: U → V um difeomorfismo definido entre os conjuntos abertos U e V em $\mathbb{R}^n$. Seja f: g(X) → $\mathbb{R}$ uma função contínua, em que X ⊂ U é um conjunto compacto J-mensurável. Então, f é integrável se, e somente se, (f ∘ g)(x) · |detg'(x)| for integrável e:

$$\int_{g(X)} f(y)dy = \int_X (f \circ g)(x) \cdot |\det g'(x)|$$

Finalizaremos este livro apresentando a integração em $\mathbb{R}^n$, tendo, para isso, que introduzir algumas ferramentas sofisticadas para discutir tal conceito. Dada a dificuldade da demonstração do Teorema de Mudança de Variável, o apresentamos com uma demonstração para o caso em $\mathbb{R}$.

## SÍNTESE

Neste capítulo, mostramos quando podemos integrar uma função. Começamos a entender como calcular a integral de uma função em blocos, usando partições e soma de Riemann e, depois, usando funções características, generalizamos a integral para conjuntos limitados quaisquer. Vimos que uma função é integrável se, e somente se, o seu conjunto de pontos de continuidades tiver medida nula. Apresentamos também o Teorema de Fubini e finalizamos com o Teorema de Mudança de Variável.

## ATIVIDADES DE AUTOAVALIAÇÃO

1) Sobre a função f: $[-1, 1] \to \mathbb{R}$, dada por $f(x) = \begin{cases} 1, & x \in \mathbb{Q} \\ -1, & x \notin \mathbb{Q} \end{cases}$, marque **V** para as proposições verdadeiras e **F** para as falsas. Depois, assinale a alternativa que corresponde à sequência correta.

   ( ) A função f não é contínua.
   ( ) O conjunto dos pontos de descontinuidade de f tem medida nula.
   ( ) A função f é integrável.

   **a.** V, F, F.
   **b.** F, V, F.
   **c.** V, F, V.
   **d.** V, V, F.
   **e.** F, V, V.

2) Sobre a função f: $[0, 1] \times [0, 1] \to \mathbb{R}$, dada por $f(x) = \begin{cases} 1, & 0 \leq x \leq \dfrac{1}{2} \\ 0, & \dfrac{1}{2} < x \leq 1 \end{cases}$, marque **V** para as proposições verdadeiras e **F** para as falsas. Depois, assinale a alternativa que corresponde à sequência correta. Seja $x = (x_1, \ldots, x_n)$ um ponto em $\mathbb{R}^n$:

   ( ) f é uma função contínua.
   ( ) O conjunto das descontinuidades de f tem conteúdo nulo.
   ( ) $\displaystyle\int_{[0,1]\times[0,1]} f = \dfrac{1}{2}$

   **a.** F, F, V.
   **b.** F, V, F.
   **c.** F, V, V.
   **d.** V, V, F.
   **e.** F, V, V.

3) Sobre conjuntos de medida nula, marque **V** para as proposições verdadeiras e **F** para as falsas. Depois, assinale a alternativa que corresponde à sequência correta.

( ) O gráfico de uma função f: $\mathbb{R} \to \mathbb{R}$ derivável tem medida nula.
( ) O conjunto dos números racionais entre [0, 1] tem medida nula.
( ) O retângulo $[a_1, b_1] \times [a_n, b_n]$ tem medida nula.

   a. V, F, F.
   b. V, V, V.
   c. F, V, F.
   d. V, V, F.
   e. F, V, V.

4) Analise as proposições sobre funções características, marcando **V** para as verdadeiras e **F** para as falsas. Depois, assinale a alternativa que corresponde à sequência correta.

( ) Sejam $C = \{(x, y) \in [-1, 1] \times [-1, 1] \mid \|x, y\| < 1\}$ e f(x, y) uma função definida em $[-1, 1] \times [-1, 1]$, então $\int_C f = \int_{-1}^{1} \int_{-1}^{\sqrt{1-x^2}} f(x,y) dx dy + \int_{-1}^{1} \int_{-\sqrt{1-x^2}}^{1} f(x,y) dx dy$.

( ) Se f(x, y) = 2y, então $\int_C f = 2$.

   a. V, V.
   b. V, F.
   c. F, V.
   d. F, F.

5) Analise as proposições a seguir, marcando com **V** as verdadeiras e com **F** as falsas. Depois, a alternativa que corresponde à sequência correta.

( ) Se R = [0, 1] × [0, 1] e $f(x, y) = x^2 + y^2$, então $\int_R f = \frac{2}{3}$.

( ) Se $A = \left\{(r, \theta) \mid 0 < r < a, 0 < \theta < \frac{\pi}{2}\right\}$ e $R = \{(x, y) \mid x, y > 0, x^2 + y^2 < a^2\}$, então $\int_B x^2 y^2 \int_A r^2 (\text{sen}(\theta)\cos(\theta))^2$.

   a. F, V.
   b. V, V.
   c. F, F.
   d. V, F.

## Atividades de aprendizagem

1) Sejam f, g: $\mathbb{R} \to \mathbb{R}$ funções integráveis no bloco R em $\mathbb{R}^n$. Mostre que:

   **a.** Se $f(x) \leq g(x)$ para todo $x \in R$, então $\int_R f(x)dx \leq \int_R g(x)dx$.

   **b.** $|f|: R \to \mathbb{R}$ é integrável e $\left|\int_R f(x)dx\right| \leq \int_R |f(x)|dx$.

2) Seja R um bloco fechado em $\mathbb{R}^n$ e f: $R \to \mathbb{R}$ uma função limitada, tal que, para todo $\varepsilon > 0$, a oscilação $\sigma(f, x) < \varepsilon$ para todo $x \in R$. Mostre que existe uma partição P de R, tal que $S_S(f, P) - S_I(f, P) < \varepsilon \cdot V(R)$.

3) Seja $R \subset \mathbb{R}^n$ fechado e f: $R \to \mathbb{R}$ limitada. Dado $\varepsilon > 0$, mostre que o conjunto $\{x \in R | \sigma(f, x) \geq \varepsilon\}$ é fechado.

4) Use coordenadas polares $(x = r \cdot \cos(\theta), y = r \cdot \text{sen}(\theta))$ para mostrar que:

$$\int_{\mathbb{R}^2} \frac{dxdy}{(x^2 + y^2 + 1)^{\frac{3}{2}}} = 2\pi$$

# Considerações finais

Neste livro, desenvolvemos técnicas para entender como derivar funções de várias variáveis reais e suas consequências. Como notado, os dois primeiros capítulos são os maiores deste texto, pois neles desenvolvemos toda a linguagem e a notação necessária para o desenvolvimento da teoria.

Sobre o Capítulo 1, é importante destacar a abordagem mais topológica dos assuntos. Apresentamos conceitos que foram importantes nos capítulos seguintes, como o conceito de continuidade de uma função definida em um subconjunto de $\mathbb{R}^n$, com imagem em $\mathbb{R}^m$. Pela importância disso, vimos, por exemplo, que compacidade e conexidade são preservadas por funções contínuas. Além disso, também concluímos que a pré-imagem de conjuntos abertos (fechados) por uma função contínua também resulta em um conjunto aberto (fechado). Se adicionamos a hipótese de que a função é um homeomorfismo – isto é, que admite uma função inversa contínua –, então a função preserva conjuntos abertos e conjuntos fechados e a pré-imagem de um conjunto compacto (conexo) resulta em um conjunto compacto (conexo). Outras propriedades também foram demonstradas: funções contínuas respeitam convergência de sequências, composição de funções e soma e produto de funções.

No Capítulo 2, começamos a generalizar o conceito de derivadas de funções a uma variável real. Mostramos que derivadas parciais se comportam como a derivada da reta, respeitando as mesmas regras de derivação. Com base nisso, pudemos tratar da diferenciabilidade de uma função real definida em $\mathbb{R}^n$, bem como verificar algumas consequências dessa definição. Verificamos que, se uma função é diferenciável, então ela é uma função continua, mas a recíproca não é verdadeira. Além disso, a existência de todas as derivadas parciais de uma função não garante a diferenciabilidade desta. Porém, ao pedirmos que todas as suas derivadas parciais sejam contínuas, conseguimos demonstrar que a função é diferenciável. Analisamos também derivadas direcionais e, ao final, verificamos que todos esses conceitos podem ser naturalmente generalizados para funções com imagem em $\mathbb{R}^m$.

Abordamos, no Capítulo 3, problemas de máximos e mínimos de funções diferenciáveis. A primeira diferença que notamos do caso da reta é que, agora, o domínio das funções que estamos trabalhando muda a maneira de calcular os pontos críticos de uma função. Para conjuntos abertos, preocupamo-nos em verificar que o fato de o vetor gradiente ser nulo faz o papel da derivada da função ser zero e a matriz hessiana faz o papel da derivada segunda. Todavia, se o domínio é um conjunto compacto, temos então o método de multiplicadores de Lagrange. Basicamente, o que temos é que o gradiente da função é ortogonal a uma certa hiperfície, o que nos fornece um sistema, cujas soluções são candidatas a máximos e mínimos da função.

Apresentamos, no Capítulo 4, os dois principais resultados da Análise no $\mathbb{R}^n$, que são o Teorema da Função Inversa e o Teorema da Função Implícita. Ambos consistem em resolver certas equações – pelo menos localmente – desde que um certo determinante seja não nulo. O Teorema da Função Inversa nos garante a existência de inversas locais para esses tipos de funções. Já o Teorema da Função Implícita nos garante que uma das variáveis pode ser escrita, localmente, em função de todas as outras. Usamos o Teorema do Ponto Fixo de Banach e o Teorema da Perturbação da Identidade para auxiliar na demonstração do Teorema da Função Inversa. Uma observação importante sobre o Teorema do Ponto Fixo de Banach e o Teorema da Perturbação da Identidade é que eles também valem em contextos mais gerais. Finalizamos esse capítulo com exemplos que aplicam diretamente a teoria desenvolvida anteriormente neste livro.

No Capítulo 5, começamos a apresentar o que é o início da geometria diferencial. Aqui, definimos o que é uma superfície diferenciável e, nesse contexto, adaptamos algumas das ferramentas anteriormente apresentadas, como a derivação de uma função derivável entre superfícies. Notamos aqui a importância de se apresentar o conceito de curvas, pois agora as derivadas são feitas todas em curvas sobre a superfície.

O Capítulo 6 é, sem dúvida, o capítulo mais técnico deste livro. Nele, entendemos como se apresenta o conceito de integração de funções reais a várias variáveis reais. Para isso, começamos a mostrar como isso ocorre em blocos e, depois, fizemos o mesmo para subconjuntos limitados de blocos. O ponto importante desse capítulo é o fato de que uma função é integrável se, e somente se, seu conjunto de descontinuidades tem medida nula e, com esse resultado, ganhamos uma gama de exemplos de funções integráveis. A começar, qualquer função contínua será, então, integrável. Concluímos o capítulo com o Teorema da Mudança de Variável. Pela dificuldade do capítulo, optamos por apresentar apenas a demonstração do caso de uma variável real.

# Referências

BUENO, H. P. **Álgebra linear**: um segundo curso. Rio de Janeiro: SBM, 2006.

GUIDORIZZI, H. L. **Um curso de cálculo**. 5. ed. Rio de Janeiro: LTC, 2001a. v. 2.

GUIDORIZZI, H. L. **Um curso de cálculo**. 3. ed. Rio de Janeiro: LTC, 2001b. v. 3.

HOFFMAN, K.; KUNZE, R. **Linear Algebra**. New Jersey: Englewood Cliffs, 1971.

LEE, J. M. **Introduction to Smooth Manifolds**. New York: Springer-Verlag, 2002.

LIMA, E. L. **Curso de análise**. Rio de Janeiro: Impa, 2006. v. 1.

LIMA, E. L. **Curso de análise**. Rio de Janeiro: Impa, 2011. v. 2.

MUNKRES, J. R. **Analysis on Manifolds**. Massachusetts: Westview Press, 1991.

MUNKRES, J. R. **Topology**. Massachusetts: Pearson Education, 2014.

MURAKAMI, L. S. I.; SALLUM, E. M.; SILVA, J. P. da. **Cálculo diferencial geométrico no $R^n$**. São Paulo: IME-USP, 2009.

SPIVAK, M. **O cálculo em variedades**. Rio de Janeiro: Ciência Moderna, 2003.

# Bibliografia comentada

HOFFMAN, K.; KUNZE, R. **Linear Algebra**. New Jersey: Englewood Cliffs, 1971.

> É uma obra clássica de álgebra linear que todo estudante de matemática deve ter como livro para consulta. Este livro possui toda a teoria de espaços vetoriais muito bem desenvolvida e escrita e, além disso, contém exercícios de vários níveis.

LEE, J. **Introduction to Smooth Manifolds**. New York: Springer-Verlag, 2002.

> Apesar de também abordar aspectos sobre variedades diferenciáveis, este autor não aborda especificamente a Análise no $\mathbb{R}^n$ em seu texto. Este livro foi usado como referência para a escrita do capítulo sobre superfícies diferenciáveis. É um excelente texto introdutório para o estudo da geometria diferencial.

LIMA, E. L. **Curso de análise**. Rio de Janeiro: Impa, 2011. v. 2.

> Livro referência no estudo da Análise no $\mathbb{R}^n$ no Brasil, é uma excelente fonte de consulta para exemplos e resultados diversos. Possui uma versão menor, chamada *Análise Real, volume 2*. Assim como vários outros textos deste autor, é amplamente utilizado em cursos de graduação pelo país.

MUNKRES, J. **Analysis on Manifolds**. Massachusetts: Westview Press, 1991.

> Essa obra aborda variedades diferenciáveis e faz uma introdução à Análise no $\mathbb{R}^n$ em seus capítulos iniciais.

MUNKRES, J. **Topology**. Massachusetts: Pearson Education, 2014.

> Esse livro aborda os aspectos topológicos dos conceitos apresentados no Capítulo 1. É uma obra clássica para um primeiro curso de Introdução à Topologia. As definições foram abordadas com base nesse ponto de vista para que o leitor já comece a ganhar alguma familiaridade com a linguagem de conjuntos abertos e fechados mais gerais.

MURAKAMI, L. S. I.; SALLUM, E.; SILVA, J. **Cálculo diferencial geométrico no $\mathbb{R}^n$**. São Paulo: IME-USP, 2009.

> Esse material servia como notas de aula do Curso de Cálculo Geométrico Diferencial no $\mathbb{R}^n$ que era ofertado no Curso de Verão do IME-USP. O texto apresenta muitos exemplos e exercícios interessantes.

SPIVAK, M. **O cálculo em variedades**. Rio de Janeiro: Ciência Moderna, 2003.

> Esse é um livro sobre a teoria de variedades diferenciáveis. Porém, como a Análise no $\mathbb{R}^n$ é uma ferramenta amplamente utilizada nos cursos de variedades, o autor dedicou os três capítulos iniciais de seu texto para fazer uma introdução a esse tema. A obra, apesar de curta, é de extrema qualidade técnica, dada a maneira como o autor escreve.

# Respostas

## CAPÍTULO 1

Atividades de autoavaliação

1) b

(**V**) Se T: $\mathbb{R}^n \to \mathbb{R}^n$ é transformação linear, basta notar que $\lim_{h \to 0}\left[T(v+h) - T(v)\right] = 0$.

(**V**) Sejam U um subespaço de um $\mathbb{R}$-espaço vetorial V e $u \in \bar{U}$. Então, existe uma sequência $(a_n)_{n \in \mathbb{N}}$ em U tal que

$$\lim_{n \to \infty} a_n = u.$$

Considere $B = \{u_1, ..., u_k\}$ uma base de U. Então, existem números reais $r_1^j, ..., r_k^j$ tais que cada $a_j$ pode ser escrito da seguinte forma:

$$a_j = r_1^j \cdot u_1 + ... + r_k^j \cdot u_k.$$

Daí $\lim_{n \to \infty} a_n = \lim_{n \to \infty}(r_1^j \cdot u_1 + ... + r_k^j \cdot u_k) =$
$= r_1 \cdot u_1 + ... + r_k \cdot u_k,$

em que cada $r_i = \lim_{n \to \infty} r_i^j$. Portanto, $u \in U$ e temos que U é fechado.

(**V**) Temos que

$$\|x+y\|^2 = \langle x+y, x+y \rangle$$
$$= \langle x, x \rangle + 2\langle x, y \rangle + \langle y, y \rangle$$
$$= \|x\|^2 + 2\langle x, y \rangle + \|y\|^2$$

e segue o resultado.

2) e

(**F**) Note que $\|0\| = 1$.

(**V**) Vejamos a desigualdade triangular, já que as outras seguem facilmente: se $x, y \in \mathbb{R}^n$, claramente

$$\|x+y\|_{max} := \max_{1 \leq i \leq n}\{|x_i + y_i|\} \leq \max_{1 \leq i \leq n}\{|x_i|\} +$$
$$+ \max_{1 \leq i \leq n}\{|y_i|\} = \|x\|_{max} + \|y\|_{max}.$$

(**F**) $\|(0, ..., 1, ..., 0)\| = -1$.

(**V**) Segue de maneira análoga ao segundo item.

3) a

(**F**) Qualquer função real constante não satisfaz essa afirmação, pois, se f: $\mathbb{R}^n \to \mathbb{R}^m$ é tal que $f(x) = (c_1, ..., c_m)$, então $f(\mathbb{R}^n) = \{(c_1, ..., c_m)\}$.

(**F**) Considere f: $[0, \infty) \to \mathbb{R}$, dada por $f(x) = e^{-x^2}$. Note que $f([0, +\infty)) = (0, 1]$.

(**F**) Considere f: $[0, 1] \cup [3, 4] \to \mathbb{R}$, dada por

$$f(x) = \begin{cases} x, & \text{se } 0 \leq x \leq 1 \\ x^2 - 6x + 4, & \text{se } 3 \leq x \leq 4 \end{cases}$$

Então, $f^{-1}([-1, 1]) = [0, 1] \cup [3, 4]$.

(**F**) Note que podemos escrever $\mathbb{R}^n$, que não é um conjunto limitado, como

$$\mathbb{R}^n = \bigcup_{i=0}^{+\infty} B[0, i].$$

4) d

(**V**) Seja $x_0 \in U$, para todo $\in > 0$, basta tomar $\delta = \dfrac{\varepsilon}{K}$, daí segue direto da expressão.

(**F**) Considere as funções f: $\mathbb{R} \to \mathbb{R}$ e g: $\mathbb{R} \to \mathbb{R}$, dadas por:

$$f(x) = \begin{cases} 1, \text{ se } x \leq 0 \\ 0, \text{ se } 0 < x \end{cases} \text{ e } g(x) = \begin{cases} x-1, \text{ se } x \leq 0 \\ x, \quad \text{ se } 0 < x \end{cases}.$$

Então,

$$g(f(x)) = \begin{cases} f(x) - 1, \text{ se } x \leq 0 \\ f(x), \quad \text{ se } 0 < x \end{cases}$$
$$= \begin{cases} 0, \text{ se } x \leq 0 \\ 0, \text{ se } 0 < x \end{cases}$$

Ou seja, $g(f(x)) = 0$, que é uma função contínua.

(**V**) Note que o determinante é uma função contínua, pois é um polinômio cujas variáveis são as entradas da matriz; logo, o espaço das matrizes invertíveis pode ser visto como a pré-imagem pelo determinante do conjunto aberto $\mathbb{R}\setminus\{0\}$.

(**V**) Do mesmo modo ao item anterior, o espaço das matrizes de determinante é pré-imagem pelo determinante do conjunto fechado $\{1\}$.

5) d
   (**V**) Pois $\lim_{n\to\infty} n = +\infty$.

   (**V**) Como $\lim_{n\to\infty} 1/n = 0$ e a função seno é contínua em 0, então $\lim_{n\to\infty} \operatorname{sen}\left(\dfrac{1}{n}\right) = 0$.

   (**F**) Para cada $f(x) = x \cdot \operatorname{sen}\left(\dfrac{1}{x}\right)$, temos que sua série de Taylor é da forma:
   $$f(x) = 1 - \frac{1}{3!x^2} + \frac{1}{5!x^4} - \ldots$$

   Logo, $\lim_{x\to\infty} f(x) = 1$. Como consequência, temos que
   $$(c_n)_{n\in\mathbb{N}} \to (1, \ldots, 1)$$
   e, portanto, converge.

## Atividades de aprendizagem

**1)**
   **a.** Como já verificamos, se $x, y \in \mathbb{R}^n$, então $\langle x, y \rangle = \langle y, x \rangle$. Vamos verificar a segunda propriedade, isto é, que
   $$\langle x + y, z \rangle = \langle x, z \rangle + \langle y, z \rangle.$$

   De fato, se $x = (x_1, \ldots, x_n)$, $y = (y_1, \ldots, y_n)$ e $z = (z_1, \ldots, z_n)$, então
   $$\langle x + y, z \rangle = \langle (x_1 + y_1, \ldots, x_n + y_n), (z_1, \ldots, z_n) \rangle$$
   $$= (x_1 + y_1) \cdot z_1, \ldots, (x_n + y_n) \cdot z_n$$
   $$= x_1 \cdot z_1 + \ldots x_n \cdot z_n + y_1 \cdot z_1 + \ldots + y_n \cdot z_n$$
   $$= \langle x, z \rangle + \langle y, z \rangle.$$

   As outras propriedades seguem de modo análogo.

   **b.** Vejamos a desigualdade triangular. Sejam $x, y \in \mathbb{R}^n$, então
   $$\|x + y\|^2 = \langle x + y, x + y \rangle = \|x\|^2 + 2 \cdot \langle x, y \rangle + \|y\|^2 \leq \|x\|^2 + 2 \cdot |\langle x, y \rangle| + \|y\|^2.$$

   Pela desigualdade de Cauchy-Schwarz, sabemos que $|\langle x, y \rangle| \leq \|x\| \cdot \|y\|$, logo
   $$\|x + y\|^2 \leq \|x\|^2 + 2 \cdot \|x\| \cdot \|y\| + \|y\|^2 = (\|x\| + \|y\|)^2.$$

   Portanto, $\|x + y\| \leq \|x\| + \|y\|$.

   **c.** A desigualdade triangular segue da Desigualdade de Minkowski.

   **d.** Podemos verificar se esse item é verdadeiro se a norma provem de um produto interno. De fato, seja $x \in \mathbb{R}^n$ e a norma provém do produto interno, então
   $$\|x\|^2 = \langle x, x \rangle.$$
   Daí,
   $$\|x + y\|^2 + \|x - y\|^2 = \langle x + y, x + y \rangle + \langle x - y, x - y \rangle$$
   $$= \|x\|^2 + 2 \cdot \langle x, y \rangle + \|y\|_2 + (\|x\|^2 - 2 \cdot \langle x, y \rangle + \|y\|^2)$$
   $$= 2 \cdot (\|x\|^2 + \|y\|^2).$$

   **e.** Novamente usamos o fato de que isso valerá se a norma provém do produto interno. A conta é análoga à do item anterior.

**2)** Sejam $A, B \in M_{n\times m}(\mathbb{R})$. Vejamos que $\langle A, B \rangle = \langle B, A \rangle$. De fato
$$\langle A, B \rangle = \operatorname{tr}(AB^T) = \operatorname{tr}((AB^T)^T) = \operatorname{tr}(BA^T) = \langle B, A \rangle$$

Para a segunda propriedade, temos que, se $A, B, C \in M_{n\times m}(\mathbb{R})$, então
$$\langle A + C, B \rangle = \operatorname{tr}((A + C)B^T) = \operatorname{tr}(AB^T + CB^T) =$$
$$= \operatorname{tr}(AB^T) + \operatorname{tr}(CB^T) = \langle A, B \rangle + \langle C, B \rangle.$$

As outras propriedades seguem de modo análogo. Como consequência, temos que $\|\cdot\|$ e uma norma, pois provém do produto interno dado anteriormente.

**3)** Considere duas combinações lineares de $x$ em relação à base $B$:
$x = a_1 \cdot v_1 + \ldots + a_n \cdot v_n$ e $x = b_1 \cdot v_1 + \ldots + b_n \cdot v_n$

Então, $a_1 \cdot v_1 + \ldots + a_n \cdot v_n = b_1 \cdot v_1 + \ldots + b_n \cdot v_n$, logo
$$(a_1 - b_1) \cdot v_1 + \ldots + (a_1 - b_1) \cdot v_n = 0.$$

Como B é uma base, então $(a_1 - b_1) = \ldots = (a_1 - b_1) = 0$. Ou seja
$$a_1 = b_1, \ldots, a_n = b_n.$$

**4)** Temos que $S = I + T + T^2 + T^3 + \ldots$ é a inversa de $I - T$. Basta verificar que S é uma série convergente na norma do *sup*. Seja $S_n = I + T + T^2 + \ldots + T^n$, então

$$\|S_n\| \leq 1 + \|T\| + \|T\|^2 + \|T\|^n.$$

Como a sequência $(\|T\|^n)_{n \in \mathbb{N}}$ é uma progressão geométrica de razão q < 1, segue que a série $1 + \|T\| + \|T\|^2 + \ldots$ é uma série convergente e, portanto, $\|S\|$ converge. Logo, pelo Teste M de Weierstrass, segue que S converge.

5) Basta verificar que coordenada a coordenada ambas as sequências tendem a 0.

6) Observe que $\lim (x_1, \ldots, x_n) = (\lim x_1, \ldots \lim x_n)$.

7) Note que a função $f: \mathbb{R}^n \to \mathbb{R}$, tal que $f(y) = \langle \cdot, y \rangle$ é uma transformação linear, logo, é uma função contínua e, portanto, temos que

$$\lim_{k \to \infty} \langle a_k, y \rangle = \left\langle \lim_{k \to \infty} a_k, y \right\rangle = \langle L, y \rangle.$$

Por outro lado, temos que, se $\left\langle \lim_{k \to \infty} a_k, y \right\rangle = \langle L, y \rangle$, para todo $y \in \mathbb{R}^n$, então, $\lim_{k \to \infty} a_k = L$.

8)
   a. Fechado, pois $A = f^{-1}(2)$, em que $f: \mathbb{R}^2 \to \mathbb{R}$, tal que $f(x, y) = x + y$.
   
   b. Aberto, pois $A = f^{-1}(-\infty, 0)$, em que $f: \mathbb{R}^2 \to \mathbb{R}$, tal que $f(x, y) = x^3 + xy$.
   
   c. Aberto, pois $A = f^{-1}(0, 1)$, em que $f: \mathbb{R}^3 \to \mathbb{R}$, tal que $f(x, y, z) = \operatorname{sen}(x, y, z)$.
   
   d. Fechado, pois $A = f^{-1}(0)$, em que $f: \mathbb{R}^3 \to \mathbb{R}$, tal que $f(x, y, z) = x^2 + 2xy + y^2$.

9) Segue uma solução para o item a):
   Seja $(a, b) \in U \times V$. Como U e V são conjuntos abertos, podemos encontrar bolas abertas $B(a, r_1)$ e $B(b, r_2)$ tais que
   
   $B(a, r_1) \subset U$ e $B(b, r_2) \subset V$.
   
   Como $B(a, r_1) \times B(a, r_2) \subset U \times V$ é um conjunto aberto, então, $U \times V$ é um conjunto aberto.

10) Seja $y \in C$. Vamos considerar $C_y$ o conjunto das curvas em C que iniciam em y. Basta, então, verificar que $C_y$ é um conjunto aberto e fechado e, portanto, é igual ao conjunto C.

11) Sejam $f: D \subseteq \mathbb{R}^n \to C \subseteq \mathbb{R}^m$ um homeomorfismo e $f^{-1}: C \to D$ sua inversa.
   a. Seja $A \subset D$ um conjunto aberto. Note que:
   
   $f(A) = (f^{-1})^{-1}(A)$.
   
   Como $f^{-1}$ é contínua por hipótese, então $f(A)$ é um conjunto aberto.
   
   b. De modo análogo segue o item b.
   
   c. Seja $K \subset C$ um conjunto compacto. Como $f^{-1}$ é contínua por hipótese, então $f^{-1}(A)$ é um conjunto compacto.
   
   De modo análogo segue o item d.

12) Seja $a \in \overline{\pi(F)}$, então, existe uma sequência $(a_k)_{k \in \mathbb{N}}$ em $\pi(F)$ que converge a a. Considere a sequência $(b_k, a_k)_{k \in \mathbb{N}}$ em F. Então,
   $\pi(b_k, a_k) = a_k$.
   
   Como K é um conjunto compacto, então a sequência $(b_k)_{k \in \mathbb{N}}$ é limitada e, pelo Teorema de Bolzano-Weierstrass, admite uma subsequência convergente $(b_k)_{k \in \mathbb{N}'}$, em que $\mathbb{N}' \subset \mathbb{N}$, que converge a $b \in K$. Ou seja, a subsequência $(b_k, a_k)_{k \in \mathbb{N}}$ converge a (b, a). Como $\pi$ é uma função contínua, então
   
   $\pi(b, a) = a$
   
   E segue que $\pi(F)$ é um conjunto fechado.

13) Sejam $p, q \in f(C)$. Então, existem $a, b \in C$ tais que $f(a) = p$ e $f(b) = q$.
   
   Como C é um conjunto conexo por caminhos, então existe um caminho $\alpha: [0, 1] \to C$ tal que $\alpha(0) = \alpha$ e $\alpha(1) = b$. Então, $f \circ \alpha: [0, 1] \to f(C)$ é um caminho tal que $f(\alpha(0)) = p$ e $f(\alpha(1)) = q$. Portanto, $f(C)$ é um conjunto conexo por caminhos.

# CAPÍTULO 2

Atividades de autoavaliação

1) a

(**V**) Basta apenas analisar $\lim\limits_{t\to 0}\frac{|t|}{t}$. Note que $\lim\limits_{t\to 0^-}\frac{|t|}{t}=-1$ e $\lim\limits_{t\to 0^+}\frac{|t|}{t}=1$; porém, 0 não está no domínio da curva. Como as outras funções coordenadas são contínuas, segue que a curva é contínua.

(**F**) Note que $\alpha_2(t) = |t|$ não é derivável em $t = 0$; portanto, a curva é não diferenciável.

(**V**) $\int\limits_0^{\frac{\pi}{2}} (e^{-t}, \text{sen}(t))dt = \left(\int\limits_0^{\frac{\pi}{2}} e^{-t}dt, \int\limits_0^{\frac{\pi}{2}} \text{sen}(t)dt\right) =$
$= \left(-e^{-\frac{\pi}{2}}+1, 1\right).$

(**F**) Por definição, uma partição P refina uma partição Q se $Q \subset P$, mas aqui acontece justamente o contrário, já que
$$\left\{0, \frac{2}{5}, 1\right\} \subset \left\{0, \frac{1}{5}, \frac{2}{5}, \frac{3}{5}, \frac{4}{5}, 1\right\}$$

2) d

(**F**) Note que
$$\frac{R(h,k)}{\sqrt{h^2+k^2}} = \frac{\sqrt{h^2+k^2}-a\cdot h-b\cdot k}{\sqrt{h^2+k^2}} =$$
$$= 1 + \left(\frac{-a\cdot h - b\cdot k}{\sqrt{h^2+k^2}}\right)$$

Daí, fazendo $k = 0$, temos que
$$\begin{cases}\lim\limits_{h\to 0^+} 1 + \left(\frac{-a\cdot h - b\cdot k}{\sqrt{h^2+k^2}}\right) = 1 - a \\ \lim\limits_{h\to 0^-} 1 + \left(\frac{-a\cdot h - b\cdot k}{\sqrt{h^2+k^2}}\right) = 1 + a\end{cases}$$

Se f fosse diferenciável, ambos os limites vistos anteriormente seriam nulos e teríamos $1 = -1$.

(**V**) Segue da Regra da Cadeia que f é uma composta de funções diferenciáveis; portanto, é diferenciável.

3) b

(**F**) Dados dois pontos em $\mathbb{R}\setminus\{(0, 0)\}$, podemos ligá-los por dois segmentos paralelos aos eixos x e y. No segmento paralelo ao eixo x, temos que a função restrita a esse segmento é de uma variável, e como $\frac{\partial f}{\partial x} = 0$, segue que a função restrita a esse segmento é constante. Pelo mesmo argumento, temos que a função restrita ao segmento paralelo ao eixo y também é constante. Pelo formato do domínio de f, temos que f é constante.

(**F**) Basta verificar que
$$\frac{\partial f}{\partial y} = 0$$

4) e

(**V**) Note que $\nabla f(x, y) = (3x^2 + y, 3y^2 + x)$, daí $\nabla f(0, 0) = (0, 0)$.

(**F**) $\nabla f(1, 0) = (3, 1)$;

(**V**) Note que o conjunto C é solução do sistema:
$$\begin{cases} 3x^2 + y = 0 \\ 3y^2 + x = 0 \end{cases}$$

5) c

(**V**) Note que
$$f'(x) = \frac{1}{2\cdot\sqrt{x}}$$

Como $x > 1$, então
$$|f'(x)| \leq \frac{1}{2}$$

E pela Desigualdade do Valor Médio, temos que
$$|f(x) - f(y)| \leq \frac{1}{2}\cdot\|x - y\|$$

(**V**) Se $|f'(x)| \leq M$, então, pela Desigualdade do Valor Médio, $|f(x) - f(y)| \leq M \cdot \|x - y\|$

Atividades de aprendizagem

1) Temos que
$$\alpha'(t) = A + tA + \ldots + \frac{t^{n-1}A^n}{(n-1)!} + \ldots$$

Logo $\alpha'(0) = A$.

2) Seja $0(n)$ o conjunto das matrizes ortogonais. Se $\alpha: (-\varepsilon, \varepsilon) \to 0(n)$ é tal que $\alpha(0) = 1$ e $\alpha'(0) = A$, então

$$\alpha(t) \cdot \alpha(t)^T = I.$$

Daí, $a'(t) \cdot \alpha(t)^T + \alpha(t) \cdot '(t)^T = 0$ e obtemos que

$$A + A^T = 0.$$

Como $(\det(\alpha(t)))' = \text{tr}(\alpha(t))$, temos que $\text{tr}(A) = 0$.

3) Seja A uma matriz antissimétrica. Vejamos que $e^A$ é uma matriz ortogonal. De fato,

$$e^A \cdot (e^A)^T = e^A \cdot e^{A^T} = e^A \cdot e^{-A} = I.$$

Para matrizes de traço nulo segue de modo análogo.

4) Como normas são equivalentes em $\mathbb{R}^n$, basta ver na norma do máximo. Logo, $\alpha: (-\varepsilon, \varepsilon) \to \mathbb{R}^n$ é uniformemente diferenciável se, e somente se, cada função coordenada $\alpha_i: (-\varepsilon, \varepsilon) \to \mathbb{R}$ é uniformemente diferenciável. Portando, $\alpha$ é de classe $C^1$ se, e somente se, $\alpha$ é uniformemente diferenciável.

5)
 a. Usando a mudança de variável $t = \sec(x)$, obtemos que o comprimento de arco será dada por $C = \int_0^{\frac{\pi}{4}} \sec^3(x) dx$.
 b. $\dfrac{\pi}{2}$.

6) Como $g(a) = c$ e $g(b) = d$, pois g é crescente, então $\alpha(a) = \beta(g(a)) = \beta(c)$ e $\alpha(b) = \beta(g(b)) = \beta(d)$.

E $\text{Im}\beta = \{\alpha(x) | x \in [a, b]\}$. Além disso, se $C_\alpha$ é o comprimento de arco de $\alpha$ e $C_\beta$ é o comprimento de arco de $\beta$, temos que

$$C_\alpha = \int_a^b \|\alpha'(t)\| dt = \int_a^b \|\beta'(g(t))\| dt = \int_a^b \|\beta'(g(t))\| |g'(t)| dt = C_\beta$$

Fazendo a mudança de variável $x = g(t)$, obtemos que

$$\int_a^b \|\beta'(g(t))\| |g'(t)| dt = \int_c^d \|\beta'(x)\| dx = C_\beta.$$

7) Vamos verificar a soma. Temos que, se $f, g: U \subseteq \mathbb{R}^n \to \mathbb{R}$, então

$$\frac{\partial (f+g)(x)}{\partial x_i} = \lim_{h \to 0} \frac{(f+g)(x + t \cdot e_i) - (f+g)(x)}{t} =$$

$$\lim_{h \to 0} \frac{f(x + t \cdot e_i) - f(x)}{t} + \lim_{h \to 0} \frac{g(x+t) - g(x)}{t} =$$

$$= \frac{\partial f(x)}{\partial x_i} + \frac{\partial g(x)}{\partial x_i}$$

8) Seja $\alpha: (-\varepsilon, \varepsilon) \to C$ uma curva diferenciável. Temos que $f \circ \alpha: (-\varepsilon, \varepsilon) \to \mathbb{R}$ e

$$(f \circ \alpha)'(t) = \nabla f(t) \cdot \alpha'(t) = 0$$

9) para todo $t \in (-\varepsilon, \varepsilon)$. Como $f \circ \alpha$ é uma função real de uma variável constante e a curva $\alpha$ é qualquer, segue que f é constante.

10) Basta verificar que, nas curvas $\alpha: (-\varepsilon, \varepsilon) \to \mathbb{R}^2$, tal que $\alpha(t) = (t, 0)$ e $\beta(-\varepsilon, \varepsilon) \to \mathbb{R}^2$, temos $\beta(t) = (t, t)$. Os limites da função f calculada nessas curvas, quando t tende à 0, são distintos, então f não é diferenciável em (0, 0).

11) Considere a função $\varphi: U \to \mathbb{R}$ dada por $\varphi(x) = \int_a^b f(x, t) dt$. Aplicando o Teorema do Valor Médio, pode-se verificar que, se para todo $\varepsilon > 0$ existe $\delta > 0$ e $s \in \mathbb{R}$ tais que $0 < |s| < \delta$, então

$$\left| \frac{\varphi(x + xe_i) - \varphi(x)}{s} - \int_a^b \frac{\partial f}{\partial x_i}(x, t) dt \right| < \varepsilon.$$

Ou seja,

$$\frac{\partial}{\partial x_i} \int_a^b f(x, t) dt = \int_a^b \frac{\partial f}{\partial x_i}(x, t) dt.$$

12)
 a. Note que

$$\begin{cases} \dfrac{\partial^2}{\partial x^2}(x, y, z) = \dfrac{2x^2 - y^2 - z^2}{(x^2 + y^2 + z^2)^{\frac{5}{2}}} \\ \dfrac{\partial^2 f}{\partial y^2}(x, y, z) = \dfrac{-x^2 + 2y^2 - z^2}{(x^2 + y^2 + z^2)^{\frac{5}{2}}} \\ \dfrac{\partial^2 f}{\partial z^2}(x, y, z) = \dfrac{-x^2 - y^2 + 2z^2}{(x^2 + y^2 + z^2)^{\frac{5}{2}}} \end{cases}$$

Daí segue.

 b. Note que

$$\frac{\partial^2 f}{\partial x^2}(x, y, z) = 4, \frac{\partial^2 f}{\partial y^2}(x, y, z) = 2 = \frac{\partial^2 f}{\partial y^2}(x, y, z).$$

Daí segue.

## CAPÍTULO 3

Atividades de autoavaliação

**1)** d

(V) Note que $\nabla f(x, y) = (4x, 2y)$, logo, $(0, 0)$ é ponto crítico de f.

(V) Usando o fato de que f está restrita aos pontos de $\mathbb{R}^2$ que satisfazem $x^2 + y^2 \leq 1$, note que, no bordo desse conjunto, temos que $x^2 + y^2 = 1$ e também os candidatos a extremantes locais de f. Fazendo $y^2 + 1 - x^2$ e substituindo na função $f(x, y) = 2x^2 + y^2$, obtemos uma nova função $g(x) = x^2 + 1$, em que $x \in [-1, 1]$. Como $g'(x) = 2x$, então $x = 0$ é um ponto crítico de g. Substituindo $x = 0$ na função g, obtemos os pontos $(0, 1)$ e $(0, -1)$, que são candidatos extremantes de f. Além disso, nos extremos do intervalo $[-1, 1]$, obtemos outros dois candidatos a extremantes de f: $(1, 0)$ e $(-1, 0)$. Como $f(1,0) = f(-1, 0) = 2$, $f(0,1) = f(0, -1) = 1$ e $f(0, 0) = 0$, segue que $(1, 0)$ e $(-1, 0)$ são máximos globais de f.

(F) Como visto no item anterior, temos que $(0, 0)$ é ponto de mínimo global para f.

**2)** c

(V) Note que $\nabla f(x, y) = (2x + 1, y)$ e daí segue.

(F) Como $\nabla f(x, y) = (2xe^{x^2+y^2}, 2ye^{x^2+y^2})$, então $(0, 0)$ é um ponto crítico.

(F) $\nabla f(x, y) = (\cos^2(x) - \text{sen}^2(x), 1)$, daí segue que f não tem ponto crítico.

(V) $\nabla f(x, y) = (\cos(x), \text{sen}(x))$.

**3)** a

(V) $\nabla f(x, y) = (2x, 2y - 2)$.

(V) Claramente, $\nabla f(0, 1) = (0, 0)$.

(V) $Hf(x, y) = \begin{bmatrix} 2 & 0 \\ 0 & 2 \end{bmatrix}$.

(F) $Hf(0, -1)(v_1, v_2), (v_1, v_2) = 2(v_1^2 + v_2^2) > 0$; portanto, é ponto de mínimo local.

**4)** b

(V) O paraboloide é dado como a solução de
$$x^2 + y^2 = z.$$

(V) Note que o toro é dado como solução da equação
$$\left(R_1 - \sqrt{x^2 + y^2}\right)^2 + z^2 = R_2^2.$$

(V) Basta ver que $\mathbb{D}^2$ é dado com a interseção de dois círculos.

**5)** e

(V) Seja $f(a, b, c) = \sqrt{p \cdot (p-a) \cdot (p-b) \cdot (p-c)}$ a área do triângulo de perímetro 2p. Restringimos essa área ao conjunto

$K = \{(a, b, c) \in \mathbb{R}^3 | a, b, c > 0, a + b + c - 2p = 0\}$.

Queremos encontrar máximos para f. Considere $g(a, b, c) = a + b + c$. Daí, pelo Método do Multiplicador de Lagrange, temos que $a = b = c = 2\frac{2}{3}$ e, portanto, o triângulo é equilátero.

(V) Considere $f(a, b, c) = 2(ab + bc + ac)$, em que a, b, c são os lados do paralelepípedo. Vamos calcular o máximo restrito ao conjunto

$K = \{(a, b, c) \in \mathbb{R}^3 | a, b, c > 0 \text{ e } a \cdot b \cdot c = V\}$.

Obtemos, pelo Método de Multiplicador de Lagrange, que $a = b = c = \sqrt[3]{V}$.

(F) Se $f: \mathbb{R}^2 \to \mathbb{R}$ é dada por $f(x, y) = y$, então f é diferenciável, mas

$$F|_A = f(x, x^3) = x^3,$$

que não admite nem máximo nem mínimo.

## Atividades de aprendizagem

**1)**

**a.** Temos que o ponto $\left(0, \frac{1}{2}\right)$ é o ponto crítico de f. Como a matriz hessiana de f é dada por

$$Hf(x, y) = \begin{bmatrix} 4 & -2 \\ -2 & 2 \end{bmatrix},$$

então seus autovalores são positivos e podemos concluir, a partir da teoria de formas bilineares, que $Hf(x, y)$ é definida positiva para todo $(x, y) \in \mathbb{R}^2$ e, com isso, temos que $\left(0, \frac{1}{2}\right)$ é um ponto de mínimo local.

**b.** Temos que o ponto $(-1, -1)$ é o ponto crítica de f. Como a matriz hessiana de f é dada por

$$Hf(x, y) = \begin{bmatrix} -12x^2 & 0 \\ 0 & -12y^2 \end{bmatrix},$$

então

$$Hf(-1, -1) = \begin{bmatrix} -12 & 0 \\ 0 & -12 \end{bmatrix}.$$

Daí, se $h = (h_1, h_2)$, então
$Hf(-1, -1)\, h,\, h = -12h_1^2 - 12h_2^2 < 0$.
Assim, H é definida positiva e, portanto, $(-1, -1)$ é um ponto de máximo local.

**c.** Temos que o ponto $(0, 0, 0)$ é o ponto crítico de f. Como a matriz hessiana de f é dada por

$$Hf(x, y) = \begin{bmatrix} 2 & 0 & 0 \\ 0 & -2 & 0 \\ 0 & 0 & 2 \end{bmatrix}$$

então, se $h = (h_1, h_2, h_3)$, temos
$Hf(0, 0, 0)\, h,\, h = 2h_1^2 - 2h_2^2 + 2h_3^2$.
Se $h = (1, 0, 1)$, então

$$\langle Hf(0, 0, 0)\, h,\, h \rangle = 4.$$

Já se $h = (0, 1, 0)$, temos que

$$\langle Hf(0, 0, 0)\, h,\, h \rangle = -2.$$

Ou seja, não é possível classificar o ponto crítico de f.

**2)** Temos que o vetor gradiente de f é dado por

$$\nabla f(x, y) = (-\varphi(x), -\varphi(y)).$$

Logo, os pontos críticos de f são os pontos $(x, y) \in (a, b) \times (a, b)$ tais que

$$\varphi(x) = 0 = \varphi(y).$$

A matriz hessiana de f é dada por

$$Hf(x, y) = \begin{bmatrix} -\varphi'(x) \cdot \varphi(x) & 0 \\ 0 & \varphi'(y) \cdot \varphi(y) \end{bmatrix}.$$

Calculando $Hf(x, y)$ no ponto crítico, obtemos a matriz de traço nulo e, com isso, temos que não é possível classificar os pontos críticos de f.

Na curva $\varphi(t) = 3t^2 - 1$, temos que o ponto crítico de f é $\left(\dfrac{\sqrt{3}}{3}, \dfrac{\sqrt{3}}{3}\right)$. A matriz hessiana terá a expressão

$$Hf(x, y) = \begin{bmatrix} -6t \cdot (3t^2 - 1) & 0 \\ 0 & 6t \cdot (3t^2 - 1) \end{bmatrix},$$

que se anula no ponto $\left(\dfrac{\sqrt{3}}{3}, \dfrac{\sqrt{3}}{3}\right)$.

**3)** Seja $(x_0, y_0)$ um ponto crítico de f. Como a função f é harmônica, então é uma função de classe $C^2$ e sua matriz hessiana tem a seguinte expressão:

$$Hf(x, y) = \begin{bmatrix} f_{xx}(x, y) & f_{xy}(x, y) \\ f_{xy}(x, y) & -f_{xx} \end{bmatrix}.$$

Então, a forma bilinear associada à $Hf(x_0, y_0)$ tem a seguinte expressão num vetor qualquer $h = (h_1, h_2)$:

$$Hf(x_0, y_0)\, h,\, h = f_{xx}(x_0, y_0) \cdot \left(h_1^2 - h_2^2\right) +$$
$$+ 2 \cdot f_{xy}(x_0, y_0) \cdot h_1 \cdot h_2.$$

Vamos separar em alguns casos.

Se $f_{xx}(x_0, y_0) \neq 0$, tome os seguintes vetores: se $(h_1, h_2) = (1, 0)$, obtemos que

$$\langle Hf(x_0, y_0)\, h,\, h \rangle = f_{xx}(x_0, y_0).$$

Se $(h_1, h_2) = (0, 1)$, obtemos que

$$\langle Hf(x_0, y_0)\, h,\, h \rangle = -f_{xx}(x_0, y_0).$$

Se $f_{xx}(x_0, y_0) = 0$ e $f_{xy}(x_0, y_0) \neq 0$, tome os seguintes vetores: se $(h_1, h_2) = (1, 1)$, obtemos que

$$\langle Hf(x_0, y_0)\, h,\, h \rangle = 2f_{xy}(x_0, y_0).$$

Se se $(h_1, h_2) = (-1, 1)$, obtemos que

$$\langle Hf(x_0, y_0)\, h,\, h \rangle = -2f_{xy}(x_0, y_0).$$

Em ambos os casos, obtemos que a forma bilinear é indefinida e, portanto, f não admite máximos nem mínimos locais.

**4)** Vamos escrever o caso em que $n = 2$. Temos que

$$E(m, n) = (ma_1 + n - b_1)^2 + (ma_2 + n - b_2)^2.$$

Calculando o vetor gradiente de E, basta encontrar a solução do sistema:

$$\begin{cases} 2m\left(a_1^2 + a_2^2\right) + 2n(a_1 + a_2) - 2a_1 b_1 - 2a_2 b_2 = 0 \\ 2m(a_1 - a_2) + 2n - b_1 - b_2 = 0 \end{cases}$$

5) Temos que (0, 0) é o ponto crítico de f e que sua matriz hessiana é dada por

$$Hf(x, y) = \begin{bmatrix} 2 & 0 \\ 0 & -2 \end{bmatrix}.$$

Se $h(h_1, h_2)$ então $Hf(0, 0)h$, $h = 2h_1^2 - 2h_2^2$. Para $h = (1, 0)$, temos

$$\langle Hf(0, 0,) h, h \rangle = 2.$$

Já para $h = (0, 1)$, temos que

$$\langle Hf(0, 0,) h, h \rangle = -2.$$

Ou seja, não é possível classificar o ponto crítico de f.

6) Defina a função $f: U \subseteq \mathbb{R}^3 \to \mathbb{R}$ tal que $f(z, y, z) = z^2 + \left(\sqrt{x^2 + y^2} - 2\right)^2 - 1$. Note que f é de classe $C^\infty$. Vamos verificar que os pontos críticos de f não se encontram em $f^{-1}(0)$, já que $A = f^{-1}(0)$. De fato,

$$\nabla f(x, y, z) = \begin{pmatrix} x \cdot \left(2 - \dfrac{4}{\sqrt{x^2 + y^2}}\right), \\ y \cdot \left(2 - \dfrac{4}{\sqrt{x^2 + y^2}}\right), 2z \end{pmatrix}$$

Então, temos que (0, 0, 0,) é um dos pontos críticos de f. Os outros pontos críticos de f são da forma $(\bar{x}, \bar{y}, 0)$, em que $\bar{x}$ e $\bar{y}$ satisfazem a equação:

$$\sqrt{\bar{x}^2 + \bar{y}^2} = 2.$$

Daí, $f(0, 0, 0,) = 3$, ou seja $(0, 0, 0,) \notin f^{-1}(0)$. Além disso, $f(\bar{x}, \bar{y}, 0) = -1$ e, com isso, também obtemos que $(\bar{x}, \bar{y}, 0) \notin f^{-1}(0)$. Portanto, $f^{-1}(0)$ é uma hiperfície de classe $C^\infty$.

7) Temos que a função $f: \mathbb{R}^3 \to \mathbb{R}$, dada por $f(x, y, z) = x^2 + y^2 + z^2$, está restrita à função $g: \mathbb{R}^3 \to \mathbb{R}$, dada por

$$g(x, y, z) = \frac{x^2}{a^2} + \frac{y^2}{b^2} + \frac{z^2}{c^2} - 1.$$

Pelo método de Multiplicador de Lagrange, precisamos resolver o sistema

$$\begin{cases} \nabla f(x, y, z) = \lambda \cdot \nabla g(x, y, z) \\ g(x, y, z) = 1 \end{cases}.$$

A partir desse sistema, encontramos que o ponto irá satisfazer a equação

$$x^2 + y^2 + z^2 = \frac{1}{\lambda}.$$

Como pelo menos uma das coordenadas é não nula, então podemos supor $x \neq 0$ e concluímos a partir disso que $\lambda = a^2$.

---

# CAPÍTULO 4

Atividades de autoavaliação

1) c
   
   (V) $df(x, y) = (2x + 2zy)dx + (xz + z)dy + (2xy + y)dz$.
   
   (F) $df(x, y) = 2xe^{x^2+y^2}dx + 2ye^{x^2+y^2}dy$.
   
   (F) $df(x, y) = \cos(x + y)dx + \cos(x + y)dy + dz$.
   
   (V) $\dfrac{\partial f}{\partial y} = 0$.

2) b
   
   (V) Temos que

$$\left(f^*(\omega + \bar{\omega})\right)(x)(v_1, \ldots v_n) =$$
$$= (\omega + \bar{\omega})(f(x))(f'(x) \cdot v_1, \ldots f'(x) \cdot v_n)$$
$$= \omega(f(x))(f'(x) \cdot v_1, \ldots, f'(x) \cdot v_n)$$
$$+ \bar{\omega}(f(x))(f'(x) \cdot v_1, \ldots, f'(x) \cdot v_n)$$
$$= (f^*\omega)(x)(v_1, \ldots, v_n)$$
$$+ (f^*\bar{\omega})(x)(v_1, \ldots, v_n)$$

(**V**) Temos que

$$(f^*(c \cdot \omega))(x)(v_1, ..., v_n) =$$
$$= (c \cdot \omega)(f(x))(f'(x) \cdot v_1, ..., f'(x) \cdot v_n)$$
$$= c \cdot \omega(f(x))(f'(x) \cdot v_1, ..., f'(x) \cdot v_n)$$
$$= c \cdot f^*(\omega)(x)(v_1, ..., v_n).$$

(**V**) Note que

$$(g \circ f)^*(\omega)(x)(v_1, ..., v_n) = (g \circ f)^*(\omega)(x)(v_1, ..., v_n)$$
$$= \omega(g \circ f)(x)((g \circ f)'(x) \cdot v_1, ..., (g \circ f)'(x) \cdot v_n$$
$$= g^*(f^*\omega)(x)(v_1, ..., v_n).$$

3) a

(**F**) Note que f não admite ponto fixo, pois, caso contrário,

$$x = \frac{x + \sqrt{x^2 + 1}}{2}$$

implica que $1 = 0$.

(**V**) $(0, ..., 0)$ é ponto fixo, mas f é uma aplicação linear e, como vimos, para que uma transformação linear seja contração, precisamos que $M < 1$.

(**V**) Como já mostramos anteriormente, $|f'(x)| \leq \frac{1}{2}$; portanto, é uma contração.

4) d

(**F**) Considere a projeção $\pi_1: \mathbb{R}^2 \to \mathbb{R}$ tal que $\pi_2(x, y) = x$. Como já mostramos, $\pi_1$ é uma função contínua. Além disso, é uma aplicação aberta, pois, se $U \times V$ é um conjunto aberto em $\mathbb{R}^2$, em que U e V são conjuntos abertos em $\mathbb{R}$, então

$$\pi_1(U \times V) = U$$

é um conjunto aberto. Porém, f não é injetiva, já que

$$\pi_1(1, 0) = 1 = \pi_1(1, -1).$$

(**V**) Faremos uma das implicações, a outra segue de modo análogo. Seja $F \subset U$ um conjunto fechado, então $F^c$ é um conjunto aberto e $f(F^c)$ é um conjunto aberto. Como f é injetiva, segue que

$$f(F^c) = f(F^c).$$

Ou seja, $f(F)^c$ é um conjunto aberto. Portanto, $f(F)$ é um conjunto fechado.

(**V**) Temos que

$$F: K \to f(K)$$

é uma função inversível, pois f é injetiva por hipótese. Basta, então, verificar que

$$F^{-1}: f(K) \to K$$

é contínua. Porém, pelo item anterior temos que a função f é uma aplicação fechada, daí f é uma aplicação aberta e, então, a pré-imagem por $f^{-1}$ de um conjunto aberto resulta em um conjunto aberto, garantindo assim a continuidade de $f^{-1}$. De fato, seja $F \subseteq K$ um conjunto fechado, então F é um conjunto compacto. Como f é uma função contínua, segue que $f(F)$ é um conjunto compacto. Em particular, $f(F)$ é também um conjunto fechado.

5) c

(**V**) Basta ver que $p'(r, \theta) = r^2 > 0$.

(**V**) Seja $F(x, y, z) = (x^2 + y^4)z + z^3 - 1$. Daí, $F \in C^\infty$ e

$$\frac{\partial F}{\partial z}(x, y, z) = x^2 + y^4 + 3z^2.$$

Então, isso se anula se, e somente se, $(x, y, z) = (0, 0, 0)$. Seja $(x, y, z) \in F^{-1}(0)$, então

$$\frac{\partial F}{\partial z}(x, y, z) \neq 0.$$

Pois $F(0, 0, 0) = -1$ e, assim, $(0, 0, 0) \in F^{-1}(0)$. Então, pelo Teorema da Função Implícita, dado $(x_0, y_0) \in U$, existe uma vizinhança $\breve{U} \subset U$ de $(x_0, y)$ e uma única $z: \breve{U} \to \mathbb{R}$, tal que

$$F(x, y, z(x, y)) = 0$$

em $\breve{U}$. Como $F(x, y, z(x, y)) = 0$ temos que $z(x, y) = f(x, y)$. Como $z \in C^\infty$, segue que $f \in C^\infty$ em $\breve{U}$.

(**V**) Se $H \in M_2(\mathbb{R})$, então

$$F(X + H) - F(X) = ZH + HX + H^2.$$

Daí, se $T_X(H) = XH + HX$, então T é uma transformação linear e

$$\lim_{H \to 0} \frac{F(X+H) - F(X) - T_X(H)}{\|H\|} = 0.$$

Logo, $F'(X)(H) = 2H$, que é um isomorfismo. Portanto, I é valor regular.

## Atividades de aprendizagem

1) Seja $x_0 \in U$, pelo Teorema da Função Inversa existe uma vizinhança $V \subseteq U$ de $x_0$ tal que $f: V \to W$ é um difeomorfismo, em que W é um conjunto aberto em $\mathbb{R}^n$. Então $f|_V$ é uma aplicação aberta. Seja $U_0 \subseteq U$ um subconjunto aberto. Para verificar que $f(U_0)$ é um conjunto aberto, basta notar que $U_0$ pode ser escrito como os conjuntos abertos encontrados anteriormente por meio do Teorema de Função Inversa.

2) Seja $H \in M_n(\mathbb{R})$, então

$$Jf(X)(H) = XH + HX.$$

Daí, $Jf(X)(Id) = 2X$, ou seja, $\det(Jf(X)(H)) \neq 0$. Portanto, podemos usar o Teorema da Função Inversa para encontrar $Y \in M_n(\mathbb{R})$ próxima de Id, tal que $X^2 = Y$.

3) Sem perda de generalidade, podemos supor que exista $(x_0, y_0)$ tal que $f_y(x_0, y_0) > 0$. Basta verificar que na função existe um produto de intervalos $I \times J$ ao redor de $(x_0, y_0)$ tal que $y \mapsto f(x, y)$ é crescente, de modo que $\xi(x) = y$. Pelo Teorema do Valor Médio, temos que

$$\frac{\xi(x+h) - \xi(x)}{h} = \frac{k}{h} = \frac{f_x(x + \theta h, \xi(x) + \theta k)}{f_y(x + \theta h, \xi(x) + k)},$$

Com $\theta \in (0, 1)$. Fazendo $k = 0$ e $h \to 0$, obtemos que $\xi'$ é contínua.

4) Seja $f(x, y, z) = (x^4 + y^4)z + z^3$, em que $z = f(x, y)$. Seja $(x_0, y_0, z_0)$ tal que $F(x_0, y_0, z_0) = 1$. Daí

$$\frac{\partial F}{\partial z}(x, y, z) = x^4 + y^4 + 3z^2$$

e,

$$\frac{\partial F}{\partial z}(x_0, y_0, z_0) \neq 0.$$

Pelo Teorema da Função Implícita, existem abertos V de $(x_0, y_0)$ e W de $z_0$ e uma única função $\xi: V \to W$ tais que $\xi(x, y) = z$. Pela unicidade de $\xi$, temos que $\xi = z$.

5) Aplicação do Teorema da Função Inversa, pois

$$\nabla f(x) \neq 0$$

para todo $x \in U$.

# CAPÍTULO 5

## Atividades de autoavaliação

1) e
Considere B o ponto no extremo do segmento que contém P, isto é, $B = P + Q$. Usando coordenadas esféricas, temos que

$$B = \left( \left(1 + \operatorname{sen}\left(\frac{u}{2}\right)\right) \cos(u), \left(1 + \operatorname{sen}\left(\frac{u}{2}\right)\right) \operatorname{sen}(u), 1 + \cos\left(\frac{u}{2}\right) \right).$$

Daí um ponto (x, y, z) nesse segmento é da forma

$$(x, y, z) = (\cos(u)), \operatorname{sen}(u),$$

$$1 + v \cdot \begin{pmatrix} \operatorname{sen}\left(\dfrac{u}{2}\right) \cos(u), \\ \operatorname{sen}\left(\dfrac{u}{2}\right) \cos(u), \cos\left(\dfrac{u}{2}\right) \end{pmatrix}.$$

Com $-1 \leq v \leq 1$, obtemos, então:

(V) $x(u, v) = \left(1 + v \operatorname{sen}\left(\dfrac{u}{2}\right)\right) \cos(u)$.

(V) $y(u, v) = \left(1 + v \operatorname{sen}\left(\dfrac{u}{2}\right)\right) \operatorname{sen}(u)$.

(V) $z(u, v) = 1 + v \cos\left(\dfrac{u}{2}\right)$.

2) c

(**V**) Em $\mathbb{R}P(1)$ temos a seguinte estrutura de superfície diferenciável. Sejam

$$\tilde{U}_1 = \{(x, y) \mid x \neq 0\} \text{ e } \tilde{U}_2 = \{(x, y) \mid y \neq 0\},$$

que são conjunto abertos, então, $U_1 = \pi(\tilde{U}_1)$ e $U_2 = \pi(\tilde{U}_2)$ são conjuntos abertos em $\mathbb{R}P(1)$. Logo, temos as seguintes cartas em $\mathbb{R}P(1)$ dadas por $(U_1, \psi_1), (U_2, \psi_2)$ tais que

$$\psi_1[x, y] = \left(\frac{y}{x}\right) \text{ e } \psi_2[x, y] = \left(\frac{x}{y}\right).$$

(**F**) Note que, se $(x, y) \in U_1 \cap U_2$,

$$\psi_2 \circ \pi \circ \psi_1^{-1}[x, y] = \left(\frac{x}{y}\right)$$

e que

$$\psi_1 \circ \pi \circ \psi_2^{-1}[x, y] = \left(\frac{y}{x}\right).$$

Portanto, $\pi$ é diferenciável.

(**V**) Temos que $p := \pi|_{S^1} : S^1 \to \mathbb{R}P(1)$ é difeomorfismo.

3) d

(**V**) Sejam $(U, \phi), (V, \psi)$ e $(W, \theta)$ cartas coordenadas de M, N e P respectivamente. Precisamos mostrar que a função $\theta \circ g \circ f \circ \phi^{-1}$ é uma função de classe $C^r$. Porém,

$$\theta \circ g \circ f \circ \phi^{-1} = \theta \circ g \circ (\psi^{-1} \circ \psi) \circ f \circ \phi^{-1}$$

$$= (\theta \circ g \circ \psi^{-1}) \circ (\psi \circ f \circ \phi^{-1}).$$

Ou seja, $\theta \circ g \circ f \circ \phi^{-1}$ é uma composta de funções de classe $C^r$.

(**V**) Suponha que f é de classe $C^r$. Como $f_i = \pi_i \circ f$ para cada $i = 1. ..., k$, então, pelo item anterior, $f_i$ é de classe $C^r$. Por outro lado, suponha que $f_i$ é uma função de classe $C^r$. Sejam $(U, \varphi)$ e $(V, \psi)$ cartas coordenadas de N e $M_1 \times ... \times M_k$, em que $V = V_1 \times ... \times V_k$, tal que $V_i \subset M_i, i = 1, ... k$ e $\psi = \psi_1 \times ... \times \psi_k$, com $\psi_i: V_i \to \psi_i(V_i)$. Então,

$$\varphi \circ f \circ \phi^{-1} = (\psi_1 \times ... \times \psi_k) \circ f \circ \phi^{-1}$$

$$= (\psi_1 \circ f_1 \circ \phi^{-1}) \times ... \times (\psi_k \circ f_k \circ \phi^{-1}).$$

Portanto, f é de classe $C^r$.

(**F**) Note que $f^{-1}(x) = \sqrt[3]{x}$. Logo,

$$\left(f^{-1}(x)\right)' = \frac{1}{\sqrt[3]{x^2}}$$

que não é diferenciável na origem.

4) a

(**V**) É fácil ver que $F^{-1}(Id) = O_n(\mathbb{R})$.

(**F**) Sejam $X \in O_n(\mathbb{R})$ e $\alpha: (-\varepsilon, \varepsilon) \to O_n(\mathbb{R})$, tal que

$$\alpha(t) = X + tY.$$

Então,

$$DF(X)(Y) = \frac{d}{dt}\bigg|_{t=0} \left(F(\alpha(t))\right)$$

$$= \frac{d}{dt}\bigg|_{t=0} (XX^T + tXY^T + tXY^T + t^2 YY^T)$$

$$= XY^T + XY^T$$

(**V**) Vamos verificar que a derivada de F é sobrejetora (essa é a generalização do conceito de valor regular). Seja $S \in M_n(\mathbb{R})$ uma matriz simétrica, se

$$Y = \frac{SX}{2}.$$

Então, $DF(X)(Y) = S$ e, portanto, $O_n(\mathbb{R}) = F^{-1}(Id)$ é uma superfície.

5) a

(**F**) Basta derivar a equação que define o espaço de matriz. Então, obtemos:

$$Y + Y^t = 0.$$

Ou seja, o espaço tangente a $O_n(\mathbb{R})$ em um ponto X é o espaço das matrizes antissimétricas.

(**V**) Note que $GL_n(\mathbb{R})$ é um conjunto aberto em $M_n(\mathbb{R})$.

(**F**) Como $(\det(A))' = tr(A)$, segue que o espaço tangente a $SL_n(\mathbb{R})$ em um ponto X é o espaço das matrizes de traço nulo.

Atividades de aprendizagem

1) O aberto será dado pelo próprio espaço vetorial V. O homeomorfismo será a inversa da função
$$\varphi: \mathbb{R}^n \to V$$
tal que
$$\varphi(x_1, ..., x_n) = x_1 \cdot v_1 + ... + x_n \cdot v_n.$$

2) Identifique no conjunto $M_n(\mathbb{R})$ o espaço das matrizes de ordem n, com entradas reais e com o espaço $\mathbb{R}^{n \cdot n}$. Como $GL_n(\mathbb{R})$ é um subconjunto aberto de $M_n(\mathbb{R})$, segue que $GL_n(\mathbb{R})$ admite uma estrutura de superfície.

3)
   **a.** Basta verificar que $\sigma \circ \sigma^{-1} = I_{\mathbb{R}^n}$.

   **b.** Temos que
   $$(\tilde{\sigma} \circ \sigma^{-1})(x) = \frac{(-2x_1, \ldots, -2x_n, -x^2 + 1)}{(x^2 + 1) \cdot x^2}.$$

4) Seja c um valor regular de f, então, $M = f^{-1}(c)$ é uma superfície. Isso significa que, para todo $p \in M$, temos que
   $$f(p) = c.$$
   Daí,
   $$df(p) = 0$$
   e, portanto, temos o que queríamos.

5) Seja f: $M \to N$ uma função diferenciável entre superfícies diferenciáveis. Sejam $(U, \varphi)$ e $(V, \psi)$ cartas em M e N, respectivamente. Então, a função
   $$\psi \circ f \circ \varphi \colon \varphi^{-1}(U) \to \psi^{-1}(V)$$
   é diferenciável. Logo, é uma função contínua e, portanto, f: $M \to N$ é contínua.

6) Seja $A_N$ um atlas orientável de N. Vamos definir o atlas orientável em M a seguir. O atlas $A_M$ consiste de cartas da forma $(F^{-1}(U), \varphi \circ F)$, em que $(U, \varphi)$ é uma carta do atlas $A_N$. Vejamos que o atlas $A_M$ é orientável. De fato, sejam
   $$(F^{-1}(U), \varphi \circ F) \text{ e } (F^{-1}(V), \psi \circ F)$$
   duas cartas de $A_M$, então, $(U, \varphi)$ e $(V, \psi)$ são cartas de $A_N$. Daí,
   $$(\psi \circ f) \circ (\varphi \circ f)^{-1} = \psi \circ F \circ F^{-1} \circ \varphi^{-1} = \psi \circ \varphi^{-1}$$
   e, daí, segue.

## CAPÍTULO 6

Atividades de autoavaliação

1) a
   **(V)** Para todo $\delta > 0$, tomando $\varepsilon > 1$ então $\|f(x) - f(y)\| = 2 > 1$.

   **(F)** O conjunto dos pontos de descontinuidade é $[-1, 1]$, que não tem medida nula.

   **(F)** Como o conjunto dos pontos de descontinuidades não tem medida nula, então f não é integrável.

2) e
   **(F)** Para todo $\delta > 0$, tomando $\varepsilon > \frac{1}{2}$, então $\|f(x_1) - f(x_2)\| = 1 > \frac{1}{2}$.

   **(V)** Como $\left\{\left(\frac{1}{2}, y\right)\right\}$ é a parede de um retângulo, já vimos que tem medida nula.

   **(V)** $\int_{[0,1] \times [0,1]} f = \int_0^1 \int_0^1 f(x, y)\, dx =$
   $= \int_0^1 \int_{\frac{1}{2}}^1 f(x, y)\, dx = \frac{1}{2} m$

3) d
   **(V)** Basta ver que o gráfico como subconjunto de $\mathbb{R}^2$ admite um subconjunto enumerável denso. Como conjuntos enumeráveis têm medida nula, segue que o gráfico tem medida nula.

   **(V)** O conjunto dos racionais em $[0,1]$ é enumerável.

   **(F)** Note que cada intervalo em R não tem medida nula.

4) c
   **(V)** Basta considerar a função característica
   $$\chi_C(x) = \begin{cases} 1, & x \in C \\ 0, & x \notin C \end{cases}$$
   Daí
   $$\int_C f = \int_{[-1,1] \times [-1,1]} f \cdot \chi_C.$$
   **(V)** Basta seguir a ideia do item anterior.

**5)**

(**V**) Segue do Teorema de Fubini.

(**V**) Observe, pelo Teorema de Mudança de Variável, que

$$\|g'(r, \theta)\| = r.$$

## Atividades de aprendizagem

**1)**

  **a.** Se $f(x) \leq g(x)$, então, para todo $x \in R$,

$$S_I(f; P) \leq S_I(g; P) \text{ e } S_S(g; P) \leq S_S(f; P),$$

para toda partição P. Daí segue.

  **b.** Basta usar o item anterior de mesmo modo para o fato e que

$$-f(x) \leq |f(x)| \leq f(x).$$

**2)** Temos que $S_I(f; P) = \sum_S m_s(f)V(S)$ e
$S_S(f; P) = \sum_S M_s(f)V(S)$, em que cada S é um sub-bloco de R, dados por uma partição P qualquer, daí

$$S_S(f; P) - S_I(f; P) = \sum_S \left[M_s(f) - m_s(f)\right]V(S).$$

Como $\sigma(f, p) < \varepsilon$, então

$$S_S(f; P) - S_I(f; P) < \sum_S \varepsilon \cdot V(S) < \varepsilon \cdot V(R).$$

**3)** Sejam $(x_k)_{k \in \mathbb{N}}$ uma sequência de pontos em $\{p \in R | \sigma(f, p) \geq \varepsilon\}$ e $x \in \mathbb{R}^n$ tal que

$$\lim_{k \to +\infty} x_k = x.$$

Se $\sigma(f, x) < \varepsilon$, pode-se mostrar que existe $\delta > 0$ tal que $\{p \in R | \sigma(f, p) \geq \varepsilon\}$ para todo $p \in R$, o que contradiz o fato de que, para cada $k \in \mathbb{N}$, temos que $x_k \in \{p \in R | \sigma(f, p) \geq \varepsilon\}$. Ou seja, $\sigma(f, x) \geq \varepsilon$, e, portanto, o conjunto $\{p \in R | \sigma(f, p) \geq \varepsilon\}$ é fechado.

**4)** Siga a dica dada no exercício.

## Sobre a autora

**Lilian Cordeiro Brambila** é doutora em Matemática pela Pontifícia Universidade Católica do Rio de Janeiro (PUC-Rio), na área de Geometria e Topologia, com ênfase em Geometria de Poisson, com tese intitulada *Poisson fibrations with a finite number of leaves* defendida no ano de 2018. É bacharel em Matemática pela Universidade Federal do Paraná (UFPR) e mestra em Matemática também pela Universidade Federal do Paraná (UFPR), com dissertação defendida sob o título de *Geometria de Poisson e grupoides simpléticos*.

Os papéis utilizados neste livro, certificados por instituições ambientais competentes, são recicláveis, provenientes de fontes renováveis e, portanto, um meio **respons**ável e natural de informação e conhecimento.

Impressão: Reproset
Janeiro/2023